미니탭을 이용한

실무통계

노맹석 · 박동준 · 박용범
이성백 · 장대흥 · 차지환 지음

KyoWooSa
敎友社

책을 펴내며

현대 정보화 사회에서 자료 분석을 위한 통계적 방법론의 중요성이 점점 커짐에 따라 일상적인 생활에서조차 이러한 통계적 방법론을 보다 효율적으로 적용하기 위한 통계패키지의 사용 능력이 점점 중요하게 여겨지고 있습니다. 통계패키지 중 초보자도 쉽게 사용할 수가 있어 통계교육에 적합한 패키지 중의 하나가 미니탭이라고 생각합니다. 본 저서는 미니탭의 최근 버전인 '버전 14 한글판'을 중심으로 만들어졌습니다. 본 저서는 기본적으로 실습을 위한 저서이기는 하지만, 통계학에 대한 적절한 수준의 이해 없이 실습만을 깊이 있게 다루는 것은 커다란 의미가 없다는 전제하에 각 장에서 필요한 통계적 개념을 되도록 충실히 설명하려고 노력하였습니다.

본 저서는 부경대학교 수리과학부 통계학전공 교수들의 노고로 만들어진, 통계학 실습을 위한 교재입니다. 많은 미진한 부분과 본문의 오류를 포함하고 있으리라 사료됩니다. 이러한 점들에 관해서는 향후 계속 수정, 보완하여 더욱 충실한 교재가 되도록 최대한 노력하도록 하겠습니다. 여러분들의 많은 관심과 조언을 부탁드립니다. 끝으로 출판에 힘써 주신 교우사 여러 분께 감사드립니다.

2007. 9

부경대학교 수리과학부 통계학전공 교수 일동

부경대학교 대연캠퍼스에서

차례

제1장 통계학이란? / 1

1.1 통계학이란 무엇인가?	1
1.2 모집단과 표본	3
1.3 자료의 유형	4
1.4 미니탭 사용법	5

제2장 자료의 정리 / 17

2.1 도수분포표 (frequency table)	17
2.2 막대그래프 (bar chart)	20
2.3 원형그래프 (pie chart)	21
2.4 점 도표 (dot plot)	23
2.5 히스토그램	25
2.6 줄기 잎 그림 (stem-and-leaf plot)	31
2.7 파레토 그램 (Pareto diagram)	33
2.8 산점도 (scatter plot)	35

제3장 수치를 이용한 자료의 정리 / 39

3.1 중심위치를 나타내는 측도	39
3.2 퍼진정도를 나타내는 측도	41
3.3 상자그림 (box plot)	45

제4장 확률 / 57

4.1 표본공간	57
4.2 확률	59
4.3 확률의 법칙	61
4.4 조건부확률	62
4.5 독립사건	63

제5장 이산확률변수와 그 분포 / 69

5.1 확률변수	69
5.2 이산확률변수의 확률분포	71
5.3 이산확률변수의 평균	76
5.4 이산확률변수의 표준편차	78
5.5 이항확률분포	79
5.6 초기하확률분포	89
5.7 포아송확률분포	94

제6장 연속확률변수와 정규분포 / 105

6.1 연속확률분포	105
6.2 정규분포	110
6.3 표준정규분포	113
6.4 정규분포의 표준화	119
6.5 이항분포에 대한 정규근사	123

제7장 표본분포 / 133

7.1 모집단(population)과 표본분포(sampling distribution)	133
7.2 표본평균 $\overline{X}$의 표본분포	137
7.3 표본비율의 표본분포	148

제8장 평균과 비율의 추정 / 151

8.1 서론	151
8.2 점추정값과 구간추정값	153
8.3 모평균의 구간추정 : 대표본의 경우	157
8.4 모평균의 구간추정 : 소표본의 경우	166
8.5 모비율의 구간추정	171
8.6 표본크기 결정	175

제9장 모평균과 모비율에 관한 가설 검정 / 181

9.1 두 가지 가설과 가설 검정	*181*
9.2 가설 검정의 원리	*183*
9.3 모집단의 모평균에 관한 가설 검정 : 표본 크기가 큰 경우	*189*
9.4 모집단의 모평균에 관한 가설 검정 : 표본 크기가 작은 경우	*201*
9.5 모집단의 모비율에 관한 가설 검정	*205*

제10장 추정과 가설검정: 두 모집단의 비교 / 213

10.1 서 론	*213*
10.2 두 개의 독립표본 : 표본의 크기가 큰 경우	*215*
10.3 두 개의 독립표본 : 표본의 크기가 작고 모분산이 동일한 경우	*221*
10.4 두 개의 독립표본 : 표본의 크기가 작고 모분산이 다른 경우	*230*
10.5 두 모집단의 모평균 차이에 대한 추론 : 짝 지워진 표본의 경우	*237*
10.6 두 모집단의 모비율 차이에 대한 추론 : 표본크기가 큰 경우	*246*

참고문헌 >> 256

부 록 >> 257

찾아보기 >> 275

CHAPTER

제 1 장

통계학이란?

1.1 통계학이란 무엇인가?

우리는 일상생활에서 여러 가지 통계자료에 접하게 된다. 예를 들어, 물가지수, 경제성장률, 인구증가율, 실업률, 쌀 생산량, 산업생산지수, 국민총생산고(GNP) 등 일일이 열거할 수 없을 정도로 많다. 통계학(statistics)의 어원은 라틴어에서 국가라는 의미를 갖는 'status'에서 유래되었다는 사실에서 알 수 있듯이, 오랜 시간동안 통계라는 것은 한 국가의 지표로서 경제, 인구, 정치 상황을 자료나 도표로 나타내는 것과 동일시되어 왔다.

하지만 통계학은 단순한 자료의 정리만을 뜻하는 것은 아니다. 예를 들어 어느 제약회사에서 혈압을 내리는 고혈압치료제를 새로 개발하였다고 하자. 이 회사에서는 새로운 약품의 효과를 조사해 보기 위하여 100명의 고혈압 환자들에게 일정기간동안 새로운 약을 복용시킨 후 혈압을 측정한 결과, 새로 개발된 치료제가 과거의 치료제보다 평균 10mHg 만큼 혈압을 떨어뜨리는 효과가 있었다고 하자. 여기서 평균 10mHg 만큼 혈압이 강하하였다는 것은 오차를 포함할 수 있는 측정 자료로부터 얻어진 정보이므로, 이 효과가 과연 새로 개발된 치료제가 진정으로 약효가 뛰어나서 나타난 필연적인 결과인지, 아니면 약효가 없는데도 불구하고 오차에 의하여 나타난 우연적 결과인지에 대한 명확한 결론을 이끌어 낼 필요가 있는데, 통계학은 이러한 경우에 합리적이고도 과학적인 결론을 유도할 수 있는 방법을 제공한다. 또 다른 예로서, 통계학에서는 수천 명의 표본조사를 통하여 각 정당의 지지도를 조사하거나 가구당 월수입을 조사하기 위해서, 어떻게 표본설계를 하여야 지지도나 평균 수입의 참값을 보다 정확하게 추정할 수 있는가를 연구하게 된다. 또한, 과거의 여러 통계자료를 이용하여 앞으로의 경제에 대한 예측을 하는데 여러 가지 통계적 수법이 이용되고 있으며, 기업체에서는 통계적 품질관리 기법을 실시하여 제품의 품질을 향상시키고, 심리학에서는 적성검사의 결과를 통계적으로 처리하여 좀 더 합리적인 결론을 유도할 수 있다.

이와 같이 통계학은 자료의 수집과정을 설계하고, 수집된 자료를 요약하고 해석하여 불확실한 사실에 대하여 합리적인 결론을 이끌어 내거나 일반화하는 과학적인 원리와 방법론을 제공하여 준다. 오늘날 자료의 수집과 통계적 방법이 이용되는 분야는 일일이 열거할 수 없을 정도로 다양하다. 우리가 일상적으로 접하는 일기예보, 여론조사 등에서 중요한 역할을 담당하고 있을 뿐 아니라, 경영학, 경제학, 자연과학, 사회과학, 공학, 의학 등 거의 모든 학문 분야에서 통계학이 활발히 응용되고 있다. 특히 최근에는 컴퓨터의 발달로 대량 자료의 신속한 처리가 가능해짐에 따라 통계학의 응용분야와 그 역할이 점점 확대되고 있는 추세이다.

통계학을 크게 두 가지 유형으로 구분하면, **기술통계학(descriptive statistics)**과 **추측통계학(inferential statistics)**으로 구분할 수 있다.

자료에서의 측정값은 조사자에게 중요한 정보이지만, 자료의 양이 방대한 경우에는 이의 전반적인 내용을 한 눈에 파악하기가 쉽지 않다. 따라서 대표 값, 변동의 크기, 분포의 형태 등을 요약해 놓으면 방대한 자료집합의 특징을 쉽게 알아볼 수 있다. 이와 같이 자료를 수집하고 정리하여 도표나 표를 만들거나 자료를 요약하여 대표값이나 변동의 크기 등을 구하는 방법을 다루는 분야를 기술통계학이라 한다.

추측통계학은 자료에 내포되어 있는 정보를 분석하여 불확실에 대한 추론을 다루는 분야이다. 즉, 추측통계학에서는 통계적 모형을 설정하고, 또한 설정된 모형이 합리적인지 평가하며, 자료로부터 얻어지는 정보를 근거로 하여 미지의 특성에 대한 결론을 내리고 미래에 일어날 현상에 대한 예측을 하게 된다. 통계학에서는 관심의 대상이 되는 자료 전체의 모임을 **모집단(population)**이라 하고, 모집단으로부터 선택된 일부 원소들의 모임을 **표본(sample)**이라 하는데, 추측통계학은 모집단으로부터 얻은 표본자료를 사용하여 모집단 전체에 대한 특징을 추측해 내고, 모집단에 대한 일련의 의사결정방법을 연구하는 분야로 현대통계학에서 핵심이 되는 분야이다.

1.2 모집단과 표본

이 책을 통하여 앞으로 통계학을 공부하면서 모집단과 표본이라는 말을 자주 접하게 되는데, 통계학 전반에 관한 정확한 이해를 위해서는 이들에 대한 정의를 올바로 이해하는 것과 이들의 차이를 명확하게 파악하는 것이 중요하다.

많은 현실적인 문제에서 관심의 대상이 되는 모든 자료를 수집한다는 것은 실제로 불가능하거나 불합리한 경우가 많다. 따라서 많은 경우 관심의 대상이 되는 모든 자료를 수집하는 대신, 관심의 대상들 중 이들을 잘 대표한다고 판단되어지는 일부만을 추출하여 조사하게 되는 경우가 많다. 예를 들어서, 대선에서 특정후보에 대한 지지율을 조사하고자 하는 경우 정확한 지지율의 파악을 위하여서는 전국의 유권자들을 한 사람도 빠짐없이 모두 조사하여야만 정확한 지지율을 파악할 수 있지만, 현실적으로 그렇게 하는 것은 거의 불가능함과 동시에 시간이나 비용 면에서 현실성이 없는 조사방법이라고 할 수 있다. 따라서, 이 경우 전국에 있는 유권자들을 모두 조사하는 대신에 전국의 유권자를 대표한다고 생각되어지는 그 일부만을 추출하여 지지율을 추측하는 것이 일반적이다. 또한, 어떤 전구를 생산하는 회사에서 생산되는 전구의 평균 수명을 조사하여 이를 소비자에게 공개함으로써 타 회사에 비해서 자회사의 전구의 품질이 뛰어남을 홍보하고 싶다고 하자. 이 경우 정확한 전구의 평균 수명을 알기 위해서는 생산되는 모든 전구를 조사하여 고장날 때까지의 시간을 측정하고 이들의 평균을 산출해야겠지만, 이렇게 하는 것이 현실적으로 불가능하므로 생산되는 전구 전체를 잘 대표한다고 판단되어지는 일부 전구를 추출하여 이들의 평균 수명을 조사함으로써 전체 전구의 평균 수명을 추측하게 된다. 이들 예에서 보듯이, 연구대상이 되는 가능한 관측 값이나 측정값의 집합을 **모집단(population)**이라 하며, 통계적 처리를 위하여 모집단에서 실제로 추출한 관측 값이나 측정값의 집합을 표본(sample)이라 한다. 앞의 예에서는 전국의 유권자 전체의 자료가 모집단이 되며, 전국의 유권자를 잘 대표하도록 추출된 일부 유권자의 자료가 표본이 되며, 뒤의 예에서는 생산되는 모든 전구 전체 자료의 집합이 모집단이 되며, 전구 전체를 잘 대표하도록 추출된 일부 전구의 자료가 표본이 된다.

1.3 자료의 유형

우리가 얻게 되는 자료를 유형별로 구분하는 방법은 여러 가지가 있겠지만, 자료의 유형은 크게 양적자료(quantitative data)와 질적자료(qualitative data 혹은 범주형자료 categorical data)로 나눌 수 있다.

1.3.1 양적자료(Quantitative Data)

양적자료라 함은 수치적으로 측정되는 수치자료를 말한다. 키, 몸무게, 시험성적, 자동차 사고건수 등이 여기에 속한다. 이러한 양적자료는 관측되어지는 값의 성질에 따라 다시 두 가지로 구분된다. 키, 몸무게와 같이 관측 가능한 값이 연속적이면 그 자료를 연속형 자료(continuous data)라 하고 교통사고 건수와 같이 관측 가능한 값이 셀 수 있으면 이산형 자료(discrete data)라 한다.

1.3.2 질적자료(Qualitative Data) 혹은 범주형자료(Categorical Data)

양적자료에 대응하여 **질적자료**는 관측 결과가 몇 개의 범주(category) 또는 항목의 형태로 나타나는 자료로서, 관측 값의 크기가 아니라 내용이 관심의 대상이 되는 자료를 말한다. 예를 들어 성별(남, 녀), 선호도(좋다, 그저 그렇다, 싫다), 혈액형(A, B, O, AB), 지역(서울, 부산, 대구, 광주 등) 등에 관한 자료가 질적자료가 된다. 이러한 질적자료 혹은 **범주형자료**는 **순위형자료(ordinal data)**와 **명목형자료(nominal data)**로 구분할 수 있다. 만일 선호도에 관한 자료에서 '매우 좋다', '좋다', '그저 그렇다', '싫다', '매우 싫다'라는 다섯 가지 범주가 주어진다면 그 다섯 가지 범주에는 순서가 주어지게 된다. 이와 같이 범주간에 순서의 의미가 있으면 이러한 범주형자료는 순위형자료라 하고, 혈액형에 관한 자료와 같이 범주간에 순서의 의미가 없으면 명목형자료라 한다.

1.4 미니탭 사용법

이 책에서는 통계적인 방법을 적용하여 데이터 분석을 하기 위한 자료 분석 시스템으로 미니탭을 사용하기로 한다. 원래 미니탭은 1972년 미국 펜실베니아 주립대학교에서 통계학 교육을 위하여 개발되었으나, 이후 많은 기능이 추가되고 확장되어 현재는 교육현장 뿐 아니라 실제 현장에서도 유용하게 사용되어지고 있는 통계소프트웨어이다. 이 절에서는 앞으로 책의 내용이 진행되면서 미니탭을 사용하기 위하여 필요한 기본적인 미니탭의 사용방법에 대하여 알아보기로 한다.

1.4.1 미니탭 시작과 종료

Mintab이 PC에 설치된 이후 바탕화면에서 다음과 같은 아이콘을 발견할 수 있을 것이다.

이 아이콘을 더블 클릭하면 미니탭이 실행되어 [그림 1-1]의 초기화면이 뜨게 된다. 물론, 프로그램 메뉴에서 미니탭을 찾아 직접 실행시킬 수도 있다. 각 화면 구성 요소들의 기능을 간단히 설명하면 다음과 같다.

(1) **메뉴 바(Menu Bar)** : 화면 최 상단에 있는 '파일(F)', '편집(E)', '데이터(A)' 등의 메뉴들이 나열된 공간을 지칭한다. 해당 메뉴를 선택하면 세부 메뉴목록이 나열되어 그 중에서 적절한 메뉴를 선택하면 된다.

(2) **툴 바(Tool Bar)** : 메뉴 바 바로 아래에 자주 사용하는 명령어를 버튼 형식으로 나열해 둔 곳을 지칭한다.

(3) **세션 윈도우(Session Window)** : 미니탭을 통해 명령어를 수행시키면 실행결과가 세션윈도우에 나타나게 된다. 또한 잘못된 명령으로 오류가 발생하면 해당 오류메시지가 이 창에 나타난다.

(4) **데이터 윈도우(Data Window)** : 데이터 입력과 수정을 위한 Worksheet를 보여주는 창으로, 이 곳에서 자료를 입력하고 편집할 수 있다.

(5) **프로젝트 관리 윈도우(Project Manager Window)** : 프로젝트를 구성하는 여러 요소들, 즉 세션윈도우, 워크시트, 인포윈도우(Info Window), 히스토리 윈도우(History Window), 그래프 윈도우(Graph Window) 등을 조작, 관리한다.

(6) **그래프 윈도우(Graph Window)** : 그래프를 작성하는 메뉴를 실행시키면 결과가 이 창에 나타난다. 고해상도 그래프를 보여주며, 최고 15개의 그래프 윈도우를 동시에 열 수 있다.

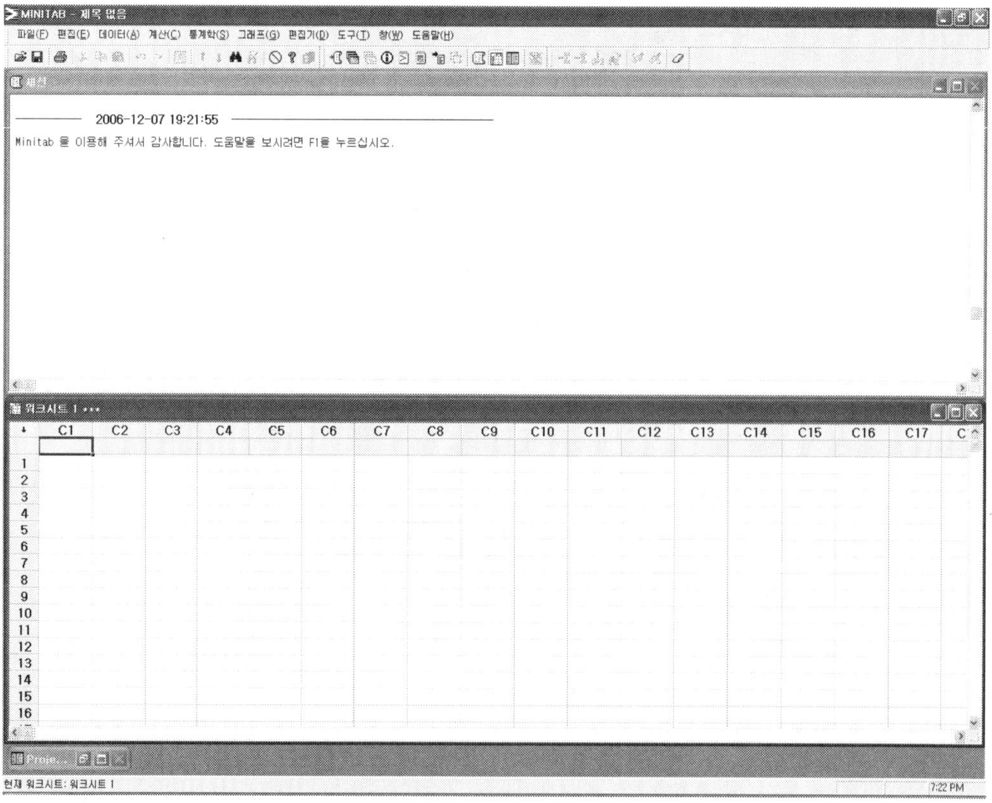

그림 1-1 미니탭 초기 화면

미니탭을 종료하려면 메뉴로부터 '**파일 ⇨ 종료**'를 선택하던지 혹은 화면 오른 쪽 상단의 ⊠ 부분을 클릭하면 된다.

1.4.2 자료의 입력, 저장과 편집

미니탭에서 자료는 데이터 윈도우(워크시트 윈도우)에서 생성, 수정, 관리된다.

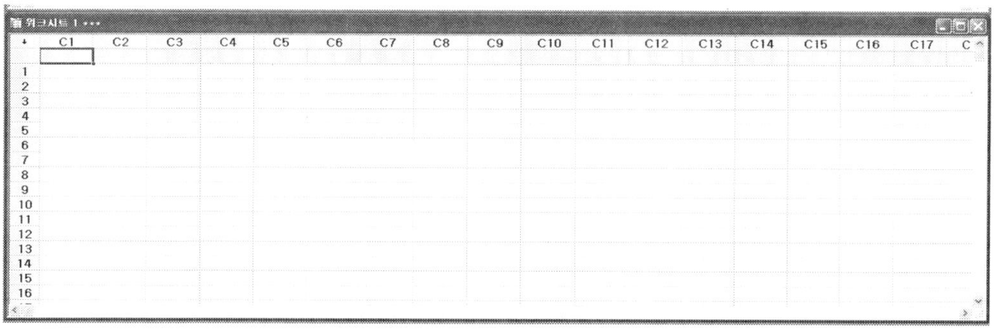

그림 1-2 워크시트 윈도우

워크시트 윈도우에서 각 행(Row)은 해당 관찰 값(Observation)을 나타내며, 각 열은 변수(Variable)를 나타낸다. 예를 들어 7명의 학생들의 키(Height)와 몸무게(Weight)의 상관관계를 조사하기 위하여 다음과 같이 자료를 조사하였다고 하자.

변수 \ 학생	1	2	3	4	5	6	7
Height(키)	174.5	168.6	178.9	163.4	180.5	176.4	184.3
Weight(몸무게)	67.8	62.4	71.4	58.9	74.8	66.5	82.7

이러한 자료에서 변수는 'Height(키)'와 'Weight(몸무게)'가 되며 각 학생의 키와 몸무게 자료가 각 해당 관찰 값이 된다.

(1) 변수명 입력

자료의 변수명은 해당 변수의 열 번호 바로 아래 셀에 입력한다.

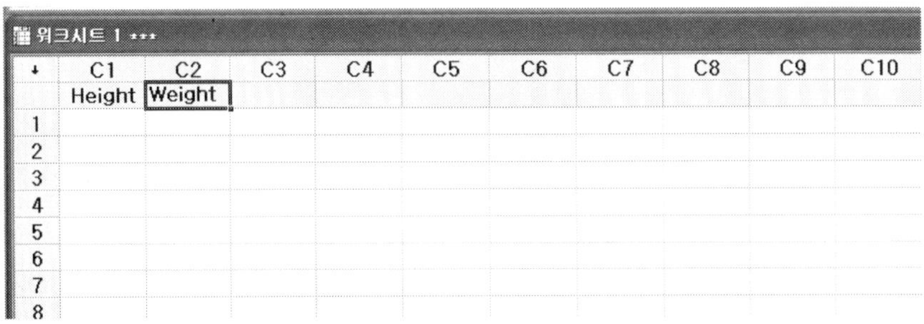

그림 1-3 워크시트 상에 변수명 입력

변수명은 영문자, 한글 모두 가능하며, 변수명을 지정하지 않으면 열 번호가 변수명을 대신한다.

(2) 데이터 입력

워크시트 윈도우를 통하여 자료를 직접 입력시키는 방법을 살펴보도록 하자.

- 특정한 셀에 데이터를 입력하고자 하면 입력을 원하는 셀로 커서를 이동시킨 후 원하는 데이터를 입력하고 Enter↵를 누른다.
- 워크시트 윈도우의 첫 번째 줄, 첫 번째 칸의 화살표가 ↓이면 데이터 입력 후 Enter↵를 누르면 커서가 아래쪽으로 이동하고, 화살표가 →이면 데이터 입력 후 Enter↵를 누르면 커서가 오른쪽으로 이동한다. 이 화살표를 한 번 누를 때마다 데이터 입력방향이 바뀌게 된다.

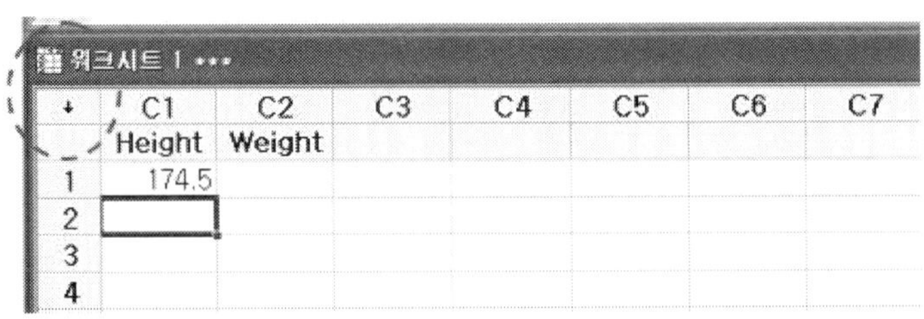

그림 1-4 데이터의 입력 방향을 나타내는 화살표

- 만약 미리 입력된 값을 수정하고자 할 때는 해당 셀을 클릭한 후 새로운 값을 입력하고 Enter↵를 누르면 된다.

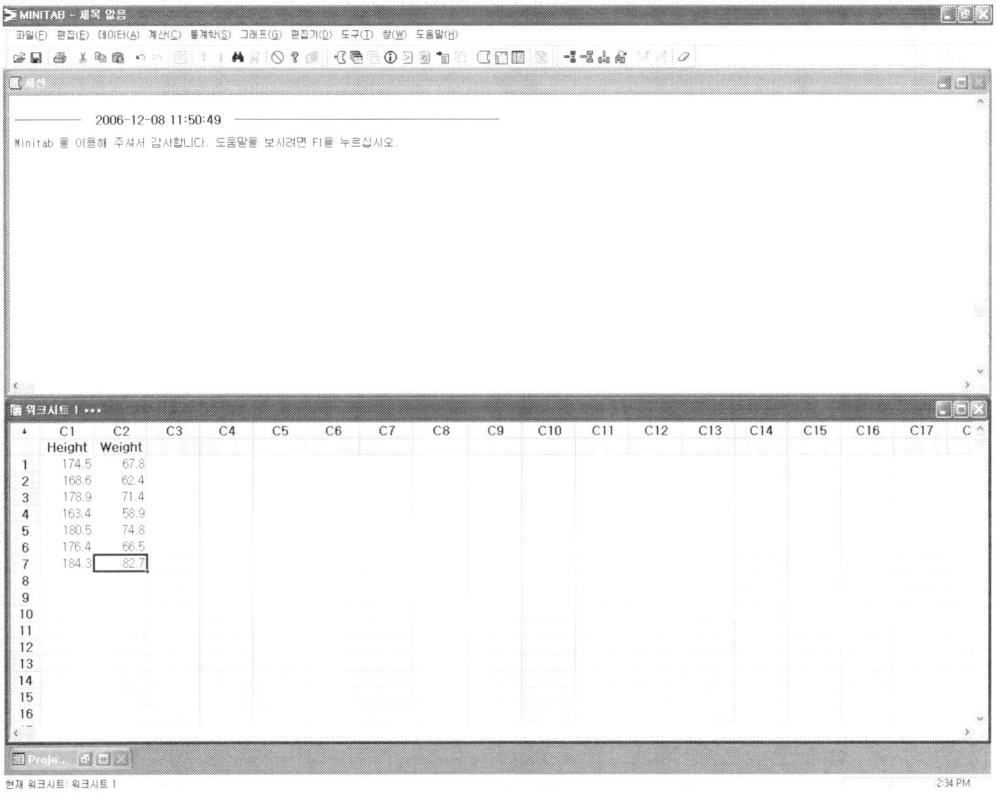

그림 1-5 데이터 입력이 완료된 상태

(3) 워크시트 저장

워크시트 윈도우에서 입력 완료된 데이터는 저장하여 이후 이 데이터에 대한 분석이 필요한 경우 다시 미니탭에 불러와서 분석에 이용할 수 있다. 완성된 워크시트를 저장하고자 하면, 메뉴로부터 '**파일 ⇨ 현재워크시트 저장**'을 선택한 후 <**워크시트를 다른 이름으로 저장**> 대화상자에서 파일의 저장 위치, 파일의 이름, 파일 형식을 지정한 후 '**저장**'을 선택한다. 다양한 형식의 파일로 저장할 수 있지만, 특별한 경우를 제외하고는 미니탭 저장 형식을 선택하여 저장하면 되겠다. 물론 완성된 워크시트를 엑셀 파일로도 저장할 수 있다.

그림 1-6 완성된 워크시트 저장

앞서 완성한 워크시트를 'HWdata'라는 이름으로 미니탭 저장 형식을 선택하여 원하는 폴더에 저장하여보자. 그러면 현재 워크시트 왼쪽 상단의 **'워크시트 1'**으로 설정되어 있던 워크시트 이름이 'HWdata.MTW'라는 이름으로 변경되었음을 알 수 있다. 또한 현재 미니탭 형식으로 만들어진 워크시트 'HWdata.MTW'를 메뉴로부터 **'파일 ⇨ 다른 이름으로 현재 워크시트 저장'**을 선택한 후 이를 엑셀 2000 파일 형식으로 동일한 폴더에 저장하여 보자.

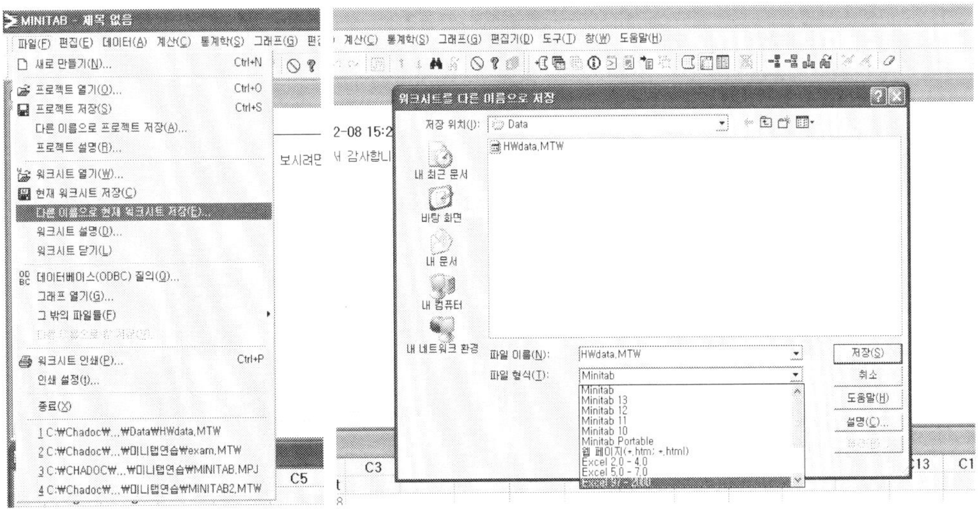

그림 1-7 다른 이름으로 워크시트 저장

1.4.3 저장된 데이터 불러오기

이 절에서는 이미 우리가 저장해 놓은 데이터를 분석이 필요한 경우 미니탭으로 어떻게 불러올 수 있는지 알아보도록 하자. 이를 위해 미니탭을 종료한 후 새로 미니탭을 실행하여 [그림 1-1]의 미니탭 초기화면을 열어보자.

(1) 외부의 미니탭 워크시트를 불러오기

외부에 저장되어 있는 워크시트를 불러오기 위해서는 메뉴로부터 '**파일 ⇨ 워크시트 열기**'를 선택한 후 파일형식을 미니탭 파일 형식으로 지정한 후 대화상자에서 원하는 파일을 선택한다. 앞에서 이미 작성하여 저장해 두었던 'HWdata.MTW'를 불러보자.

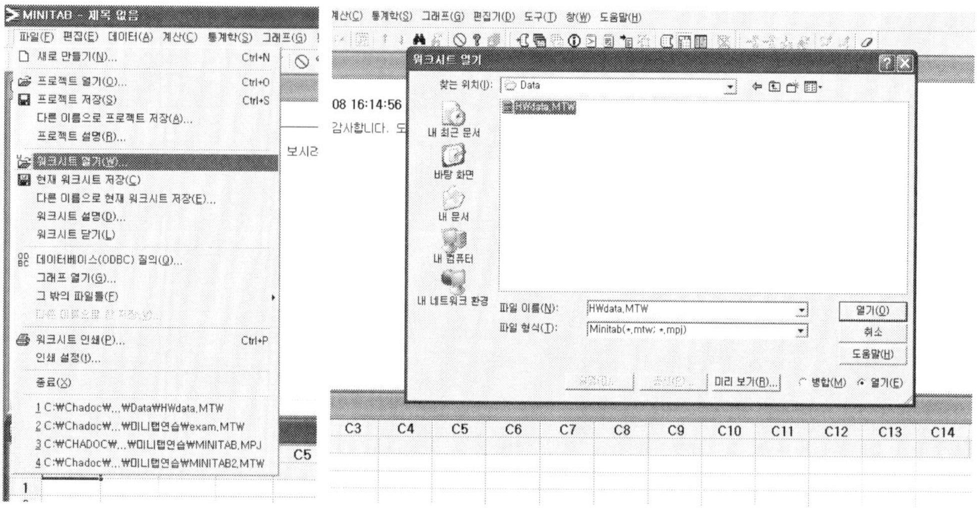

그림 1-8 외부 워크시트 불러오기

(2) 엑셀 파일 불러오기

최근에는 데이터 파일을 작성하고 관리하는 소프트웨어로 엑셀이 많이 이용되고 있다. 외부 엑셀파일을 미니탭에서 분석하기 위해 미니탭 워크시트로 불러오는 방법을 알아보도록 하자. 이를 위해 미니탭을 종료한 후 새로 미니탭을 실행하여 [그림 1-1]의 미니탭 초기화면을 열어보자. 외부에 저장되어 있는 엑셀 파일을 워크시트로 불러오기 위해서는 메뉴로부터 '**파일 ⇨ 워크시트 열기**'를 선택한 후 파일형식을 Excel 파일 형식으로 지정한 후 대화상자에서 원하는 파일을 선택한다. 앞에서 이미 작성하여 저장해 두었던 'HWdata.XLS'를 불러보자.

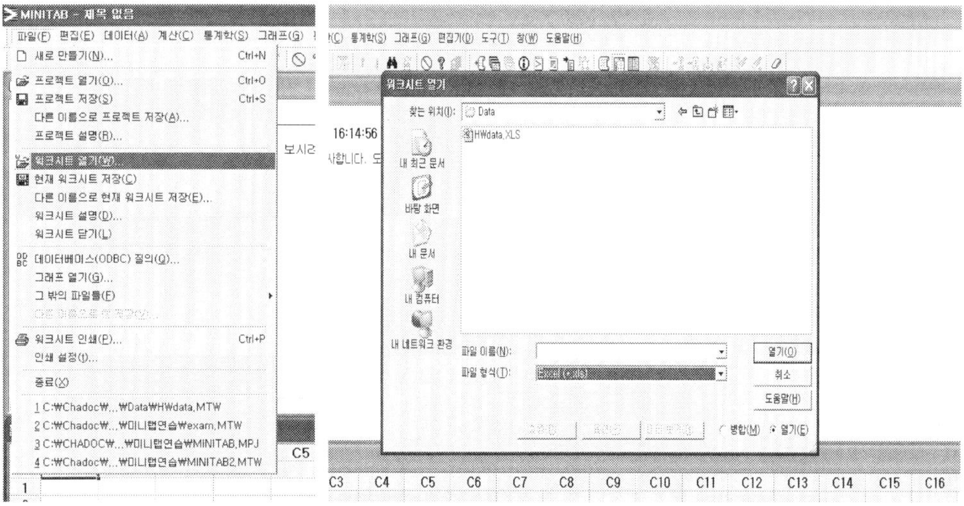

그림 1-9 외부 엑셀파일을 워트시트로 불러오기

1.4.4 자료의 변환

워크시트에 자료가 입력되면 이를 변환하거나 혹은 필요에 따라 이들을 이용하여 새로운 변수를 생성할 수 있다. 앞에서 작성하였던 'HWdata.MTW'를 워크시트로 불러와서, 현재 센티미터 단위로 입력되어 있는 키(Height)의 자료를 밀리미터 단위로 바꾸어 c3열에 새로운 변수 NewHeight로 저장하고, 또한 두 변수의 비 Weight/Height 값을 구하여 이를 c4열에 Ratio라고 하는 변수 명으로 저장하여보자. 우선 c3열과 c4열에 각각의 변수명을 입력한 후, 메뉴로부터 '**계산 ⇨ 계산기**'를 선택한 후 대화상자가 나타나면 '**변수에 결과저장**' 항목에 계산된 결과를 저장할 열 'c3'를 입력하고, '식'란에 'c1*10'를 입력한 후 확인을 누르면 c3열의 각 셀에 c1열에 10을 곱한 값들이 입력된다.

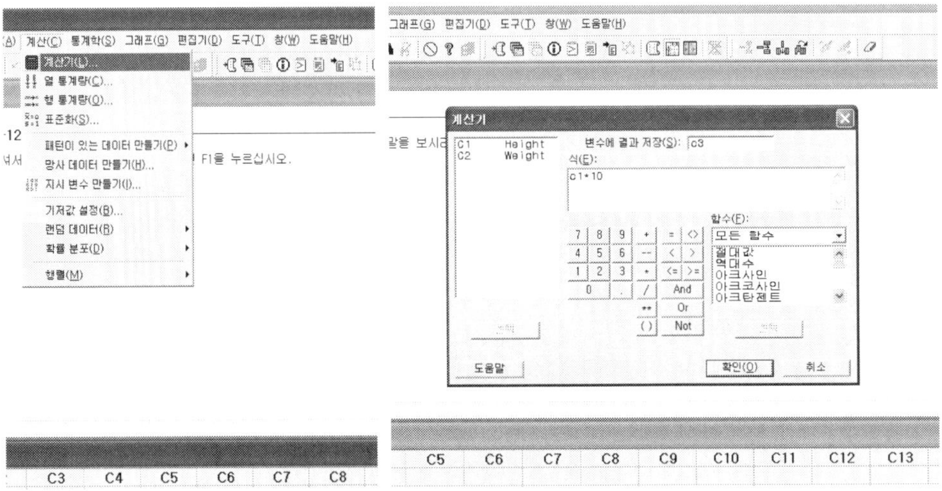

그림 1-10 기존 변수값의 변환

또한, 메뉴로부터 '**계산 ⇨ 계산기**'를 선택한 후 대화상자가 나타나면 '**변수에 결과저장**' 항목에 계산된 결과를 저장할 열 'c4'를 입력하고, '**식**'란에 'c2/c1'를 입력한 후 확인을 누르면 c4열의 각 셀에 c2열의 각 셀 값을 c1열의 각 셀 값으로 나눈 값들이 입력된다.

연습문제

1. 어느 대학교에서 학부 재학생들의 학교생활 만족도를 조사하기 위하여 전체 재학생들 중 100명을 뽑아서 이들을 조사한 다음 이를 바탕으로 전체 재학생들의 만족도를 알아보고자 한다. 이 경우 모집단과 표본이 무엇인지 답하여라.

2. 어느 도시에서 실업률을 알아보고자 그 도시의 전체 노동 인구 중 500명을 추출하여 이들의 실업률을 조사함으로써 그 도시의 전체 실업률을 알아보고자 한다. 이 경우 모집단과 표본이 무엇인지 답하여라.

3. 2번 문제에서 갑과 을 두 사람이 각각 500명씩을 추출하여 실업률을 조사한 결과 갑의 표본으로부터 얻어진 실업률은 8.0%였고, 을의 표본으로부터 얻어진 실업률은 12.0% 였다. 두 표본으로부터 구한 실업률이 서로 다른 이유에 대하여 설명하여 보아라.

4. 다음은 어느 고등학교에서 랜덤하게 추출된 10명의 수학과 영어성적이다.

번호	1	2	3	4	5	6	7	8	9	10
수학	60	64	48	46	78	60	90	50	66	70
영어	77	68	46	48	84	64	92	52	68	72

위의 자료를 엑셀파일(SCORE.XLS)로 만들어서 저장하여라. 변수명은 각각 Math와 English로 지정하여라.

(i) 엑셀파일로 작성되어 있는 위의 데이터를 미니탭에서 분석하기 위하여 미니탭 워크시트로 불러오도록 하라.

(ii) (i)에서 미니탭 워크시트로 위의 자료를 불러왔다면, c3열에 두 과목 성적의 합을 저장하고, c4열에 두 과목 성적의 평균을 저장하여라.

(iii) (ii)에서 완성된 워크시트를 'SCORE.MTW' 라는 이름의 워크시트 파일로 저장하여라.

CHAPTER

제 2 장

자료의 정리

제 2 장에서는 질적 및 양적 자료들을 정리하기 위해 미니탭의 다양한 표나 그래프 기능들을 사용하여 도수분포표, 막대그래프, 원형그림표, 점도표, 히스토그램, 상대도수다각형, 줄기-잎 그림, 파레토 그림을 소개한다.

2.1 도수분포표(frequency table)

예제 2-1

어느 대학에 등록한 학생들 중 100명의 학생들에게 졸업 후의 진로에 대하여 질문을 하였다. 졸업 후 일하고 싶은 직종으로 44명의 학생들은 사기업, 16명은 중앙정부공무원, 23명은 지방공무원, 그리고 17명은 자영업으로 응답했다. [표 2-1]은 **도수분포표**(frequency distribution table) 혹은 도수표(frequency table)라고 부르며 직업의 종류와 해당업종에서 일하고 싶어 하는 학생들의 수가 기록되어 있다. 이 표에서 변수는 직업의 유형으로 질적변수에 해당된다. 또한 각 범주들은 서로 중복되지 않는다. 따라서 100명의 학생들은 이들 범주 중 한 가지에만 속하게 된다. 특정범주에 속한 학생들의 수를 해당범주의 **빈도**(frequency)라고 하며 도수분포는 여러 범주에 걸쳐 도수들이 어떻게 분포되어 있는지를 보여준다.

표 2-1 학생들의 희망직업유형에 대한 도수분포표

직업유형	학생 수
사기업 중앙정부공무원 지방공무원 자영업	44 16 23 17
	합 = 100

특정 범주의 상대도수는 해당범주의 도수를 모든 도수의 합으로 나누어 구한다. 따라서 상대도수를 통하여 총 도수 중 해당범주에 속한 부분이나 비율을 알 수 있다. 상대도수분포에는 모든 범주에 대한 해당범주의 상대도수를 기록한다. 범주의 백분위는 상대도수에 100을 곱하여 얻어진 수이며 백분위 분포는 각 범주에 백분위를 기록한다. [표 2-2]는 [표 2-1]의 자료에 대한 상대도수와 백분위를 나타낸 것이다.

표 2-2 학생들의 희망직업유형에 대한 상대도수분포 및 백분위분포

직업유형	학생 수	상대도수	백분위
사기업 중앙정부공무원 지방공무원 자영업	44 16 23 17	44/100=0.44 16/100=0.16 23/100=0.23 17/100=0.17	44 16 23 17
	합 = 100	1.00	100

미니텝 이용 예제 2-1 자료는 총 100개의 셀에 대해서 사기업 44개, 중앙정부공무원 16개, 지방공무원 23개, 자영업 17개를 입력한다. [표 2-1]과 [표 2-2]은 100개의 자료를 요약한 테이블이다. 입력된 자료에 대해서 메뉴로부터 '**통계학 ⇨ 표 ⇨ 개별 변수에 대한 계산표**'를 선택하면 아래와 같은 대화상자가 나타나며 옵션으로 카운트, 백분율, 누적카운트, 누적 백분율을 모두 선택한다.

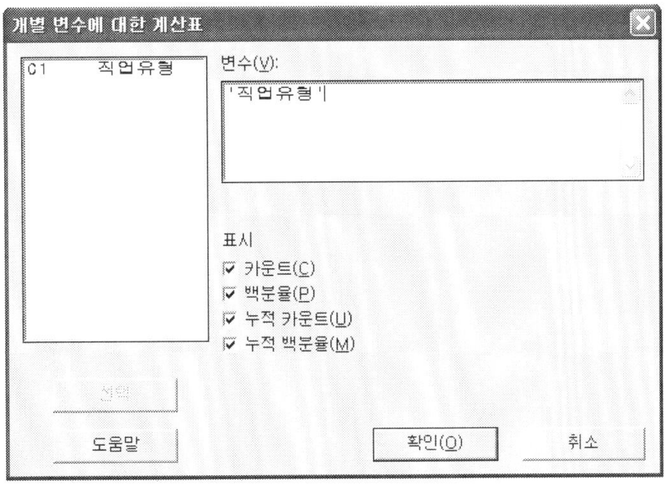

위 대화상자를 실행하면 다음과 같은 상대도수분포 및 백분위표를 얻게 된다. 카운트는 학생 수인 도수, CumCnt는 누적도수, 백분율은 상대도수, CumPct 누적상대도수를 나타낸다.

이산형 변수에 대한 계산표 : 직업유형				
직업유형	카운트	CumCnt	백분율	CumPct
사기업	44	44	44.00	44.00
자영업	17	61	17.00	61.00
중앙정부공무원	16	77	16.00	77.00
지방공무원	23	100	23.00	100.00
N=	100			

2.2 막대그래프(bar chart)

막대그래프를 만들기 위해서는 수평 축에 범주들을 수직축에 도수들을 표시한다. 각 범주들은 동일한 폭의 넓이를 가지며 막대의 높이가 해당범주의 빈도를 나타낸다. 상대도수와 백분위분포를 사용한 막대그래프는 수직 축에 도수 대신 상대도수나 백분위를 표시하여 작성할 수 있다. 경우에 따라서는 수평축에 빈도를 그리고 수직축에 범주를 표시하여 막대그래프를 그릴 수도 있다.

미니텝 이용 예제 2-1에서 자료를 다음 그림과 같이 직업유형 셀과 도수를 나타내는 학생수 셀로 입력한다.

↓	C1-T 직업유형	C2 학생수
1	사기업	44
2	중앙정부공무원	16
3	지방공무원	23
4	자영업	17

다음 대화상자와 같이 메뉴로부터 「그래프 ⇨ 막대차트 ⇨ '막대가 표시하는 내용'에서 '변수의 함수', '단일 Y'에서 '단순'」을 선택한다. 막대차트 대화상자에서 「'그래프 변수'에서 '학생 수', '범주형 변수'에서 '직업유형'을 선택 ⇨ 확인」을 선택하면 막대그래프를 얻을 수가 있다.

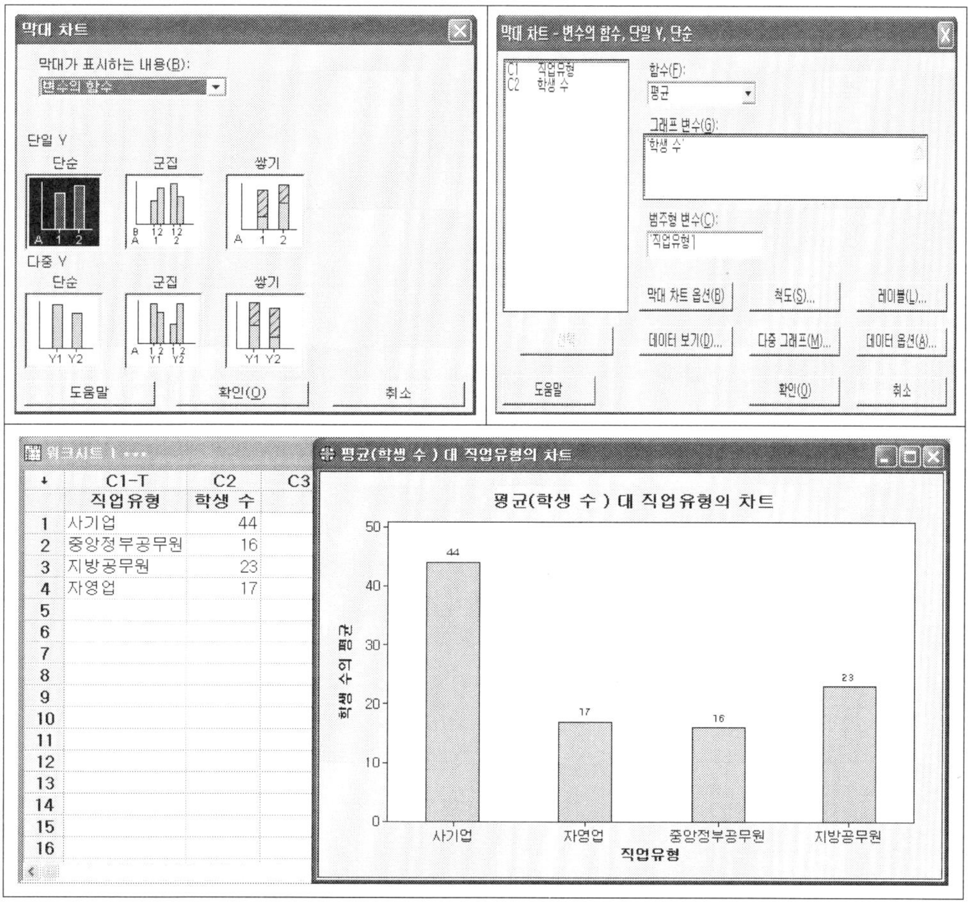

2.3 원형그래프(pie chart)

원형그래프는 도수나 상대도수를 표현하기 위해 사용될 수도 있지만, 오히려 백분위를 표현하는 데 더 자주 사용된다. 원 전체는 표본이나 모집단 전체를 의미하며 원을 여러 조각으로 나누어 생기는 각 부분이 하나의 범주를 나타낸다. 범주의 각의 크기는 해당 범주의 상대도수에 360을 곱하여 계산한다. [표 2-3]은 예제 2-1에서의 [표 2-2]의 각 범주에 대한 각의 크기를 계산하는 방법을 보여준다.

표 2-3 원형그래프에서 각의 크기를 계산하는 방법

직업유형	상대도수	각의 크기
사기업	44/100=0.44	0.44 ×360=158.4
중앙정부공무원	16/100=0.16	0.16 ×360=57.6
지방공무원	23/100=0.23	0.23 ×360=82.8
자영업	17/100=0.17	0.17 ×360=61.2
합	1.00	360

미니텝 이용 예제 2-1의 자료에서 '그래프 ⇨ 파이차트 ('표의 값을 차트화' ⇨ 범주형 변수에 '직업', 요약형변수에 '학생수'를 선택) ⇨ 레이블(부분레이블에서 원하는 사항을 선택) ⇨ 확인'을 선택한다.

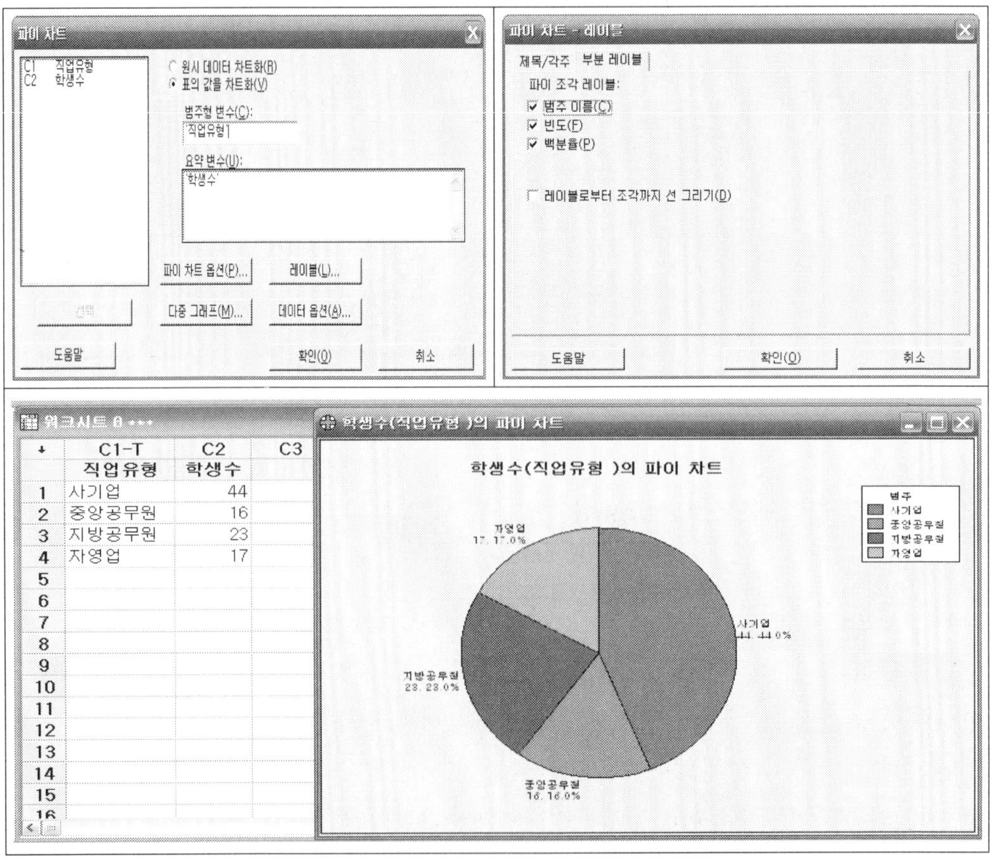

2.4 점 도표(dot plot)

점도표는 수직선 상에서 관측값에 해당되는 위치에 점을 표시한 그림을 말한다. 관측값의 개수가 상대적으로 적을 때 전체적인 자료의 형태를 알 수 있다.

예제 2-2

우리나라 어떤 지역의 30가구를 대상으로 자녀의 수를 조사한 결과는 [표 2-4]와 같다. 미니탭을 이용하여 점도표를 그리시오.

표 2-4 가구별 자녀의 수

자녀수	가구수
0	6
1	14
2	6
3	3
4	1
	합=30

미니텝 이용 미니탭에서 총 30개의 셀에 0이 6개, 1이 14개, 2가 6개, 3이 3개, 4가 1개로 입력을 시킨다. 메뉴에서 '**그래프 ⇨ 닷플롯 ⇨ 단일 Y 선택 ⇨ 그래프 변수 선택**'을 선택하여 그래프 변수에 자녀의 수를 선택하면 점도표를 나타낼 수 있다.

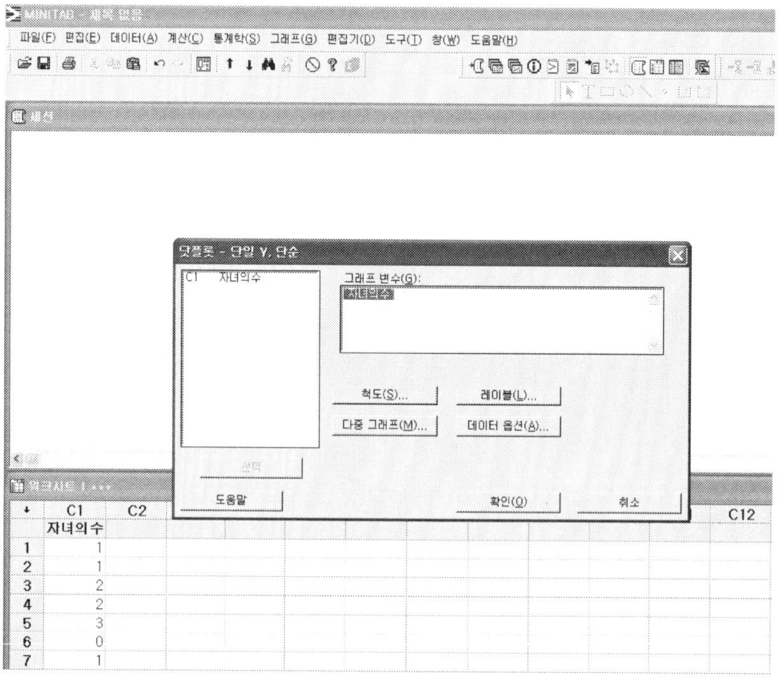
MINITAB - 제목 없음
파일(F) 편집(E) 데이터(A) 계산(C) 통계학(S) 그래프(G) 편집기(D) 도구(T) 창(W) 도움말(H)
닷플롯 - 단일 Y, 단순
C1 자녀의수
그래프 변수(G):
자녀의수
척도(S)...
레이블(L)...
다중 그래프(M)...
데이터 옵션(A)...
도움말
확인(O)
취소
C1
C2
C12
자녀의수
1
1
2
2
3
0
1

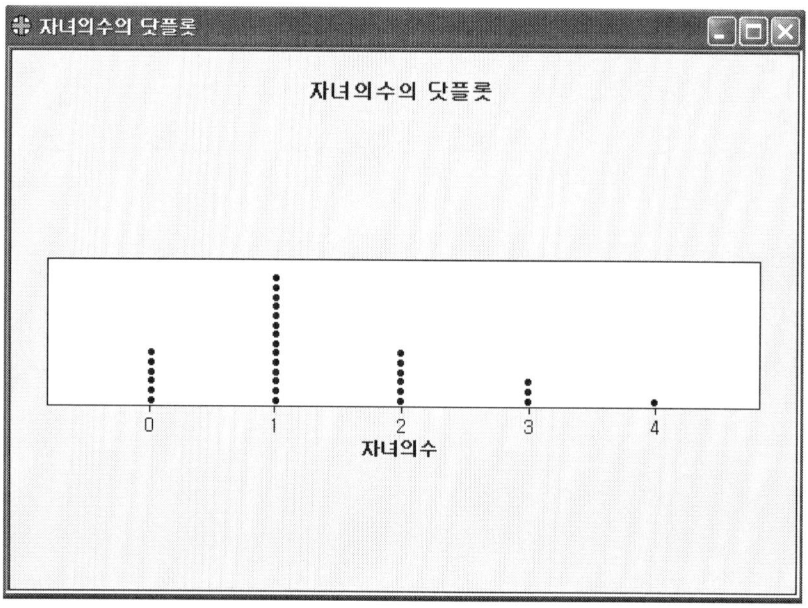
자녀의수의 닷플롯
자녀의수의 닷플롯
0
1
2
3
4
자녀의수

2.5 히스토그램

2.5.1 도수분포

예제 2-3

[표 2-5]는 미국 대기업 직원 100명의 주급을 나타낸 것이다. 첫째 열은 계급(classes)으로 변수 주급을 나타낸다. 양적자료에 있어서 **계급**(class)이란 상한과 하한의 두 숫자 사이의 모든 수들을 포함하는 구간으로 중복되지 않는다. 두 번째 열은 자신의 소득이 각 계급에 포함된 직원들의 수를 나타내며 이를 도수라고 한다. 예를 들어 이 회사 직원 중 9명은 $401부터 $600 이내의 주급을 받는다.

표 2-5 회사직원 100명의 주급

주급(미화 $)	직원 수(f)
401~600	9
601~800	22
801~1000	39
1001~1200	15
1201~1400	9
1401~1600	6
합	100

양적자료의 경우 각 계급의 도수는 해당 계급에 포함된 자료의 수를 나타낸다. [표 2-5]에는 6개의 계급이 있으며 각 계급에는 하한(lower limit)과 상한(upper limit)이 있다. 값 401, 601, ..., 1401 등은 하한이며, 값 600, 800, ..., 1600 등은 상한을 나타낸다. 이웃하는 두 계급들에서 한 계급의 상한과 그 윗계급의 하한의 산술평균값을 경계값이라 하는데 이 경계값을 사용하여 [표 2-5]의 계급의 극한값들을 경계값으로 변환할 수 있다. 어떤 계급의 두 경계

값들의 차이를 계급의 폭(class width) 또는 계급크기(class size)라고도 한다. 계급의 중간값(midpoint)은 해당 계급의 상한과 하한의 산술평균값이다. [표 2-6]은 [표 2-5]에 대한 계급의 경계값, 계급폭 및 중간값들을 나타내고 있다.

표 2-6 계급의 경계값, 계급의 폭, 계급의 중간값

계급의 극값	계급의 경계값	계급의 폭	계급의 중간값
401~600	400.5이상 ~ 600.5미만	200	500.5
601~800	600.5이상 ~ 800.5미만	200	700.5
801~1000	800.5이상 ~ 1000.5미만	200	900.5
1001~1200	1000.5이상 ~ 1200.5미만	200	1100.5
1201~1400	1200.5이상 ~ 1400.5미만	200	1300.5
1401~1600	1400.5이상 ~ 1600.5미만	200	1500.5

도수분포표를 작성할 때 다음과 같은 세 가지 중요한 결정사항들 - 계급의 수, 계급의 폭, 시작점 - 이 있다.

(1) 계급의 수

도수분포표의 계급의 수는 주로 관찰 값의 수에 때라 대개 5에서 20개 정도로 다양하다. 자료의 크기가 클수록 계급의 수는 많은 것이 좋으나, 계급의 수에 대한 결정은 자료처리자의 주관에 따른다.

(2) 계급의 폭

일반적으로 계급의 크기를 다르게 할 수 있지만 대부분 모든 계급의 폭이 동일한 폭을 갖는게 낫다. 모든 계급이 동일한 규모일 때 계급의 폭을 결정하기 위해서는 우선 자료의 최대값과 최소값의 차이인 범위를 계산한다. 계급의 대략적인 폭은 자료의 범위를 원하는 계급의 수로 나누어 계산된다. 대개 이렇게 구해진 대략적인 계급의 폭은 편리한 숫자로 반올림한 후 계급의 폭으로 사용된다. 주목할 점은 이러한 반올림으로 인해 처음 의도했던 계급의 수와 약간 달라질 수도 있다.

(3) 시작점

시작점은 첫 번째 계급의 하한으로서 자료의 최소값 이하의 편리한 수를 사용할 수 있다.

2.5.2 상대도수분포, 백분위분포, 누적도수분포

상대도수와 백분위 계산법

$$\text{특정계급의 상대도수} = \frac{\text{해당계급의 도수}}{\text{모든 도수의 합}} = \frac{f}{\sum f}$$

$$\text{백분위} = \text{상대도수} \cdot 100$$

누적도수분포

누적도수분포는 양적자료의 경우에만 만들 수 있으며 각 계급에는 특정값보다 더 작은 값들의 총 도수가 적혀 있다. 누적도수분포표에서 각 계급의 하한은 동일하지만 상한은 달라진다. 누적상대도수는 누적도수를 자료에 포함된 관찰값들의 총 개수로 나누어 구할 수 있고, 누적백분위는 누적상대도수에 100을 곱하여 구해진다.

누적도수곡선

누적도수분포표에 점을 표시한 후 이들을 연결한 곡선을 **누적도수곡선**(ogive)이라고 한다. 누적도수곡선은 임의의 구간에 대한 누적분포의 근사값을 구하기 위해 사용할 수 있다. 누적도수분포를 이용하여 누적도수곡선을 그린 것과 동일한 방법으로 누적상대도수와 누적백분위분포에 대해서도 누적도수곡선을 그릴 수 있다.

예제 2-4

[표 2-7]은 50명의 학생에 대한 기초통계학과목의 기말시험성적이다. 이를 이용하여 도수분포표, 백분위표, 누적도수분포표를 작성하여보자.

표 2-7 통계학 학기말 성적

60	47	82	95	88	72	67	66	68	98
90	77	86	58	64	95	74	72	88	74
77	39	90	63	68	97	70	64	70	70
58	78	89	44	55	85	82	83	72	77
72	86	50	94	92	80	91	75	76	78

1) 최대값과 최소값을 식별하여 범위를 구한다: 98-39=59
2) 계급의 수(m)와 계급의 폭(c)을 선택한다. 이 때 두 수의 곱이 범위보다 약간 크게 한다: m=7, c=10, 70 > 59
3) 시작점을 정한 후 계급의 경계값들을 계산한다. 35, 45, 55, 65, …, 95, 105

표 2-8 통계학 기말성적에 대한 도수분포표

계급 번호	경계값	도수	상대도수	백분위	누적도수
1	35이상 45미만	2	0.04	4	2
2	45이상 55미만	2	0.04	4	4
3	55이상 65미만	7	0.14	14	11
4	65이상 75미만	13	0.26	26	24
5	75이상 85미만	11	0.22	22	35
6	85이상 95미만	11	0.22	22	46
7	95이상 105미만	4	0.08	8	50
	합계	50	1.00	100	

누적도수곡선을 그리기 위해서는 기말시험을 치른 학생들의 수가 수평축에 표시되고 수직축에는 누적도수를 표시한다. 다음으로 각 계급의 상위 경계값

위에 해당 누적도수와 동일한 높이의 점을 표시한다. 누적도수곡선은 이러한 점들을 직선으로 연결하여 얻어진다. 이 곡선은 가장 낮은 계급의 하위 경계값에서 시작하여 가장 높은 계급의 상위 경계에서 끝난다.

히스토그램

히스토그램은 도수분포, 상대도수분포, 혹은 백분위분포를 사용하여 그릴 수 있는 그래프이다. 히스토그램을 그리기 위해서는 먼저 수평축에 계급을 그리고 수직축에 도수(상대도수 혹은 백분위)를 표시한다. 그리고 각 계급에 막대를 그리는 데 막대의 높이가 해당계급의 도수를 나타내도록 그린다. 히스토그램에서 막대들이 막대 사이에 여백이 없도록 서로 붙여서 그린다. 히스토그램은 수직 축에 표시된 것이 도수, 상대도수, 백분위이냐에 따라 각각, 도수 히스토그램, 상대도수 히스토그램, 백분위 히스토그램 등으로 불린다.

미니텝 이용 예제 2-4의 자료를 이용하여 '그래프 ⇨ 히스토그램 ⇨ 단순 ⇨ 그래프 변수(Score 클릭) ⇨ 척도(Y척도 유형에서 원하는 유형을 선택) ⇨ 데이터 보기(데이터 표시에서 막대와 기호선택) ⇨ 그 외의 모든 대화상자에 확인'을 선택한다.

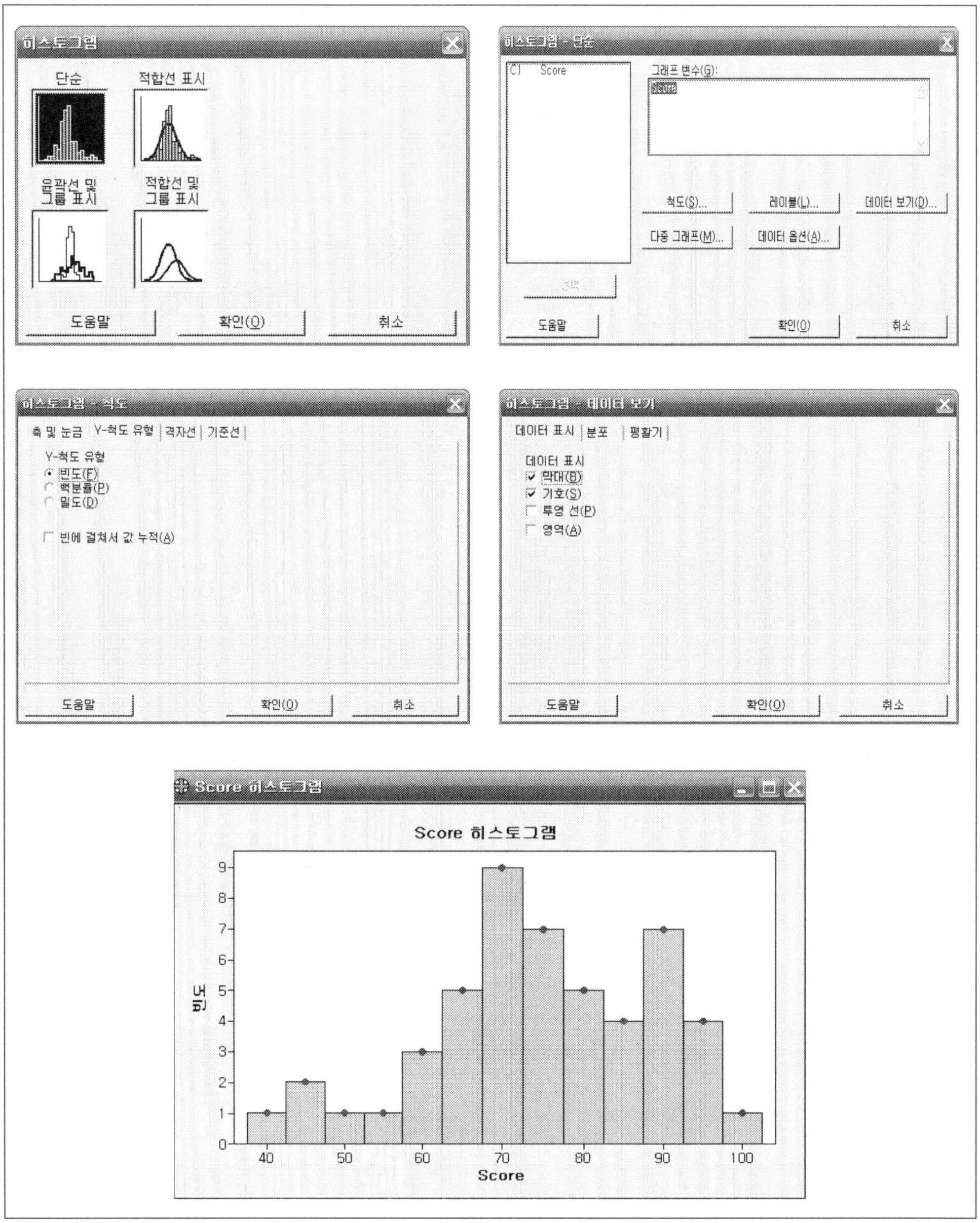
히스토그램
단순
적합선 표시
윤곽선 및 그룹 표시
적합선 및 그룹 표시
도움말
확인(O)
취소
히스토그램 - 단순
C1 Score
그래프 변수(G):
Score
척도(S)...
레이블(L)...
데이터 보기(D)...
다중 그래프(M)...
데이터 옵션(A)...
도움말
확인(O)
취소
히스토그램 - 척도
축 및 눈금
Y-척도 유형
격자선
기준선
Y-척도 유형
빈도(F)
백분률(P)
밀도(D)
빈에 걸쳐서 값 누적(A)
도움말
확인(O)
취소
히스토그램 - 데이터 보기
데이터 표시
분포
평활기
데이터 표시
막대(B)
기호(S)
투영 선(P)
영역(A)
도움말
확인(O)
취소
Score 히스토그램
Score 히스토그램
빈도
0
1
2
3
4
5
6
7
8
9
40
50
60
70
80
90
100
Score

2.6 줄기 잎 그림(stem-and-leaf plot)

양적자료를 함축적으로 표현하는 방법으로 **줄기-잎-그림**(stem-and-leaf plot)이 있다. 도수분포그림과 달리 줄기-잎-그림은 개개의 관찰값에 대한 정보를 상실하지 않는다. 줄기-잎-그림은 양적자료의 경우에만 작성할 수 있다. [표 2-7]의 통계학 기말성적에 대한 줄기-잎-그림을 작성하기 위해서는 모든 관찰값들이 두 자리 숫자이므로 십의 자리숫자를 줄기(stems)로, 일의자리 숫자들을 잎(leaves)으로 둔다. 즉, 성적 47은 줄기가 4이고 잎이 7이 된다. 줄기들은 도수분포표의 계급(class)와 비슷한 역할을 한다. [표 2-7]의 50개의 관찰값들을 줄기에 의해 정리하면 다음과 같다.

39
47, 44
58, 58, 55, 50
60, 67, 66, 68, 64, 63, 68, 64
72, 77, 74, 72, 74, 77, 70, 70, 70, 78, 72, 77, 72, 75, 76, 78
82, 88, 86, 88, 89, 85, 82, 83, 86, 80
95, 98, 90, 95, 90, 97, 94, 92, 91

같은 계급에 있는 관찰값들은 동일한 줄기를 가지고 있으므로 줄기를 한차례만 사용하여 다음과 같이 간략화된 줄기-잎-그림을 만들 수 있다.

표 2-9 50명 학생의 통계학 성적의 줄기-잎-그림

줄 기	잎
3	9
4	4, 7
5	0, 5, 8, 8
6	0, 3, 4, 4, 6, 7, 8, 8
7	0, 0, 0, 2, 2, 2, 2, 4, 4, 5, 6, 7, 7, 7, 8, 8
8	0, 2, 2, 3, 5, 6, 6, 8, 8, 9
9	0, 0, 1, 2, 4, 5, 5, 7, 8

줄기-잎-그림은 각각의 관찰값들에 대한 정보를 잃지 않는다는 이점이 있기 때문에 그림 [표 2-9]의 줄기-잎-그림으로부터 50명의 학생에 대한 개별 점수를 다시 작성할 수 있다.

미니텝 이용 시험성적에 대한 줄기-잎 그림을 그리기 위해서는 '**메뉴바의 그래프 ⇨ 줄기-잎그림 ⇨ 그래프변수(Score 선택)**'를 순서대로 선택하여 다음과 같은 줄기-잎 그림을 얻게 된다.

```
MTB > Stem-and-Leaf 'Score'.
```

줄-잎 그림: Score

```
줄기-잎 그림: Score  N  = 50
잎 단위 = 1.0

  1    3  9
  2    4  4
  3    4  7
  4    5  0
  7    5  588
 11    6  0344
 15    6  6788
 24    7  000222244
(7)    7  5677788
 19    8  0223
 15    8  566889
  9    9  00124
  4    9  5578
```

2.7 파레토 그램(Pareto diagram)

파레토 그림은 품질의 불량, 고장의 여러 가지 원인 중에서 다수를 차지하고 중요한 원인을 탐색하는데 이용된다. 고장의 원인이 가장 큰 순서대로 나열한 다음 막대그래프를 그리고 누적상대도수값을 좌표상에 연결한다.

예제 2-5

한 공정에서 불량원인을 탐색한 결과 다음 [표 2-10]과 같이 주요원인별로 요약하였다. 파레토 그림을 작성하시오.

표 2-10 불량의 주요원인

불량항목	불량개수	누적불량개수	상대도수	누적상대도수
뒤틀림	98	98	60.1	60.1
벌어짐	33	131	20.1	80.3
접힘선이탈	20	151	12.3	92.6
긁힘	5	156	3.1	95.7
기타	7	163	4.3	100.0
계	163		100	

미니템 이용 '**통계학 ⇨ 품질도구 ⇨** Pareto **차트**'를 선택한 다음 레이블에서는 불량항목을 빈도위치에서는 불량개수를 입력한 후 확인을 선택한다.

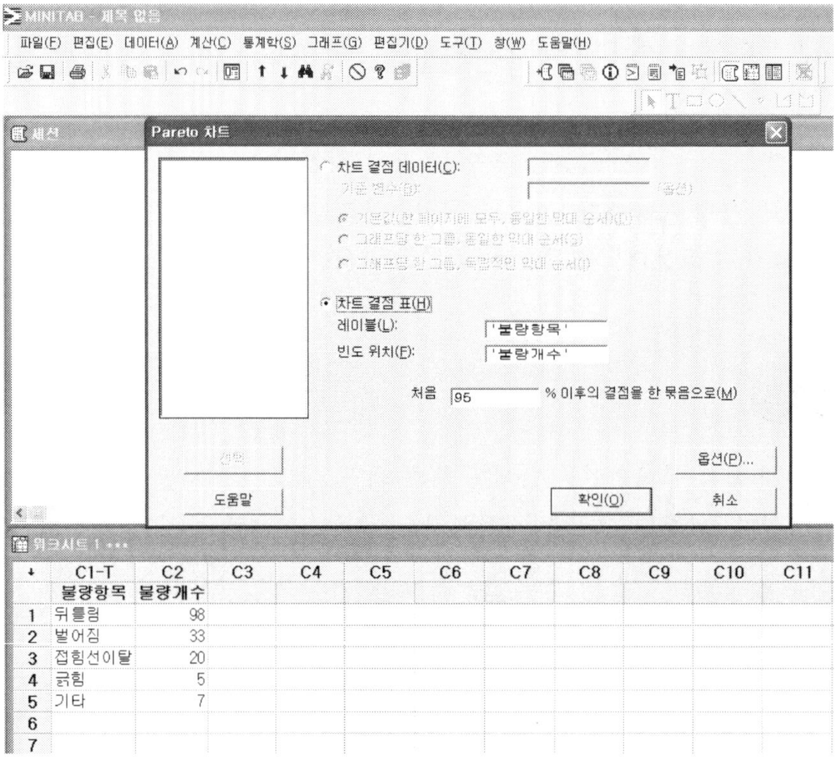
MINITAB - 제목 없음
파일(F) 편집(E) 데이터(A) 계산(C) 통계학(S) 그래프(G) 편집기(D) 도구(T) 창(W) 도움말(H)
세션
Pareto 차트
차트 결점 데이터(C):
차트 결점 표(H)
레이블(L): '불량항목'
빈도 위치(F): '불량개수'
처음 95 % 이후의 결점을 한 묶음으로(M)
옵션(P)...
도움말
확인(O)
취소
워크시트 1 ***
C1-T C2 C3 C4 C5 C6 C7 C8 C9 C10 C11
불량항목 불량개수
1 뒤틀림 98
2 벌어짐 33
3 접힘선이탈 20
4 긁힘 5
5 기타 7

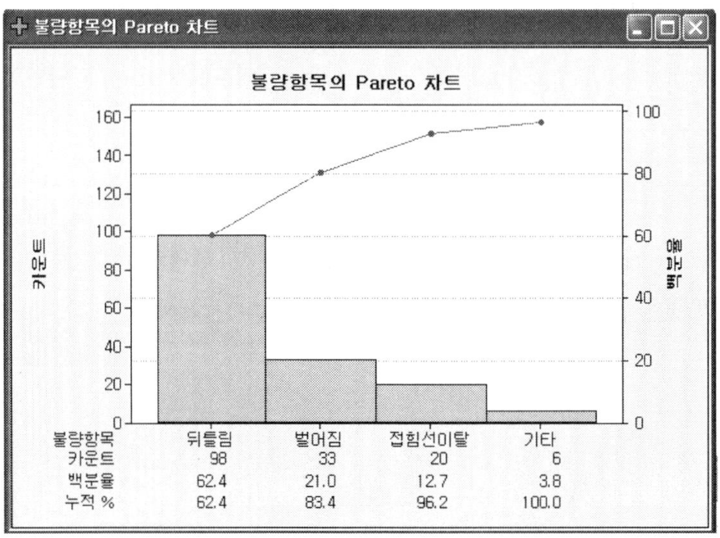
불량항목의 Pareto 차트
불량항목의 Pareto 차트
카운트
백분율
160
140
120
100
80
60
40
20
0
불량항목 뒤틀림 벌어짐 접힘선이탈 기타
카운트 98 33 20 6
백분율 62.4 21.0 12.7 3.8
누적 % 62.4 83.4 96.2 100.0

2.8 산점도(scatter plot)

산점도는 서로 짝으로 된 두 변수들의 상관성을 알아보기 위한 그림이다. 짝으로 된 (x, y) 형태의 자료가 주어졌을 때 좌표상에 이들에 해당되는 값을 점으로 표시한다.

예제 2-6

어느 한 회사의 6명에 대해서 근속년수에 따른 월급여(단위: 만원)를 조사한 결과가 다음 [표 2-11]과 같다. 산점도를 작성하시오.

표 2-11 근속년수에 따른 월급여

근속년수(X)	1	3	3	6	5	2
월 급 여(Y)	200	250	400	530	550	500

미니텝 이용 '그래프 ⇨ 산점도 ⇨ 단순' 을 선택하고 'X변수'는 근속년수를, 'Y 변수'는 월급여를 선택한다.

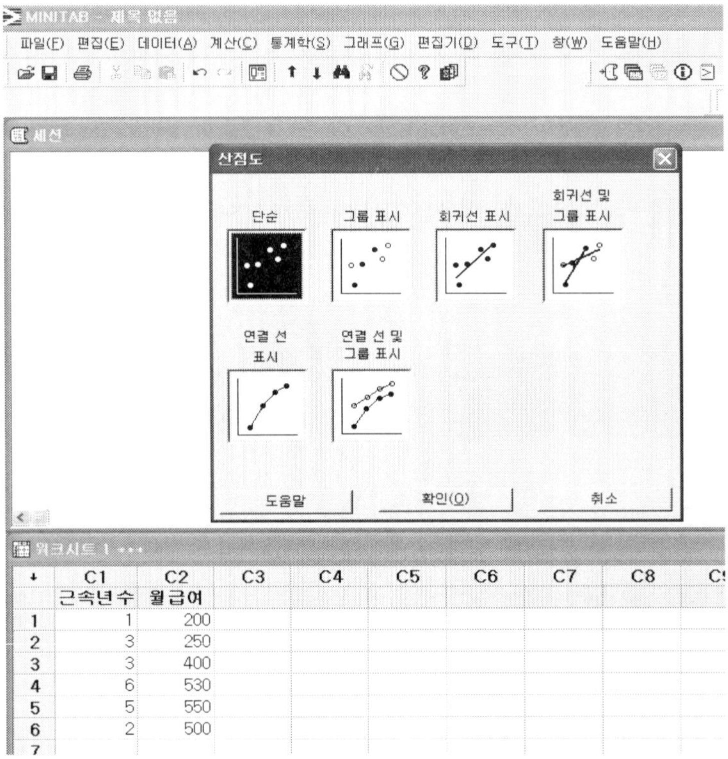
MINITAB - 제목 없음
파일(F) 편집(E) 데이터(A) 계산(C) 통계학(S) 그래프(G) 편집기(D) 도구(T) 창(W) 도움말(H)
세션
산점도
단순
그룹 표시
회귀선 표시
회귀선 및 그룹 표시
연결 선 표시
연결 선 및 그룹 표시
도움말
확인(O)
취소
워크시트 1 ***
C1 C2 C3 C4 C5 C6 C7 C8
근속년수 월급여
1 1 200
2 3 250
3 3 400
4 6 530
5 5 550
6 2 500

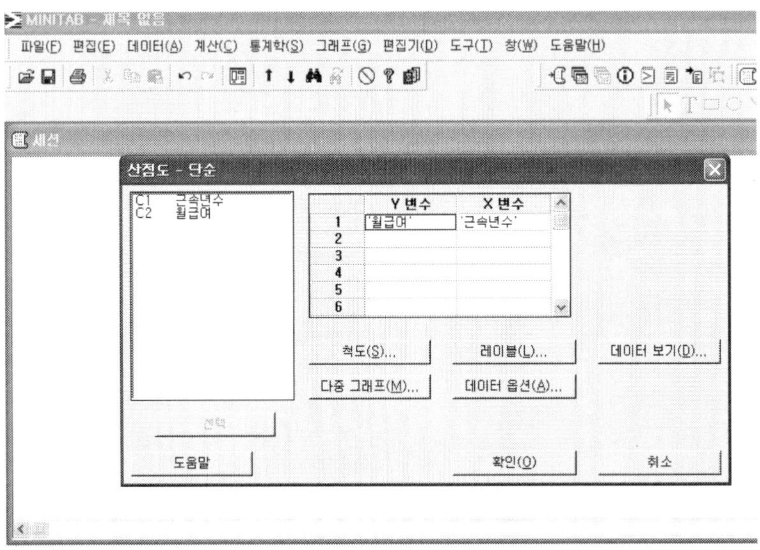
MINITAB - 제목 없음
파일(F) 편집(E) 데이터(A) 계산(C) 통계학(S) 그래프(G) 편집기(D) 도구(T) 창(W) 도움말(H)
세션
산점도 - 단순
C1 근속년수
C2 월급여
Y 변수
X 변수
'월급여'
'근속년수'
척도(S)...
레이블(L)...
데이터 보기(D)...
다중 그래프(M)...
데이터 옵션(A)...
선택
도움말
확인(O)
취소

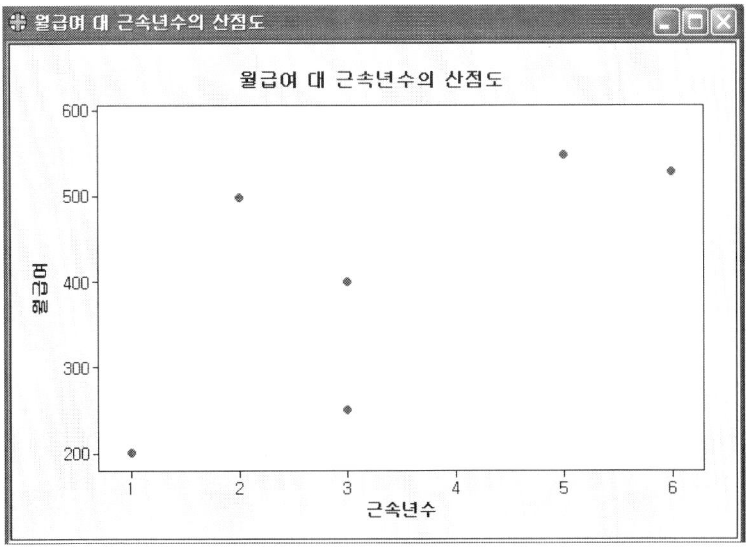
월급여 대 근속년수의 산점도
월급여 대 근속년수의 산점도
월급여
근속년수
600
500
400
300
200
1
2
3
4
5
6

연습문제

① 다음 자료는 치아의 근관(root canals)치료가 전문인 치과의사가 치료한 환자 중 40명을 임의로 선택하여 이들을 치료하는 데 걸린 시간(분)을 기록한 것이다.

40	60	41	59	41	58	43	43	46	46
52	53	46	46	46	54	55	56	48	51
51	43	43	48	48	57	57	44	45	47
47	48	48	48	48	50	48	49	49	50

a) 처음 급간의 경계를 39.5로 하고, 여섯 개의 구간을 사용하여 도수분포표를 작성하라.

b) 이 자료에 대한 도수히스토그램을 작성하라.

c) 자료의 형태를 기술하라.

d) 평균과 표준편차를 계산하라.

e) $\overline{x}-3s$, $\overline{x}-2s$, $\overline{x}-s$, $\overline{x}+s$, $\overline{x}+2s$, $\overline{x}+3s$를 계급의 경계로 하는 도수분포표를 작성하라.

f) a)와 e)에서 각각 구한 도수분포표를 비교하라.

② 다음은 GRE 시험을 치른 임의의 50명의 성적을 기록한 것이다.

450	770	700	610	840	770	680	860	930	890
580	820	780	670	520	790	760	870	880	920
650	460	770	740	610	850	770	910	890	860
690	600	830	760	680	560	810	870	940	890
780	650	520	780	750	640	860	880	890	920

a) 평균, 중위수, 최빈치를 구하여라.

b) 도수분포표를 작성하라.

c) 줄기-잎-그림을 그려라.

d) 히스토그램을 그려라.

CHAPTER

제 3 장

수치를 이용한 자료의 정리

n개의 자료 $x_1, x_2, \cdots, x_n$가 관측되었을 때, 자료의 중심위치를 나타내는 측도로는 평균, 중앙값, 최빈값 등이 있고, 퍼진 정도를 나타내는 측도로는 표본분산, 표본 표준편차, 범위, 사분위수 범위, 변동계수 등이 있다.

3.1 중심위치를 나타내는 측도

3.1.1 평균(mean)

산술평균을 나타내며, 자료의 총합을 자료의 개수로 나눈 값을 나타낸다. 즉, 관측된 n개의 자료 $x_1, x_2, \cdots, x_n$의 평균은 다음 식에 의해서 계산된다.

$$\bar{x} = \frac{\text{자료의 총합}}{\text{자료의 개수}} = \frac{1}{n}\sum_{i=1}^{n} x_i$$

예제 3-1

다음은 한 중소기업의 종업원 8명의 나이 자료이다. 평균을 구하시오.

53 32 61 27 39 44 49 57

풀이

자료의 개수 $n=8$이 되며, 자료의 총합은

$$\sum_{i=1}^{n} x_i = 53+32+61+27+39+44+49+57=362$$

이 된다. 따라서 평균은 $\overline{x} = \frac{362}{8} = 45.25$이다. ■

3.1.2 중앙값(median)

중앙값은 자료를 크기 순서대로 정렬하였을 때, 중간에 위치하는 값을 의미한다. 즉, 자료를 크기 순서로 정렬하였을 때, n이 홀수이면 $\frac{n+1}{2}$번째 값이 되며, n이 짝수이면 $\frac{n}{2}$번째 값과 $\frac{n}{2}+1$번째 값의 평균을 나타낸다.

예제 3-2

자료가 다음과 같이 주어졌을 때, 중앙값을 구하여라.

(1) 10 5 19 8 3 (2) 9 14 5 7 15 3

풀이

① 자료를 크기 순서대로 정렬하면 다음과 같다.

3 5 8 10 19

자료의 개수 $n=5$로 홀수이다. 따라서 중앙값은 $\frac{5+1}{2}=3$번째 값인 8이 된다.

② 자료를 크기 순서대로 정렬하면 다음과 같다.

3 5 7 9 14 15

자료의 개수 $n=6$으로 홀수이다. 따라서 중앙값은 $\frac{6}{2}=3$번째 값인 7과 $\frac{6}{2}+1=4$번째 값인 9의 평균이 $\frac{7+9}{2}=8$이 된다. ▩

3.1.3 최빈값(mode)

최빈값은 자료 중에서 가장 빈도수가 높게 나타나는 값을 나타낸다.

예제 3-3

다음 자료에서 최빈값을 구하시오.

77 69 74 81 71 68 74 73

풀이

74가 두 번의 빈도로 가장 높게 나타났으므로 최빈값은 74가 된다. ▩

3.2 퍼진 정도를 나타내는 측도

퍼진 정도(산포)는 관측값이 중심위치로부터 얼마나 멀리 떨어져 있는가를 나타내는 측도로서 퍼진 정도가 작으면 관측값이 중심위치에 몰려 있으며, 퍼진 정도가 크면 관측값이 중심위치와 멀리 떨어져 있음을 의미한다.

3.2.1 분산과 표준편차(variance and standard deviation)

관측값과 평균의 차이를 **편차**(deviation)라고 하며, i번째 관측값의 편차는 $x_i - \overline{x}$ 이다. 편차의 합은 $\sum_{i=1}^{n}(x_i - \overline{x}) = \sum_{i=1}^{n} x_i - n\overline{x} = \sum_{i=1}^{n} x_i - \sum_{i=1}^{n} x_i = 0$에 의해서, 항상 0이 되기 때문에 편차의 합을 퍼진 정도의 측도로 사용은 불가능하다. 따라서 다음 식으로 정의된 편차의 제곱합을 $n-1$로 나눈 **표본분산**(sample variance) s^2을 퍼진정도로 사용한다.

$$s^2 = \frac{\text{편차의 제곱합}}{n-1} = \frac{1}{n-1}\sum_{i=1}^{n}(x_i - \overline{x})^2$$

표본 분산은 다음 식에 의해서 계산할 수 있다.

$$\begin{aligned}\sum_{i=1}^{n}(x_i - \overline{x})^2 &= \sum_{i=1}^{n}(x_i^2 - 2\overline{x}x_i + \overline{x}^2) = \sum_{i=1}^{n} x_i^2 - 2\overline{x}\sum_{i=1}^{n} x_i + n\overline{x}^2 \\ &= \sum_{i=1}^{n} x_i^2 - 2n\overline{x}\,\overline{x} + n\overline{x}^2 = \sum_{i=1}^{n} x_i^2 - n\overline{x}^2 = \sum_{i=1}^{n} x_i^2 - \frac{1}{n}(\sum_{i=1}^{n} x_i)^2\end{aligned}$$

$$s^2 = \frac{1}{n-1}\sum_{i=1}^{n}(x_i - \overline{x})^2 = \frac{1}{n-1}\left(\sum_{i=1}^{n} x_i^2 - \frac{1}{n}(\sum_{i=1}^{n} x_i)^2\right)$$

표본 표준편차(sample standard deviation) s는 분산의 제곱근으로

$$s = \sqrt{\frac{1}{n-1}\sum_{i=1}^{n}(x_i - \overline{x})^2}$$

로 정의된다.

예제 3-4

6명의 학생의 점수가 89, 74, 91, 88, 72, 84로 주어졌을 때, 표본분산과 표본 표준편차를 구하여라.

풀이

표본평균 $= \bar{x} = \dfrac{89+74+91+88+72+84}{6} = 83$

표본분산

$$s^2 = \frac{(89-83)^2+(74-83)^2+(91-83)^2+(88-83)^2+(72-83)^2+(84-83)^2}{6-1}$$

$$= \frac{6^2+(-9)^2+8^2+5^2+(-11)^2+1^2}{5} = 65.6$$

표본표준편차 $s = \sqrt{65.6} = 8.10$

혹은 표본분산은 다음 식에 의해서도 구할 수 있다.

$$s^2 = \frac{1}{6-1}\left(\sum_{i=1}^{6} x_i^2 - 6\times\bar{x}^2\right) = \frac{1}{5}(41662 - 6\times 83^2) = 65.6$$

3.2.2 범위(Range)

범위는 관측값 중에서 최대값과 관측값 중에서 최소값의 차이를 나타낸다. 즉, 앞서 6명의 학생의 점수 자료인 89, 74, 91, 88, 72, 84에서 최대값은 91이고 최소값은 72이므로 범위는 R=91−72=19가 된다.

3.2.3 백분위수(Percentile)와 사분위수 범위(Interquartile Range)

제 100*p **백분위수**(the 100*p-th percentile) 수는 자료의 수가 n개일 때, 제 100*p 백분위수는 그 값보다 작거나 같은 관측값의 개수가 np개 이상이고 그 값보다 크거나 같은 관측값이 n(1-p)개 이상인 값이다. 즉, 제 100*p 백분위수를 구하는 방법을 다음과 같이 정리할 수 있다.

> **제 100*p 백분위수를 구하는 방법**
>
> 1. 관측값을 작은 순서로 배열한다. (sorting)
> 2. 관측값의 개수(n)에 p를 곱한다.
>   (i) 만약 n*p가 정수이면, n*p번째로 작은 관측값과 n*p+1번째로 작은 관측값의 평균을 제 100*p 백분위수로 한다.
>   (ii) 만약 n*p가 정수가 아니면, n*p에서 정수부분에서 1을 더한 값 m을 구한 후, m번째 작은 관측값을 제 n*p 백분위수로 한다.

제1사분위수 Q1은 제25백분위수로 Q1으로 두고, 제2사분위수 Q2는 제50백분위수로 중앙값을 나타내며, **제3사분위수** Q3는 제75백분위수를 나타낸다. **사분위수 범위** IQR은 제3사분위수와 제1사분위수의 차이, 즉 IQR=Q3−Q1이 된다.

예제 3-5

서울의 한 전철역에서 인천의 한 전철역까지 소요되는 시간이 다음 자료와 같이 주어졌을 때, 20백분위수, 사분위수와 IQR을 구하시오.

42 40 38 37 43 39 78 38 45 44 40 38 41 35 31 44

풀이

자료의 개수 $n=16$개이고, 크기 순서대로 정렬하면 다음과 같다.

31 35 37 38 38 38 39 40 40 41 42 43 44 44 45 78

16*0.2=3.2이므로 제20백분위수는 4번째로 작은값 38이 된다. 사분위수와 사

분위수 범위는 다음 식에 의해서 구할 수 있다.

Q1 : 16*0.25 = 4 : 4번째와 5번째 값의 평균 = (38+38) / 2 = 38
Q2 : 중앙값 = 40
Q3 : 16*0.75 = 12 : 12번째와 13번째 값의 평균 = (43+44) / 2 = 43.5 ■

3.2.4 변동계수(CV, Coefficient of Variation)

변동계수는 표본 표준편차를 표본평균으로 나누고 100을 곱한 값으로 정의되며, 서로 다른 단위의 자료들의 퍼진 정도를 비교할 때, 사용된다.

$$\text{변동계수} = CV = \frac{\text{표본표준편차}}{\text{표본평균}} \times 100$$

3.3 상자그림(box plot)

다음과 같이 정의되는 그림을 **상자그림**이라고 한다.

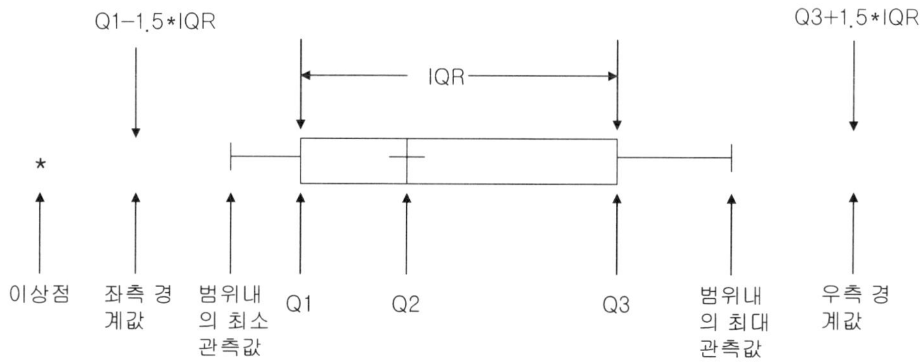

예제 3-6

50개의 교차로에서 교통소음 정도를 측정한 값을 크기 순서대로 정렬한 다음 자료를 활용하여 상자그림을 그리시오.

51.3	51.5	55.7	55.7	55.8	55.9	56.0	56.2	56.4	56.4
56.8	57.2	57.6	58.9	59.4	59.4	59.5	59.8	60.0	60.2
60.3	60.5	60.6	60.8	61.0	61.4	61.7	61.8	61.8	62.0
62.1	62.6	62.7	63.1	63.6	63.8	63.8	64.6	64.8	64.9
65.7	66.2	66.8	66.9	66.9	67.0	67.2	67.9	69.4	77.1

풀이

사분위수와 사분위수 범위는 다음과 같이 계산한다.

(1) Q1 : 50*0.25 = 12.5 : 13번째 작은 값 = 57.6
(2) Q2 : 50*0.50 = 25 : 25번째 26번째 평균 = (61.0+61.4) / 2 = 61.2
(3) Q3 : 50*0.75 = 37.5 : 38번째 작은 값 = 64.6
(4) IQR = 64.6-57.6 = 7

따라서, 좌측경계값과 우측경계값은

좌측경계값 = Q1-1.5*IQR = 57.6-7*1.5 = 42.1
우측경계값 = Q3+1.5*IQR = 64.6+7*1.5 = 75.1

이 되며 좌측범위내 최소값 51.3, 우측범위내 최대값 69.4이며, 이상점은 77.1이다. 이를 상자그림으로 표현하면 다음 그림과 같다.

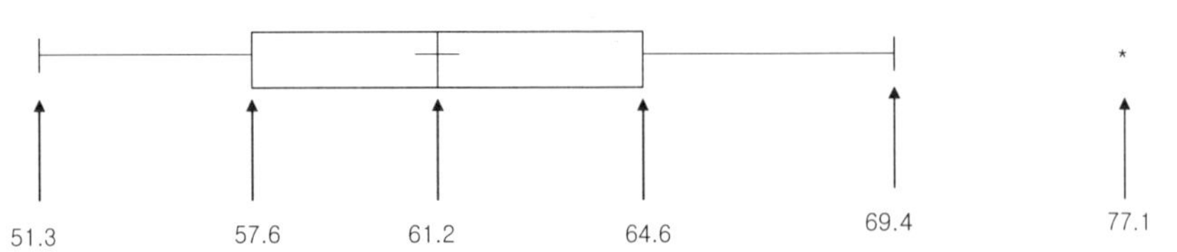

예제 3-7

다음은 신학기 때 교내 서점에서 20명 학생들이 교재를 구입하기까지 줄을 서서 기다린 시간을 측정한 자료이다(단위: 분). 미니탭을 이용하여, 표본 평균, 중위수, 표본 분산, 표본 표준편차, 최소값, 최대값, 범위, 제1사분위수 (Q1), 제3사분위수 (Q3), 사분위수 범위 (IQR), 변동계수를 구하고, 상자그림을 그리시오.

15	8	23	21	5	17	31	22	34	6
5	10	14	17	16	25	30	3	31	19

미니탭 이용 ① 기술통계량 메뉴의 사용 : 서점에서의 대기시간 자료를 Data Window에 저장한 후 메뉴로부터 '통계학⇨기초통계학⇨기술통계량'을 선택한다.

② 기술통계량 출력하기 : '**기술통계량 표시**' 다이알로그에서 'C1 대기시간(분)' 변수를 '**변수**' 항목에 선택하고 '**통계량**' 버튼을 클릭한다. 미니탭에서는 디폴트로 평균, 평균의 SE (7.2절에서 소개), 표준 편차, 최소값, 최대값, 제1사분위수, 중위수, 제3사분위수를 제공하고 있다. 평균의 SE는 제외하고 분산, 변동 계수, 범위, 사분위간 범위를 선택한 후 확인버튼을 통하여 '**기술통계량 표시**'를 실행한다.

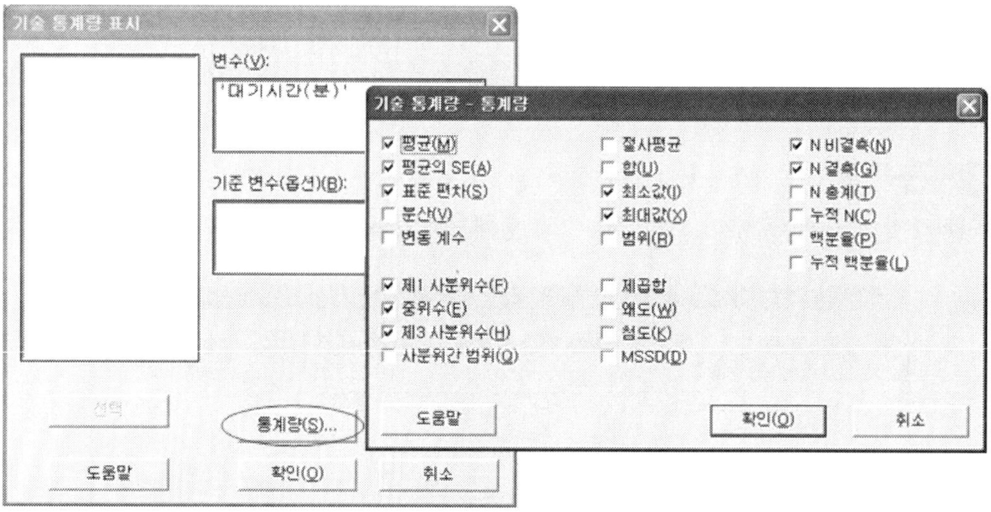

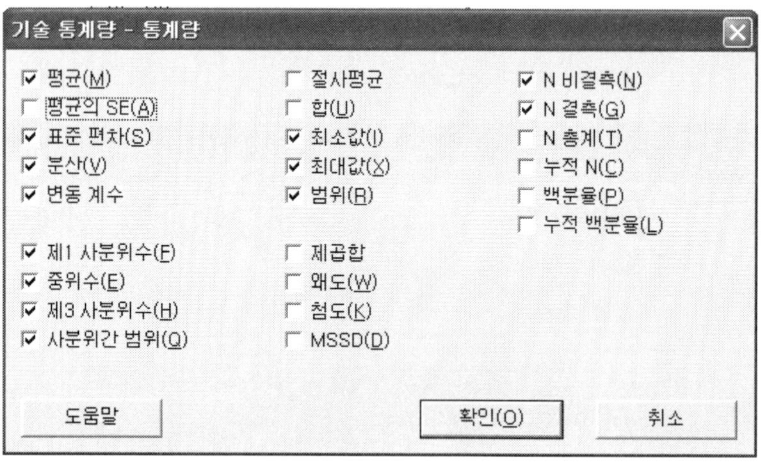

다음은 기술통계량을 실행한 후 출력된 결과이다. N은 분석에 사용된 자료수로 총 20개이며, N*는 결측치 개수로 0개이다. CoefVar는 변동계수를 말한다.

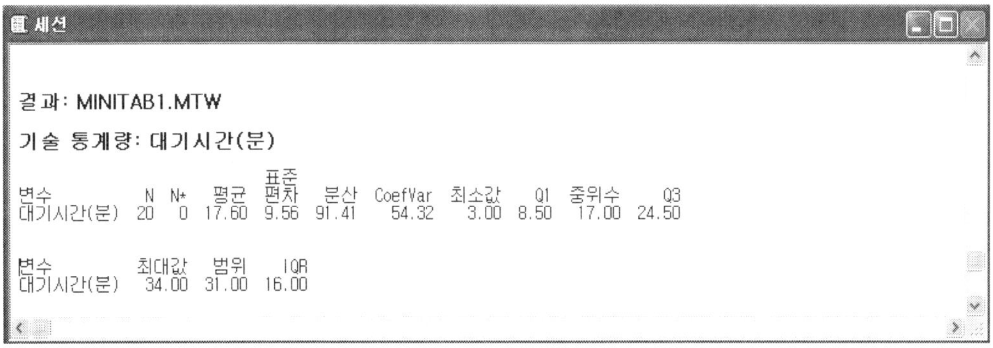

③ 상자그림 그리기 : '**기술통계량 표시**' 다이알로그에서 '**C1 대기시간(분)**' 변수를 '**변수**' 항목에 선택하고 '**그래프(R)**' 버튼을 클릭한다. '**데이터 상자 그림**'을 선택하고 확인버튼을 통해 실행하면 상자그림이 출력된다.

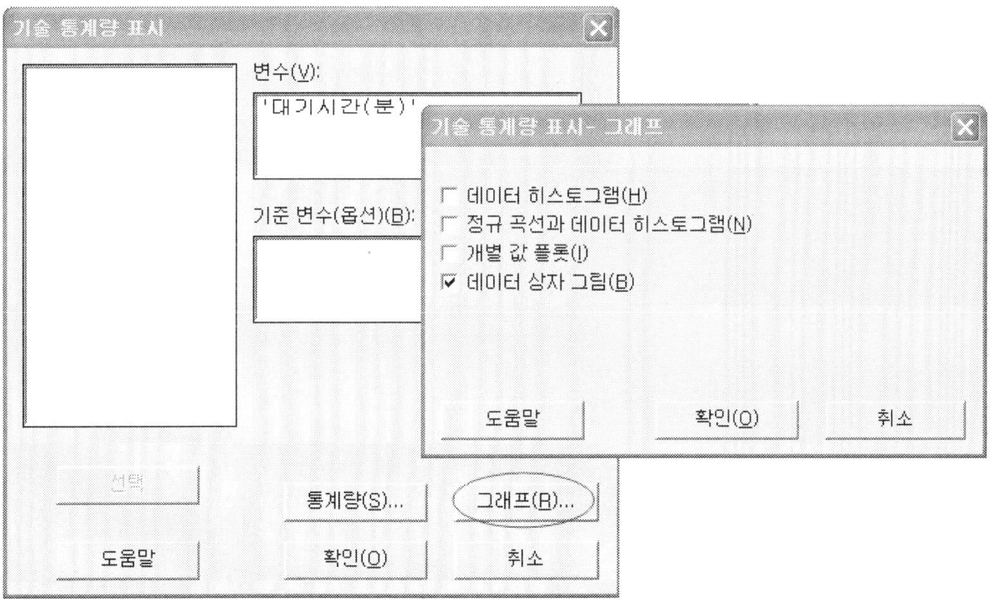

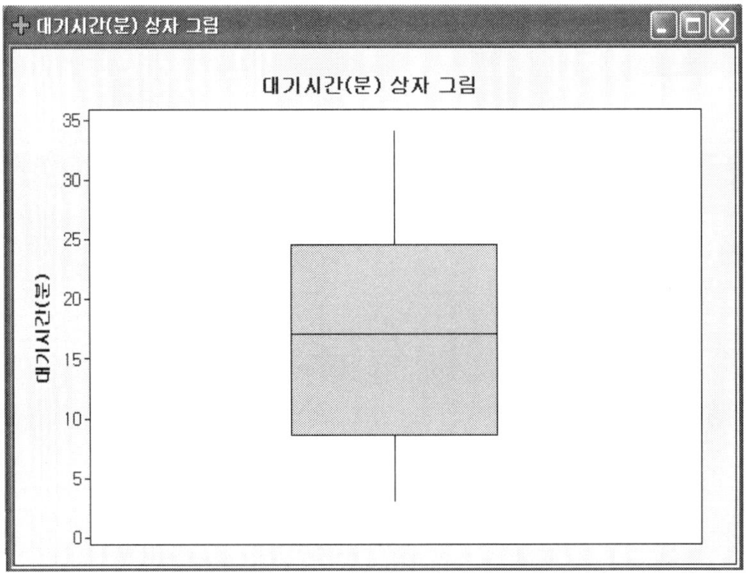

예제 3-8

다음은 어느 회사 직원들의 성별에 따른 1일 TV 시청시간(단위: 분)에 관한 설문결과이다. 미니탭을 이용하여, 성별에 따라 직원들의 TV 시청시간에 대한 예제 1)에서 제시하였던 기술통계량들을 구하고, 상자그림을 그리시오.

남자 : 45 50 48 25 30 20 50 25 50 50 30
여자 : 40 51 58 70 48 46 60 125 50 70 80 60 60 70

미니텝 이용 ① 자료의 입력 : Data Window에 C1은 TV 시청시간을, C2는 성별(남자: 1, 여자: 2)로 입력한 후 메뉴로부터 '**통계학 ⇨ 기초통계학 ⇨ 기술통계량**'을 선택한다.

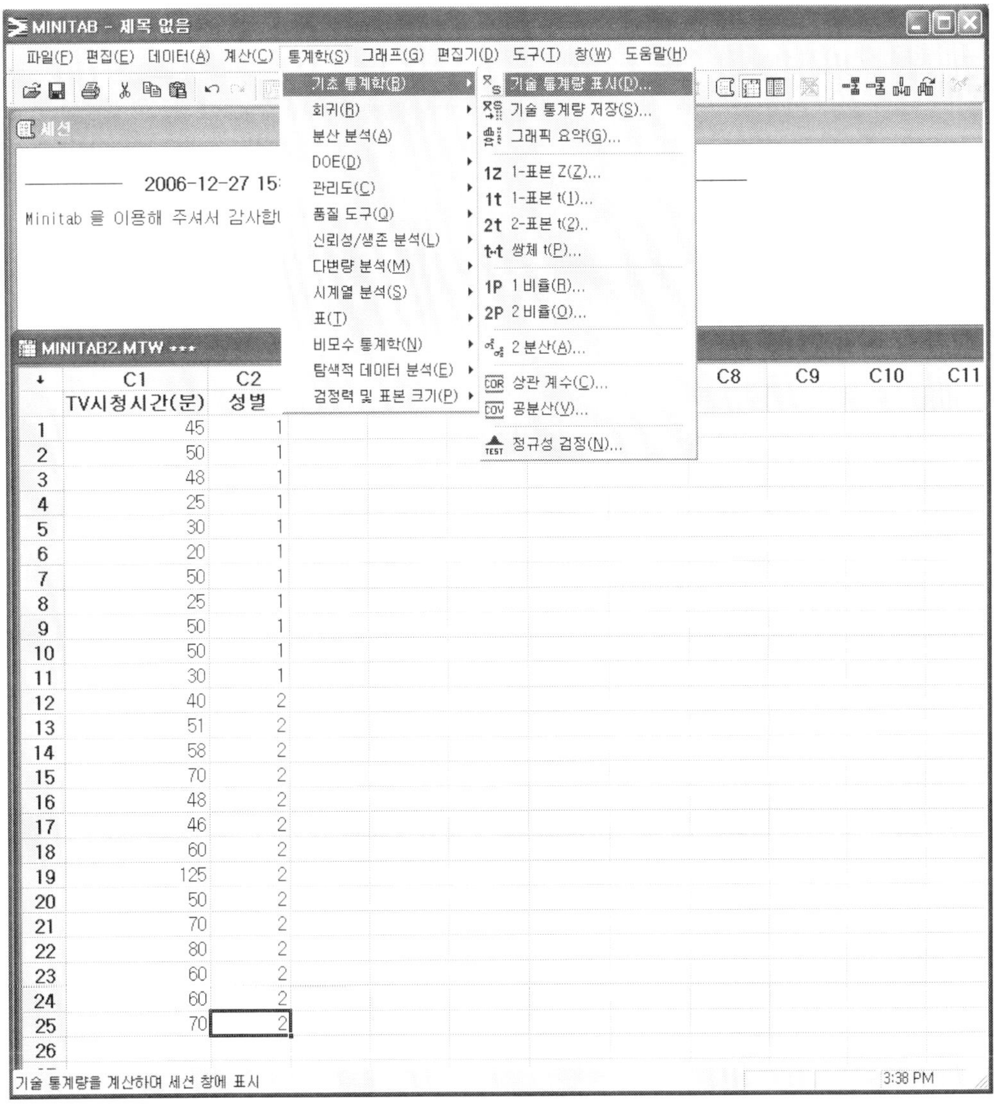

② 성별에 따라 기술통계량 출력하기 : '**기술통계량 표시**' 다이알로그에서 'C1 TV시청시간(분)'을 '**변수**' 항목에 'C2 **성별**'을 '**기준변수(옵션)**' 항목에 선택하고 '**통계량**' 버튼을 클릭한 후 구하고자 하는 기술통계량들을 선택한다.

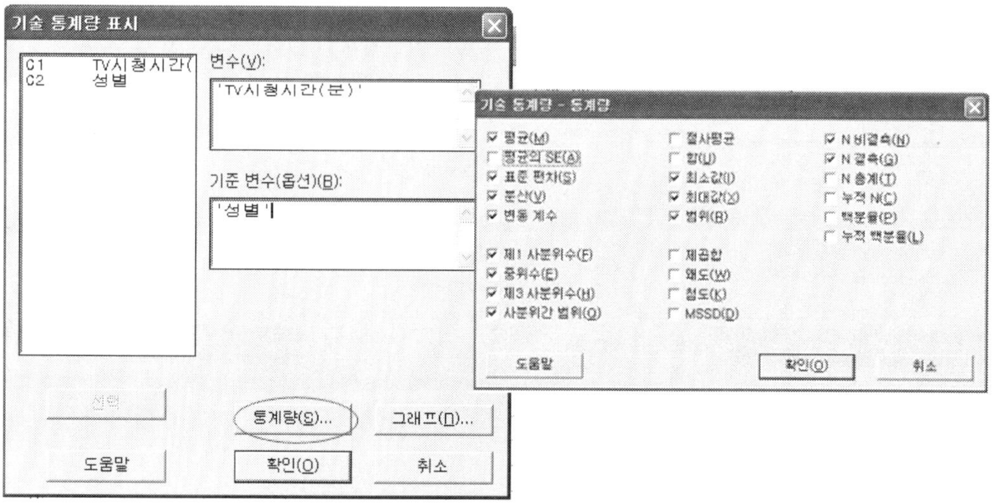

다음은 성별에 따라 기술통계량을 실행한 후 출력된 결과이다. 남자는 11명, 여자는 14명을 대상으로 하였으며 평균시청시간은 여자가 63.43분이고 남자가 38.45분으로 여자가 남자보다 TV시청시간의 평균이 25분 정도 크다. Q1, 중위수, Q3를 비교하여도 여자가 남자보다 TV시청시간이 큼을 알 수 있다.

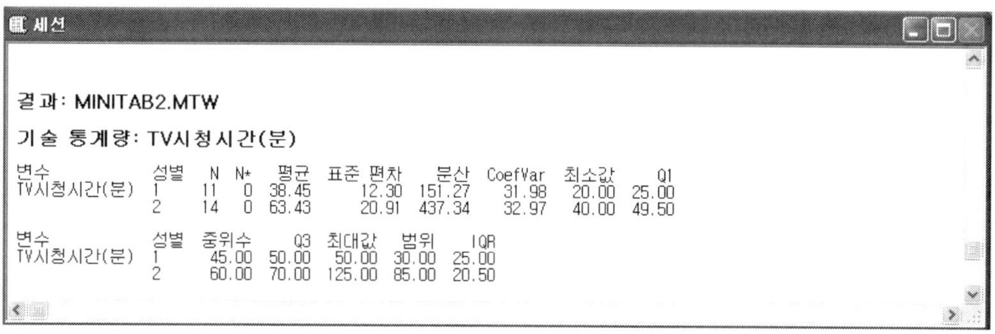
세션

결과: MINITAB2.MTW

기술 통계량: TV시청시간(분)

변수	성별	N	N*	평균	표준 편차	분산	CoefVar	최소값	Q1
TV시청시간(분)	1	11	0	38.45	12.30	151.27	31.98	20.00	25.00
	2	14	0	63.43	20.91	437.34	32.97	40.00	49.50

변수	성별	중위수	Q3	최대값	범위	IQR
TV시청시간(분)	1	45.00	50.00	50.00	30.00	25.00
	2	60.00	70.00	125.00	85.00	20.50

③ 성별에 따라 상자그림 출력하기 : '**기술통계량 표시**' 다이알로그에서 'C1 TV시청시간(분)'을 '**변수**' 항목에 'C2 **성별**'을 '**기준변수(옵션)**' 항목에 선택하고 '**그래프**' 버튼을 클린한다. '**데이터 상자그림**'을 선택하고 확인버튼을 통해 실행하면 성별에 따라 상자그림이 출력된다.

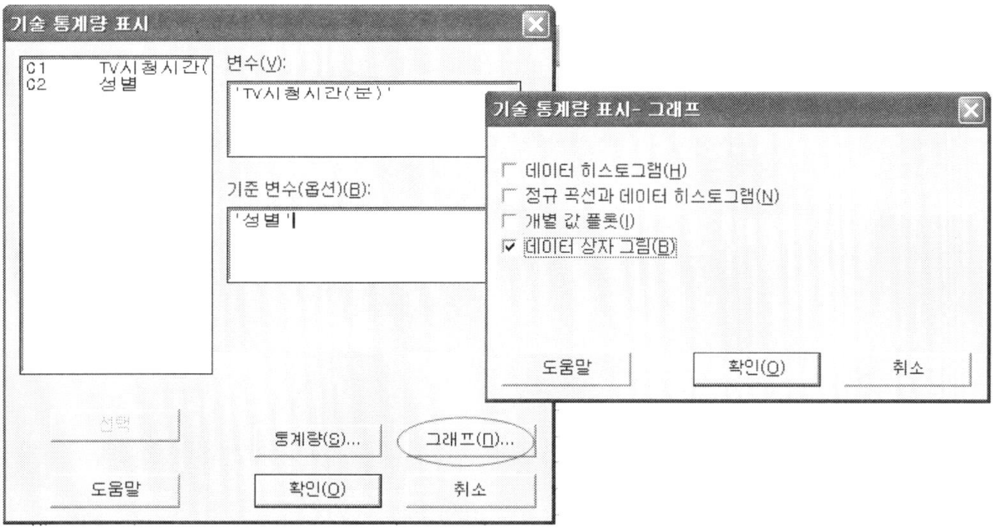

다음은 성별에 따라 TV시청시간에 대한 상자그림을 출력한 결과이다. 여자의 TV시청시간이 남자보다 높음을 알 수 있고, 여자에서 한 개의 자료가 이상점임을 확인할 수 있다.

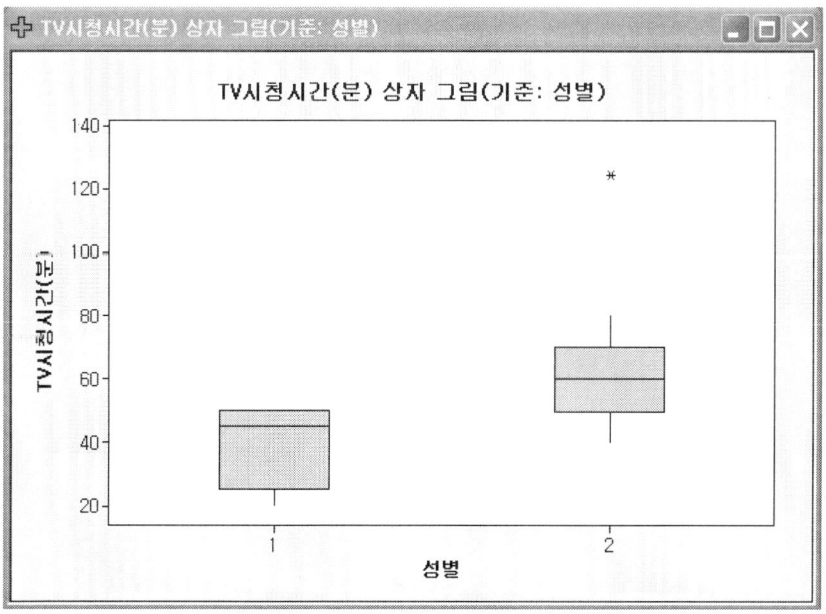

연습문제

① 다음은 우리나라 대학생들 10명에 대해서 과거 한 주 동안 공부에 투자한 시간을 조사한 결과이다. 미니탭을 이용하여 질문에 답하시오.

7 14 5 0 9 7 10 4 0 8

(1) 표본 평균, 중위수, 제1사분위수 (Q1), 제3사분위수 (Q3), 최소값, 최대값을 구하시오.

(2) 표본 분산, 표본 표준편차, 사분위수 범위 (IQR), 범위, 변동계수를 구하시오.

(3) 상자그림을 그리시오.

(4) 우리나라 대학생들의 하루 평균 공부에 투자한 시간의 평균과 중위수는 얼마인가?

② 다음은 어느 한 기업체에서 8명을 랜덤하게 선택하여 한 달 임금 (단위: 백만원)을 조사한 결과이다. 미니탭을 이용하여 질문에 답하시오.

150 180 220 220 220 300 350 380

(1) 표본 평균, 중위수, 최빈값, 제1사분위수 (Q1), 제3사분위수 (Q3), 최소값, 최대값을 구하시오.

(2) 만약 이들 8명에서 월 임금이 2000만원인 사장이 포함되었을 때, (1)에서 구한 기술 통계량 값들은 어떻게 변화하겠는가?

(3) (2)의 경우에 어떤 기술통계량들이 임금의 중심위치를 포함하는데 있어서 적절한 지에 대해서 설명하시오.

③ 다음은 통계학 수업을 들었던 학생들의 성적이다. 미니탭을 이용하여 질문에 답하시오.

67.7 72.5 9.0 66.6 12.0 61.4 94.4 90.0 93.3 65.0 84.8 88.8 90.0 95.2 76.0 80.0 89.6
92.0 76.2 64.5 66.6 75.2 44.9 9.0 76.0 87.0 89.6 88.2 25.4 96.0 85.4 61.8 79.2 90.2
68.0 87.2 76.8 77.4 80.2 77.0 81.7 50.8 68.9 75.4 24.7

(1) 표본 평균, 중위수, 제1사분위수 (Q1), 제3사분위수 (Q3), 최소값, 최대값을 구하시오.

(2) 표본 분산, 표본 표준편차, 사분위수 범위 (IQR), 범위, 변동계수를 구하시오.

(3) 상자그림을 그리고 성적 분포의 형태에 대해서 설명하시오.

(4) 학생들의 성적에 따라 A, B, C, D 등급으로 학점을 매기고자 할 때, 각 등급의 학생 수를 동일하게 하려고 하면 어떤 기준에 따르는 것이 적절한 지에 대해서 설명하시오.

④ 다음은 A, B, C 세 곳의 자동차 판매 대리점에서의 특정 해 1월부터 6월까지 월별 자동차 판매 대수를 나타내고 있다. 질문에 답하시오.

월	A	B	C
1	177	221	133
2	181	151	130
3	189	235	150
4	193	194	110
5	186	205	119
6	173	163	144

(1) 각 대리점별 자동차 판매량에 대한 중심위치와 퍼진 정도를 구하시오.

(2) 각 대리점별 자동차 판매량에 대한 상자그림을 그리시오.

(3) 위에서 구한 기술통계량들과 상자그림을 보고 각 대리점별로 자동차 판매량이 어떤 특성을 보이는 지에 대해서 설명하시오.

제4장

확률

우리는 일상생활에서 확률이라는 용어를 많이 접하게 된다. 확률(probability)은 한자어로 확실할 확(確), 비율 률(率)로 해석된다. 로또당첨확률, 야구 한국시리즈에서 특정팀이 우승할 확률, 흡연자가 폐암에 걸릴 확률, 집값이 오를 확률 등 수없이 많은 확률들이 현대생활에서 사용되고 있다. 대부분의 일간신문에는 기상예보 면에 비나 눈이 올 확률을 제시하고 있다. '내일 비가 올 확률이 60%'라는 정보가 주어진다면 우리는 어떻게 이 정보를 유용하게 쓸 것인지, 60%의 의미는 정확히 무엇인지 아는 것은 현대생활을 영위하는 데 많은 도움을 줄 것이다. 확률은 불확실성을 길들이는 작업에서 중요한 개념이 된다.

4.1 표본공간

통계적 시행(statistical experiment)이란 시행이 수행됐을 때 출현가능한 모든 결과들(outcomes) 중 오직 한 가지 나타나는 시행을 말하고 시행을 수행하기 전까지는 어떤 결과가 나올지 확실히 알 수 없는 시행을 가리킨다.

표본공간(sample space) S: 통계적 시행에서 출현 가능한 모든 결과들의 집합

예제 4-1

(1) 이산적 표본공간(discrete sample space): 표본공간 상의 원소를 셀 수 있는 경우

하나의 동전을 한 번 던질 때: $S=\{H, T\}$
동전이 앞면이 나올 때까지 던질 때: $S=\{H, TH, TTH, \cdots\}$

(2) 연속적 표본공간(continuous sample space): 표본공간 상의 원소를 셀 수 없는 경우

암환자 치료 후 생존시간: $S=\{t|t>0\}$

사건(event): 표본공간의 부분집합

예제 4-2

(1) 하나의 주사위를 던졌을 때 눈의 수가 짝수가 나오는 사건: $A=\{2, 4, 6\}$
(2) 52장의 트럼프카드(4개의 무늬 ♠, ♥, ♣, ◆가 있고 각 무늬 당 1(에이스)에서 10까지와 Jack, Queen, King 모두 13개의 카드가 있음)에서 랜덤하게 한 장을 꺼낼 때 에이스가 나오는 사건:

$$B=\{♠1, ♥1, ♣1, ◆1\}$$

(3) 주사위 두 개를 던졌을 때 눈의 수 합이 7이 나오는 사건:

$$C=\{(1,6), (2,5), (3,4), (4,3), (5,2), (6,1)\}$$

단순사건(elementary event, simple event): 원소가 하나인 사건

예제 4-3

하나의 동전을 던질 때 앞면이 나오는 사건: $E = \{H\}$

참고 동전에서 그림과 액면 문자(십원, 백원 등...)가 있는 쪽이 앞면이고 발행년도, 한국은행, 액면숫자(10, 100 등...)가 나온 면이 뒷면이다.

> 두 개의 사건 A와 B가 같은 원소가 없을 때, 즉 $A \cap B = \phi$일 때 두 개의 사건 A와 B는 서로 배반인(mutually exclusive) 사건이라고 한다.

예제 4-4

하나의 주사위를 던질 때 짝수의 눈이 나오는 사건과 홀수의 눈이 나오는 사건은 서로 배반인 사건이다.

4.2 확률

확률은 통계적 시행에서 어떤 특정 사건이 일어날 가능성을 측정하는 수치적인 척도이다. 이러한 확률을 정의하는 데 크게 3가지 접근 방법이 있다.

4.2.1 확률의 고전적인 정의(classical definition, Laplace가 제창함)

표본공간의 모든 원소가 일어날 가능성이 같다고 가정하면 사건 A의 확률은 다음과 같이 정의된다.

$P(A)=$ 사건 A에 속하는 모든 원소의 개수
/표본공간의 모든 원소의 개수

예제 4-5

하나의 주사위를 던졌을 때 눈의 수가 짝수가 나오는 사건을 A라 하자. 사건 A의 확률은 $P(A)=$사건 A에 속하는 모든 원소의 개수/표본공간의 모든 원소의 개수$=3/6=1/2$이 된다.

4.2.2 상대도수의 극한적인 개념으로서의 확률

$$P(A) = \lim_{n \to \infty} \frac{n(A)}{n}$$

여기서 n은 시행횟수, $n(A)$는 n번의 시행 중 사건 A가 일어나는 횟수를 나타낸다.

이러한 상대도수의 극한적인 개념으로 확률을 정의할 때 두 가지 사실을 주의하여야 한다.

(1) 상대도수에서 n을 크게 하면 수렴값에 수렴하느냐(존재성, existence)
(2) 이 수렴값이 여러 개가 아니고 딱 하나이냐(일의성, uniqueness)

4.2.3 확률의 공리적인 정의(axiomatic definition, Kolmogorov가 제창함)

표본공간 S와 사건 A에 대하여 다음 3가지 공리를 만족할 때 $P(A)$를 사건 A의 확률이라고 한다.

(공리 1) $0 \leq P(A) \leq 1$
(공리 2) $P(S) = 1$
(공리 3) 서로 배반인 사건 $A_1, A_2, \cdots$에 대하여 다음 수식이 성립한다.

$$P\left(\bigcup_{i=1}^{\infty} A_i\right) = \sum_{i=1}^{\infty} P(A_i)$$

4.3 확률의 법칙

4.3.1 여사건의 확률

표본공간 S에서 정의되는 사건 A에 대하여 여사건(complementary event) A^c의 확률은 다음과 같다.

$$P(A^c) = 1 - P(A)$$

4.3.2 확률의 덧셈정리

표본공간 S에서 정의되는 두 개의 사건 A와 B에 대하여 합사건(union of events) $A \cup B$의 확률은 다음과 같다.

$$P(A \cup B) = P(A) + P(B) - P(A \cap B)$$

4.4 조건부확률

4.4.1 조건부확률

사건 B가 주어진 조건 하에서 사건 A가 일어날 조건부확률(conditional probability of event A given event B) $P(A|B)$는 다음과 같이 정의된다.

$$P(A|B) = \frac{P(A \cap B)}{P(B)}, \text{ 단, } P(B) > 0 \text{ 이어야 한다.}$$

4.4.2 확률의 곱셈정리

표본공간 S에서 정의되는 두 개의 사건 A와 B에 대하여

$$P(A \cap B) = P(A)P(B|A)$$
$$P(A \cap B) = P(B)P(A|B)$$

가 성립한다. 단, 첫째 식에서는 $P(A) > 0$이 성립되어야 하고 둘째 식에서는 $P(B) > 0$이 성립되어야 한다.

4.5 독립사건

표본공간 S에서 정의되는 두 개의 사건 A와 B에 대하여

> A와 B가 서로 독립(mutually independent) $\Leftrightarrow$ $P(A\cap B)=P(A)P(B)$

$P(A\cap B)\neq P(A)P(B)$이면 A와 B가 서로 종속(mutually dependent)이라고 한다. 위의 정의로부터 A와 B가 서로 독립이면 다음과 같은 성질이 성립한다.

$$P(B|A)=P(B)$$
$$P(A|B)=P(A)$$

단, 첫째 식에서는 $P(A)>0$이 성립되어야 하고 둘째 식에서는 $P(B)>0$이 성립되어야 한다.

미니텝 이용 미니탭에서 난수를 이용하여 시행횟수에 따라 동전의 앞면이 나오는 확률을 구하시오. 시행횟수에 따라 동전의 앞면이 나오는 확률을 구하는 방법은 다음과 같다.

① 다음과 같이 'C1'은 '**동전의 시행횟수**', 'C2'는 '**앞면여부**' (앞면=1, 뒷면=0), 'C3'를 '**앞면이 나올 확률**'로 지정한 후, 메뉴로부터 '**계산↪랜덤데이터↪Bernoulli 분포**'를 선택한다. 여기에서 시행횟수는 1부터 1000까지 입력한다.

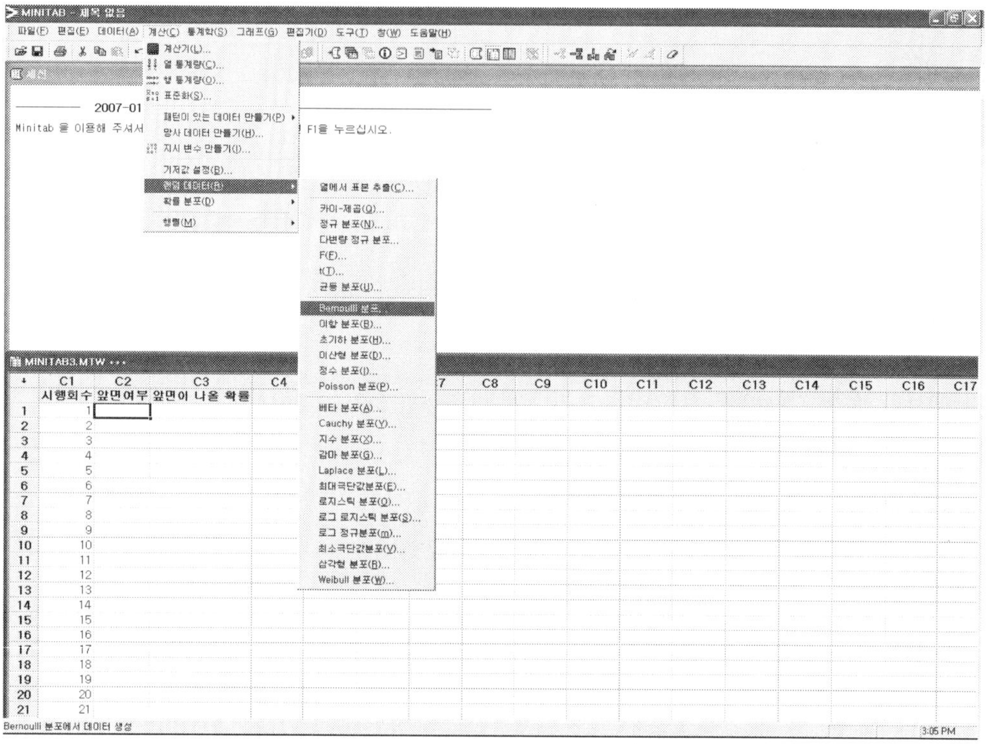

② 다음 다이알로그에서 보는 바와 같이 총 1000개의 난수를 발생하고 "저장 열"은 앞면 여부로 지정하고 성공 확률은 0.5로 둔다.

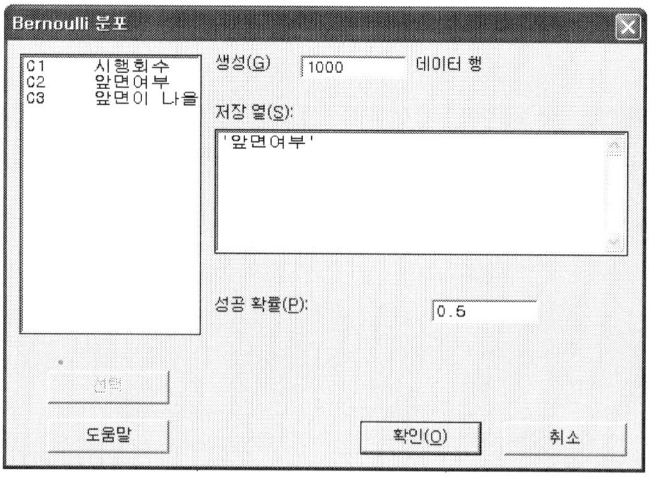

③ 앞면여부에 대한 난수를 발생시키고 'C3'에 앞면이 나올 확률을 계산하여 저장한 후, 메뉴로부터 '**그래프⇨산점도**'를 선택한 후 '**연결 선 표시**' 산점도를 선택하고 확인 버튼을 누른다.

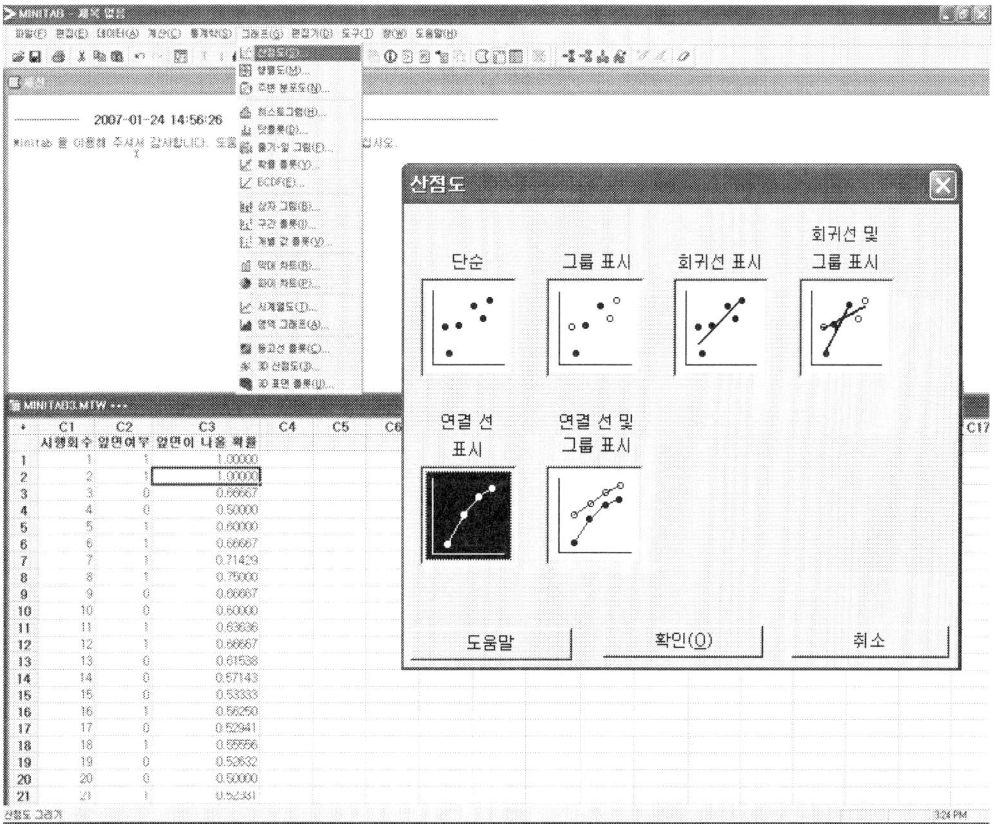

④ '**Y변수**'에서는 '**앞면이 나올 확률**', '**X변수**'에서는 '**시행횟수**'를 선택하고 확인버튼을 누르면 다음 그림과 같이 시행횟수에 따른 앞면이 나올 확률의 산점도를 그릴 수 있다. 산점도에서 보는 바와 같이 시행횟수가 증가할수록 앞면이 나올 확률은 0.5로 수렴해가고 있음을 알 수 있다.

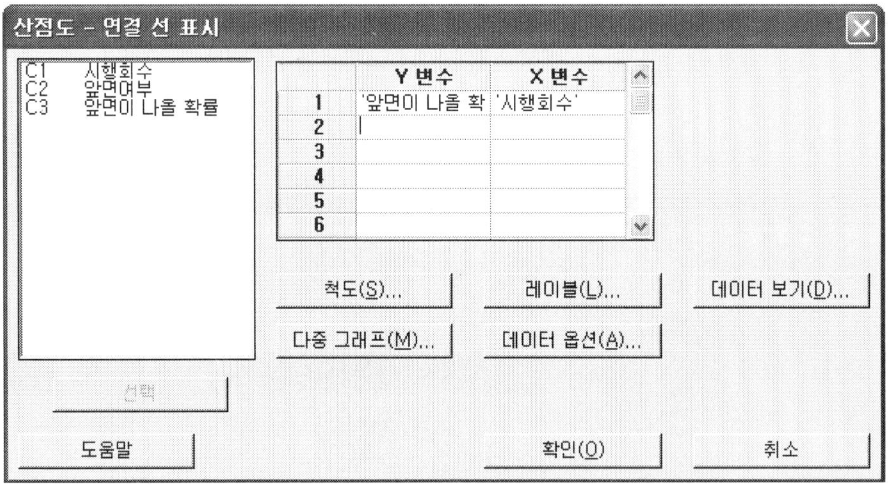
산점도 - 연결 선 표시
C1 시행회수
C2 앞면여부
C3 앞면이 나올 확률
Y 변수
X 변수
'앞면이 나올 확
'시행회수'
척도(S)...
레이블(L)...
데이터 보기(D)...
다중 그래프(M)...
데이터 옵션(A)...
선택
도움말
확인(O)
취소

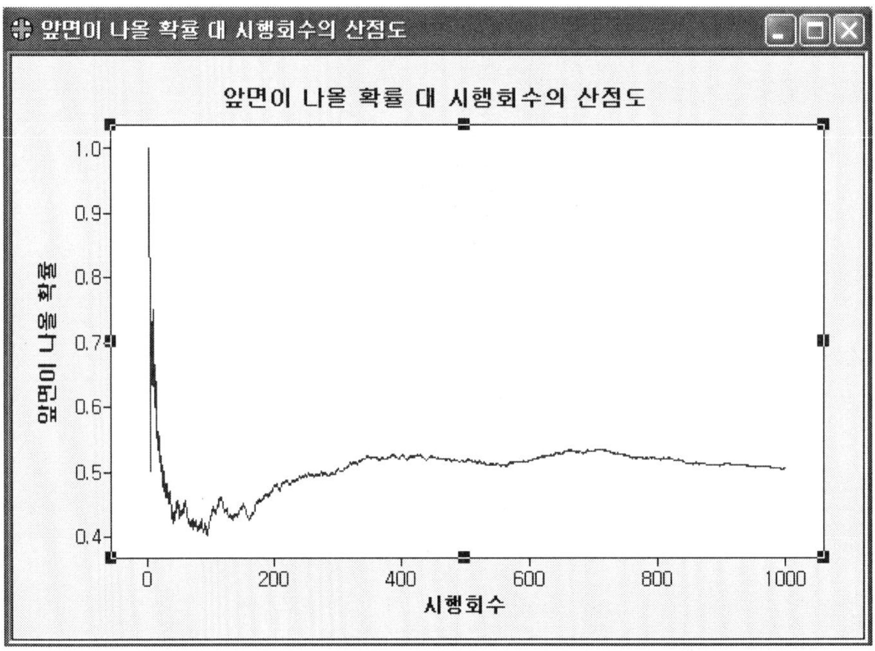
앞면이 나올 확률 대 시행회수의 산점도
앞면이 나올 확률 대 시행회수의 산점도
1.0
0.9
0.8
0.7
0.6
0.5
0.4
앞면이 나올 확률
0
200
400
600
800
1000
시행회수

연습문제

① 우리나라 40대 이상의 남자를 대상으로 조사한 결과 당뇨에 따른 삶의 만족도(만족, 보통, 불만족)의 비율이 다음 표와 같이 나타났다. 질문에 답하시오.

	만족	보통	불만족	계
당뇨	0.05	0.08	0.12	0.25
정상	0.20	0.42	0.13	0.75
계	0.25	0.50	0.25	1.00

(1) 40대 이상 남자 중에서 고혈압 증세를 가지고 있을 확률은 얼마인가?
(2) 당뇨병 환자가 삶에 만족하고 있을 확률은 얼마인가?
(3) 정상인이 삶에 만족하고 있을 확률은 얼마인가?
(4) 당뇨병 여부와 삶의 만족도는 서로 독립인가?
(5) 당뇨병 환자와 정상인에 대한 삶의 만족도를 비교하시오.

② 1부터 6까지 매겨진 주사위를 던져서 3의 배수가 나오는 확률을 미니탭의 난수발생을 이용해서 구하고자 한다.

(1) 100번을 던졌을 때 3의 배수가 나올 확률을 미티텝의 난수발생을 이용해서 구하시오.
(2) 1000번을 던졌을 때 3의 배수가 나올 확률을 미티텝의 난수발생을 이용해서 구하시오.
(3) 1000번까지 각 시행횟수에 따른 3의 배수가 나올 확률에 대한 산점도를 미니탭의 난수발생을 이용해서 구하시오.

CHAPTER

제5장

이산확률변수와 그 분포

5.1 확률변수

확률실험의 결과에 따라 달라지는 값을 갖는 x를 확률변수(random variable)라고 부르고 확률변수는 이산확률변수와 연속확률변수로 나누어진다.

> **확률변수**
> 확률실험의 결과에 따라 변수의 값이 결정될 때 이러한 변수를 확률변수라 한다.

5.1.1 이산확률변수

확률실험 결과 확률변수의 값이 셀 수 있는 값을 취하는 경우를 이산확률변수라 한다.

> **이산확률변수**
> 셀 수 있는 값을 취하는 확률변수를 이산확률변수라 한다.

이산확률변수의 예를 들면

1. 일정기간에 한 대리점에서 판매된 차량의 수
2. 어느 동에 소재한 세대의 수
3. 낚시터에서 잡은 고기의 수
4. 일정기간 동안 한 항공회사의 한 지점에서 접수한 고객들의 불만 건수
5. 일정시간 동안 은행의 한 지점에 방문한 고객의 수
6. 동전을 세 번 던졌을 때 나타난 앞면의 수

5.1.2 연속확률변수

확률변수의 값을 셀 수 없는 경우를 연속확률변수라 한다. 즉, 어떤 구간 사이에 나타나는 임의의 값들은 연속확률변수가 된다.

> **연속확률변수**
> 어떤 구간 사이에 나타나는 임의의 값을 취하는 확률변수를 연속확률변수라 한다.

어떤 구간 사이에 나타나는 값의 개수는 무한히 많기 때문에 연속확률변수가 취할 수 있는 가능한 값들도 무한개가 될 뿐 아니라 그 값들을 일일이 셀 수 없게 된다.

연속확률변수들의 예를 들면 다음과 같다.

1. 사람들의 키
2. 시험 치는데 걸리는 시간
3. 2리터 안에 들어 있는 음료수의 양(우리는 2리터 용기 안에 들어 있는 음료수가 2리터보다 약간 작거나 많다고 생각하지 정확히 2리터라고 생각하지 않는다.)
4. 고기의 무게
5. 주택의 가격

5.2 이산확률변수의 확률분포

x를 이산확률변수라고 할 때 x의 모든 가능한 값들에 대하여 x의 확률들의 분포를 x의 확률분포라고 한다.

이산확률변수의 확률분포

이산확률변수의 확률분포는 확률변수가 취할 수 있는 모든 가능한 값들과 그 값들의 확률들을 나열한 것을 의미한다.

예제 5-1

랜덤으로 추출한 2000세대의 각 가정에서 소유하고 있는 차량의 수와 상대도수분포를 [표 5-1]과 같이 만들 수 있다. 미니탭으로 만들어 보자.

표 5-1 각 가정에서 소유하고 있는 차량의 수와 상대도수분포

보유차량의 수	도수	상대도수
0	20	0.010
1	1680	0.840
2	290	0.145
3	10	0.005
합계	N = 2000	1.0

미니텝 이용 ① 다음과 같이 워크시트 안에 보유차량의 수와 도수를 입력한다.

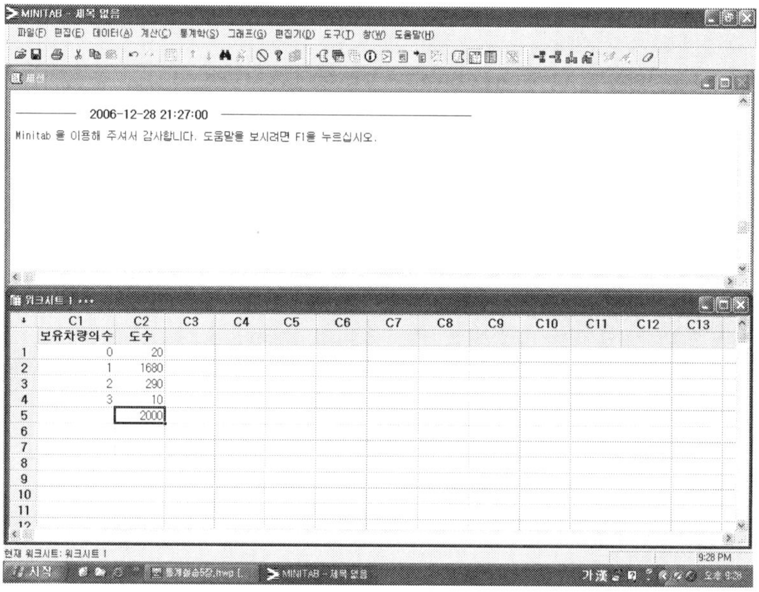

② 메뉴로부터 '**계산 ⇨ 계산기**'를 누르고 나타난 창의 변수에 결과저장에 상대도수를 입력한다. 그리고 식에 C2/2000을 입력한다.

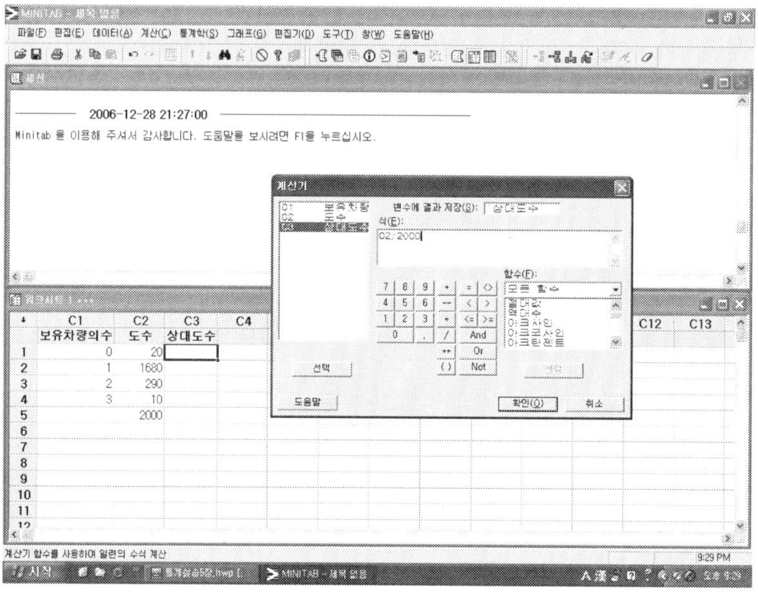

③ 상대도수의 값이 계산되면 메뉴로부터 '**그래프 ⇨ 막대차트**'를 누르고 나타난 창에서 막대가 표시하는 내용에서 표의 값을 선택하고 확인을 누른다.

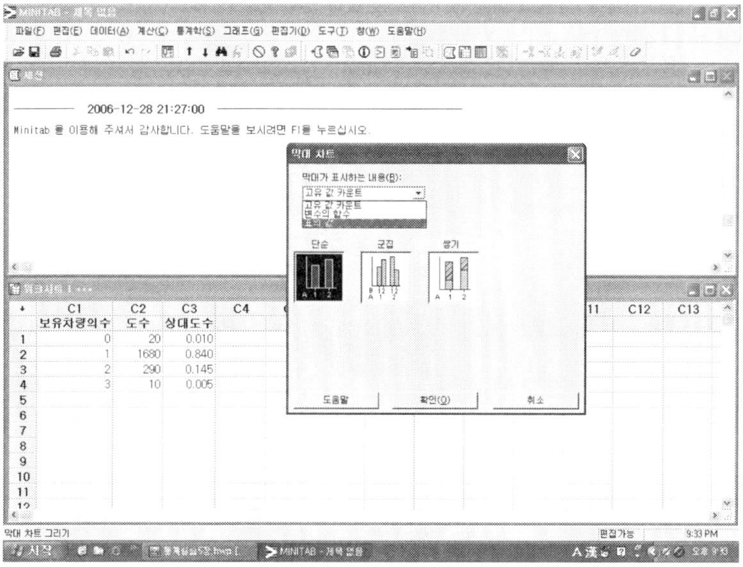

④ 다음의 나타난 창에서 그래프 변수에 상대도수를 입력하고 범주형 변수에 보유차량의 수를 입력한다.

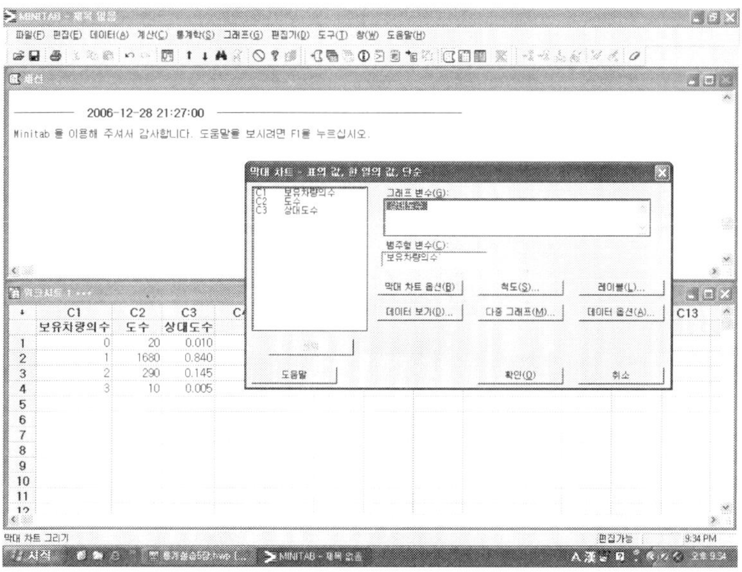

⑤ 최종적으로 보유차량의 수에 대한 확률분포가 'X축'에 '**보유차량의 수**', 'Y축'에 '**상대도수**'로 나타난다. 여기서 보유차량의 수는 확률변수 x를 의미하고 상대도수는 x의 확률 $P(x)$을 의미한다.

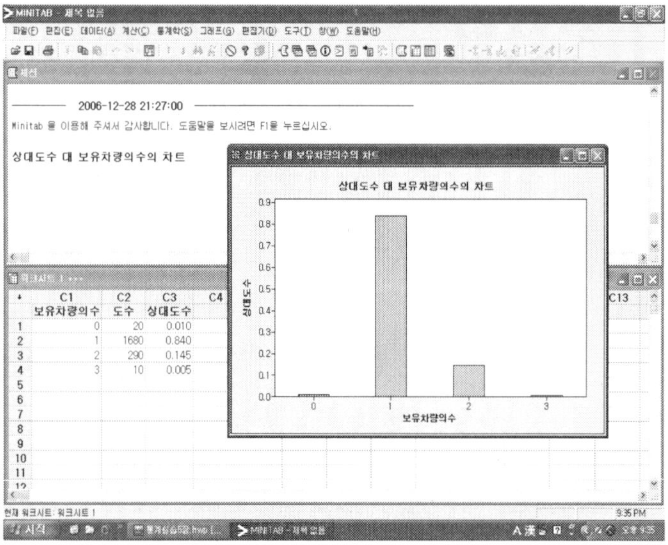

⑥ 위의 차트 중 보유차량의 수에 마우스를 가져가서 더블클릭을 하면 아래와 같이 축레이블편집이 나타난다. '**글꼴 ⇨ 텍스트**'에 'X'를 입력하고 확인을 누른다.

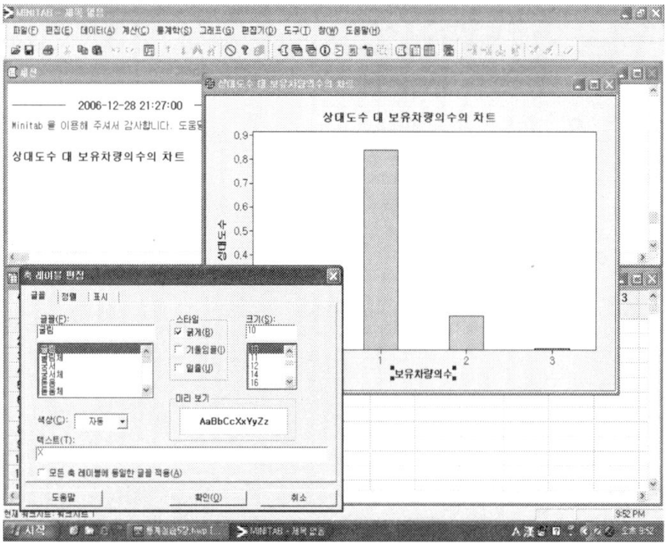

⑦ 같은 방법으로 상대도수를 $P(x)$로 수정하고 탭에 있는 정렬을 눌러서 텍스트 각도를 0으로 한다. 같은 방법으로 차트의 제목도 X의 확률분포를 수정한다.

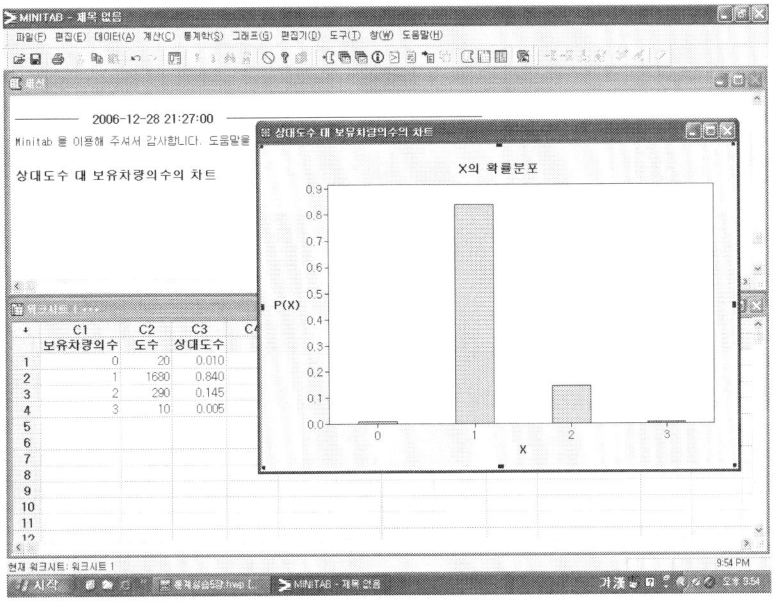

이산확률변수의 확률분포는 다음의 두 가지 성질을 갖는다.

확률분포의 성질

이산확률변수의 확률분포는 다음의 두 가지 특성을 갖는다.

1. x의 각 값에 대해서 확률 $P(x)$는 $0 \leq P(x) \leq 1$이어야 한다.
2. $\sum P(x) = 1$

5.3 이산확률변수의 평균

이산확률변수의 평균은 이산확률분포의 평균으로서 μ로 표현한다. 이산확률변수 x의 평균은 기댓값이라고도 하며 $E(x)$라고 표현한다. 이산확률변수의 평균(또는 기댓값)은 우리가 어떤 실험을 수없이 반복할 때 평균적으로 관찰될 것으로 기대되는 값이다. 계산방법은 다음과 같다.

이산확률변수의 평균

이산확률변수 x의 평균은 어떤 실험을 수없이 실행할 때 평균적으로 반복할 때마다 발생하리라고 기대되는 값을 의미하는데 μ로 표현하고

$$\mu = \sum xP(x)$$

로 계산한다. 이산확률변수 x의 평균은 기댓값이라고도 부르며 $E(x)$로 표현하는데

$$E(x) = \sum xP(x)$$

로 계산한다.

예제 5-2

다음에서 x는 주당 기계의 고장회수를 나타내고 $P(x)$는 x에 대응되는 확률이다.

x	$P(x)$
0	0.15
1	0.20
2	0.35
3	0.30

이 기계에 대한 주당 평균고장횟수를 구하라.

풀이

이 기계의 주당 평균고장횟수를 찾기 위하여 x의 각 값과 그 대응되는 확률을 곱하고 그 결과를 합한다. [표 5-2]에 $xP(x)$와 x의 평균인 이들의 합 $\sum xP(x)$이 계산되어 있다.

표 5-2 고장횟수의 확률분포에 대한 평균값의 계산

x	$P(x)$	$xP(x)$
0	0.15	0(0.15) = 0.0
1	0.20	1(0.20) = 0.2
2	0.35	2(0.35) = 0.7
3	0.30	3(0.30) = 0.9
		$\sum xP(x)$ = 1.8

평균값은

$$\mu = \sum xP(x) = 1.8$$

이 된다. ■

5.4 이산확률변수의 표준편차

σ로 표현되는 이산확률변수의 표준편차는 이산확률분포의 퍼짐에 대한 측도이다. 이산확률변수의 표준편차를 계산하는 기본공식은 다음과 같다.

이산확률변수의 표준편차

이산확률변수 x의 표준편차는 확률분포가 얼마나 퍼져 있는가를 측정하기 위하여 사용되며 다음의 공식으로 계산할 수 있다.

$$\sigma = \sqrt{\sum[(x-\mu)^2 \cdot P(x)]} = \sqrt{\sum x^2 P(x) - \mu^2}$$

이산확률변수의 분산인 σ^2은 표준편차를 제곱함으로써 구할 수 있다. 예제 5-3은 이산확률변수의 표준편차를 어떻게 계산하는가를 보여준다.

예제 5-3

다음은 컴퓨터 부품을 생산하는 어떤 전자회사가 집계한 400개의 부품들로 포장된 상자에 포함된 불량 부품들의 숫자 x의 확률분포를 나타낸다. x의 표준편차를 계산하라.

x	0	1	2	3	4	5
$P(x)$	0.02	0.20	0.30	0.30	0.10	0.08

풀이

위의 공식을 이용하면 x의 표준편차로서

$$\sigma = \sqrt{\sum x^2 P(x) - \mu^2} = \sqrt{7.70 - 2.50^2} = \sqrt{1.45}$$
$$= 1.204$$

를 얻는다. 그러므로 400개의 컴퓨터 부품들로 포장된 상자에 평균 2.5개의 불량품이 포함되고 그 표준편차는 1.204개이다.

표 5-3 표준편차를 찾기 위한 계산

x	$P(x)$	$xP(x)$	x^2	$x^2P(x)$
0	0.02	0.00	0	0.00
1	0.20	0.20	1	0.20
2	0.30	0.60	4	1.20
3	0.30	0.90	9	2.70
4	0.10	0.40	16	1.60
5	0.08	0.40	25	2.00
		$\sum xP(x) = 2.50$		$\sum x^2P(x) = 7.70$

■

5.5 이항확률분포

이항확률분포는 이산확률분포 가운데서 가장 널리 사용되는 분포 가운데 하나이다. 이항확률분포를 사용하려면 확률변수 x는 이산확률변수이어야 하고 매 번의 실험에서 두 가지 가능한 결과 가운데 하나의 결과가 되어야 한다. 이항확률분포는 다음에 설명되는 이항실험의 네 가지 조건을 만족하는 실험에 적용할 수 있다. 이항실험에서 매 번 반복하는 실험을 시행(trial) 또는 베르누이 시행(Bernoulli trial)이라고 부른다. 예를 들면 동전을 한 번 던지는 실험에서 이 실험을 10회 반복한다면 매 번 동전을 던지는 실험을 시행이라고 하고 이 실험에서는 모두 10회의 시행을 하게 된다.

5.5.1 이항실험

다음의 네 가지 조건을 만족하는 실험을 이항실험이라고 한다.

> **이항실험의 조건**
>
> 이항실험은 다음의 네 가지 조건을 만족해야 한다.
>
> 1. n번의 동일한 시행을 한다.
> 2. 각각의 시행의 결과는 두 가지이다.
> 3. 두 가지 결과에 대한 확률은 항상 일정하다.
> 4. 각각의 시행은 서로 독립이다.

예제 5-4

어떤 전자회사에서 생산되는 VCR의 5%는 불량품이다. 세 대의 VCR이 이 회사의 생산라인에서 랜덤으로 선택되고 난 뒤, 각 제품이 불량품인지 양품인지 검사된다. 이 실험은 이항실험인가?

풀이

① 이 예제는 세 번의 동일한 시행으로 구성되는데 각 시행은 VCR을 선택하는 것이 된다.

② 각 시행은 두 개의 결과를 갖는다: VCR이 불량품인 경우와 양품인 경우이다. 불량품인 VCR을 성공이라고 하고 양품인 VCR을 실패라고 하자.

③ 모든 VCR의 5%는 불량품이므로 어떤 VCR이 불량일 확률 p는 0.05이다. 그리고 어떤 VCR이 양품일 확률은 0.95이다. 이 두 확률의 합은 1이다.

④ 각각의 선택된 VCR은 서로 독립이다. 만약 어떤 VCR이 불량이라면 이 결과는 다음의 VCR이 불량품이 되거나 양품이 될 결과에 영향을 미치지 않는다. 왜냐하면 모집단의 크기가 표본의 크기보다 매우 크기 때문이다.

위와 같이 이항실험의 네 가지 결과를 모두 만족하므로 이항실험이 된다. ■

5.5.2 이항분포와 이항분포의 공식

n 번의 시행으로 이루어진 이항실험에서 성공의 횟수 x 를 이항확률변수라고 한다. x 의 확률분포를 이항확률분포 또는 이항분포라고 한다. 그러므로 이항확률분포는 n 번의 이항실험에서 x 번의 성공의 확률을 찾는데 사용될 수 있다. 이러한 실험에서 x 번의 성공의 횟수는 이산확률변수이다. 예제 5-4의 세 대의 VCR 가운데서 불량품의 수를 x 라고 하자. 이 때 VCR의 가능한 불량품의 수는 0, 1, 2, 3이 된다. x 의 값들은 셀 수 있기 때문에 이산확률변수가 된다.

이항분포의 공식

이항실험에서 n 번의 시행 가운데서 정확히 x 번의 성공을 얻을 확률은 다음의 이항 공식으로부터 구할 수 있다.

$$P(x) = {}_n C_x \, p^x q^{n-x}$$

여기서

n= 전체 시행의 횟수

p= 성공의 확률

$q = 1 - p$= 실패의 확률

x= n번의 시행 가운데 성공의 횟수

$n - x$= n번의 시행 가운데 실패의 횟수

예제 5-5

예제 5-4에서 세 대의 VCR 가운데 x를 불량품의 개수라고 한다면 x의 확률분포를 적은 다음, 이 분포를 그래프로 그려라.

풀이

x는 랜덤으로 선택한 VCR 가운데 나타난 불량품의 개수이므로 $n-x$는 양품의 개수가 된다. 그러므로

$n=$ 랜덤으로 선택한 VCR의 수 $=3$
$p=P($ VCR이 불량품인 것$)=0.05$
$q=P($ VCR이 양품인 것$)=0.95$

x가 취할 수 있는 가능한 숫자는 0, 1, 2, 3이므로 이 값들에 대한 확률의 계산은 이항분포의 공식을 사용하여 다음과 같이 할 수 있다.

$x=0$일 경우

$$P(x=0)={}_3C_0(0.05)^0(0.95)^3=(1)(1)(0.857375)=0.857375$$

$x=1$일 경우

$$P(x=1)={}_3C_1(0.05)^1(0.95)^2=(3)(0.05)(0.9025)=0.135375$$

$x=2$일 경우

$$P(x=2)={}_3C_2(0.05)^2(0.95)^1=(3)(0.0025)(0.95)=0.007125$$

$x=3$일 경우

$$P(x=3)={}_3C_3(0.05)^3(0.95)^0=(1)(0.000125)(1)=0.000125$$

이 확률은 [표 5.4]에 기록되고 미니탭을 활용하여 확률분포를 계산한다.

표 5-4 x의 확률분포

x	$P(x)$
0	0.8574
1	0.1354
2	0.0071
3	0.0001

미니텝 이용 ① 워크시트 안에 1열과 2열에 각각 x와 $P(x)$를 입력한다. 그리고 메뉴로부터 '계산 ⇨ 패턴이 있는 데이터 만들기 ⇨ 등간격 숫자 집합'을 누른다. 나타난 창에서 패턴이 있는 데이터 저장 위치에 C1을 입력한다. 그리고 시작 값에 0, 끝 값에 3을 입력한 후 확인을 누르면 1열에 값들이 나타난다.

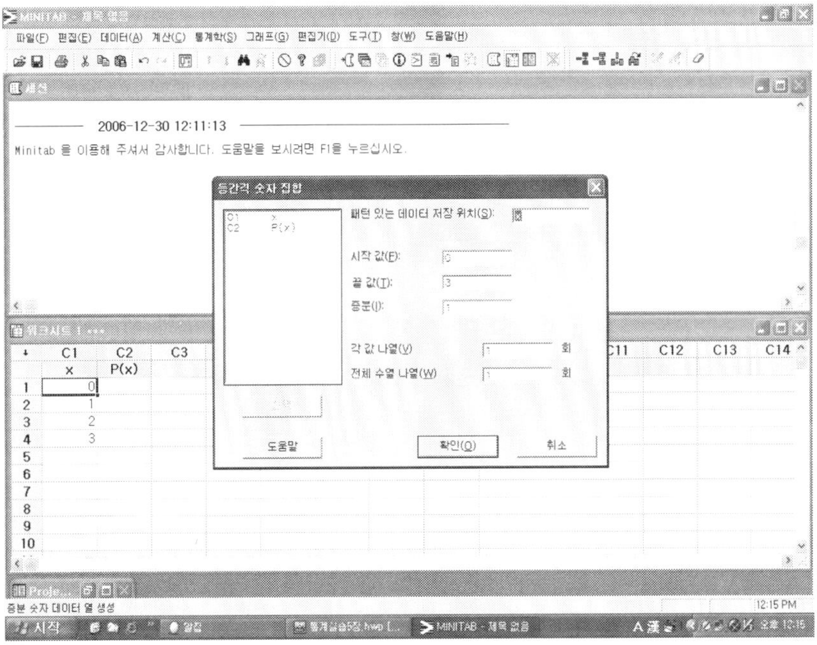

② 메뉴로부터 '계산 ⇨ 확률분포 ⇨ 이항분포'를 누르고 나타난 창에서 확률을 선택하고 '시행횟수'에 3, '성공확률'에 0.05, '입력 열'에 'C1', '옵션적 저장'에 'C2'를 입력한 후 확인을 누르면 워크시트의 2열에 각 확률변수 x값에 대한 확률 $P(x)$가 나타난다.

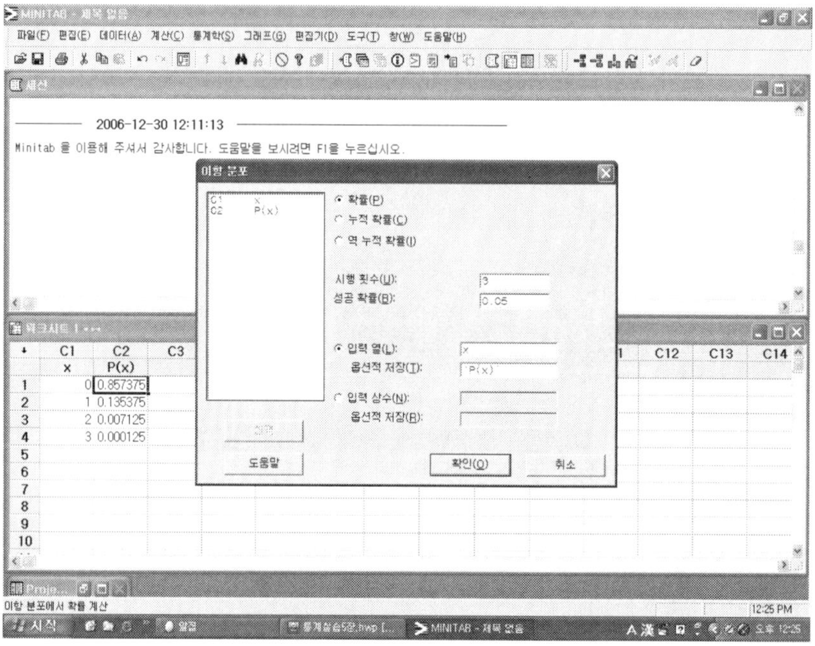

③ 이항확률분포의 그림을 그리기 위하여 메뉴로부터 '**그래프 ⇨ 막대차트**'를 선택하고 나타난 창에서 막대가 표시하는 내용에 다음과 같이 표의 값을 선택한 후 확인을 누른다. 새로 나타난 창에서 '**그래프변수**'에 'C2'를 입력하고 '**범주형 변수**'에 'C1'을 입력한다. 그리고 확률 $P(x)$를 막대 대신 선으로 나타내기 위하여 데이터 그 창에서 데이터 보기를 누르면 새로운 창이 나타나는데 여기서 데이터표시에서 투영선을 선택한다. 마지막으로 열려진 창들을 닫고 그래프를 보기 위하여 확인을 계속해서 누르면 다음과 같이 이항확률분포의 그림이 그려진다.

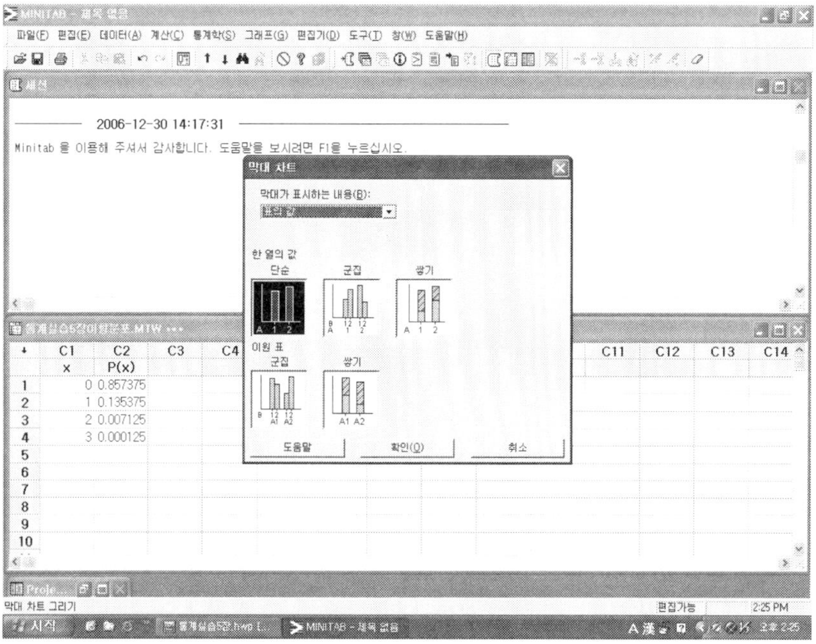
MINITAB - 제목 없음
파일(F) 편집(E) 데이터(A) 계산(C) 통계학(S) 그래프(G) 편집기(D) 도구(T) 창(W) 도움말(H)
세션
2006-12-30 14:17:31
Minitab 을 이용해 주셔서 감사합니다. 도움말을 보시려면 F1을 누르십시오.
막대 차트
막대가 표시하는 내용(B):
표의 값
한 열의 값
단순
군집
쌓기
이원 표
군집
쌓기
도움말
확인(O)
취소
C1
C2
C3
C4
C11
C12
C13
C14
x
P(x)
0 0.857375
1 0.135375
2 0.007125
3 0.000125
막대 차트 그리기
편집가능
2:25 PM

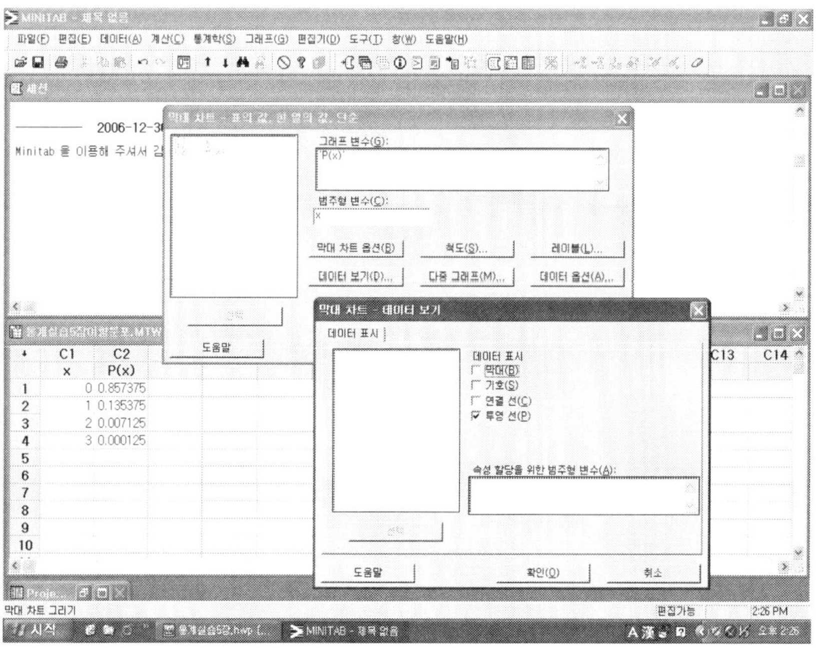
MINITAB - 제목 없음
파일(F) 편집(E) 데이터(A) 계산(C) 통계학(S) 그래프(G) 편집기(D) 도구(T) 창(W) 도움말(H)
세션
Minitab 을 이용해 주셔서
그래프 변수(G):
'P(x)'
범주형 변수(C):
x
막대 차트 옵션(B)...
척도(S)...
레이블(L)...
데이터 보기(D)...
다중 그래프(M)...
데이터 옵션(A)...
도움말
막대 차트 - 데이터 보기
데이터 표시
데이터 표시
막대(B)
기호(S)
연결 선(C)
투영 선(P)
속성 할당을 위한 범주형 변수(A):
도움말
확인(O)
취소
C1
C2
C13
C14
x
P(x)
0 0.857375
1 0.135375
2 0.007125
3 0.000125
막대 차트 그리기
편집가능
2:26 PM

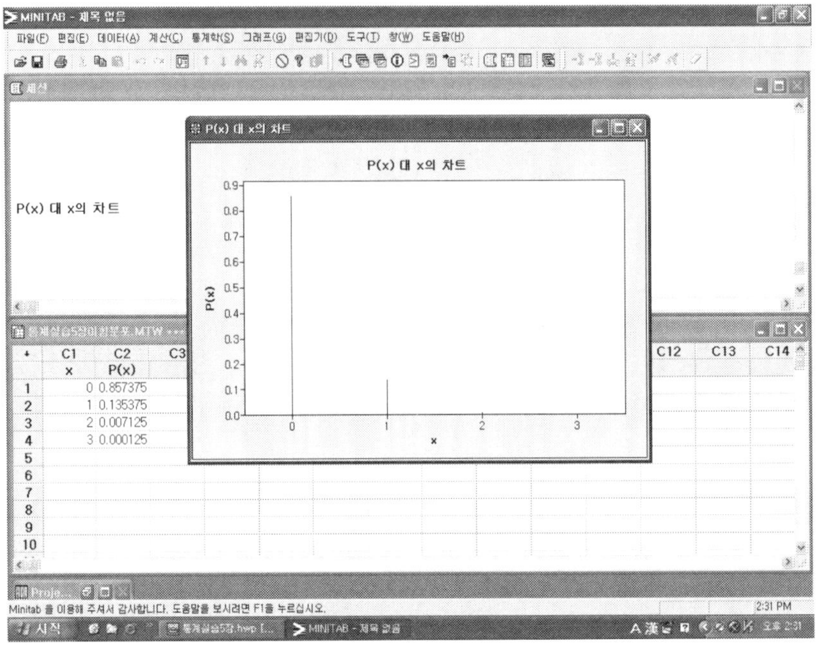

5.5.3 성공의 확률과 이항분포의 모양

임의의 n의 값에 대하여

1. $p = 0.5$이면 이항확률분포는 대칭이다.
2. $p < 0.5$이면 이항확률분포는 왼쪽으로 치우치고 오른쪽으로 긴 꼬리 모양을 갖는다.
3. $p > 0.5$이면 이항확률분포는 오른쪽으로 치우치고 왼쪽으로 긴 꼬리 모양을 갖는다.

예제 5-6

이항확률분포의 $n = 20$에서 성공의 확률 $p = 0.1$, $p = 0.3$, $p = 0.5$, $p = 0.9$에 대한 각각의 확률분포를 그려라.

미니텝 이용 ① 예제 5-5와 같은 방법으로 워크시트 안의 1열과 2열에는 $p = 0.1$에 대한 확률변수 x와 x에 대한 이항분포의 확률 $P(x)$을 각각 생성한다. 그리고 3, 4열에는 $p = 0.3$에 대한 이항확률들을 그리고 5, 6열에는 $p = 0.5$에 대한 이항확률, 7, 8열에는 $p = 0.9$에 대한 이항확률들을 각각 생성한다. 미니탭의 워크시트에 각 열에 이름을 입력할 때 같은 이름을 중복하여 사용할 수 없으므로 $p = 0.1$, $p = 0.3$, $p = 0.5$, $p = 0.9$에 대한 변수이름을 각각 x_1, x_2, x_3, x_4이라 하고 그들의 확률을 각각 $P(x_1)$, $P(x_2)$, $P(x_3)$, $P(x_4)$이라고 하였다.

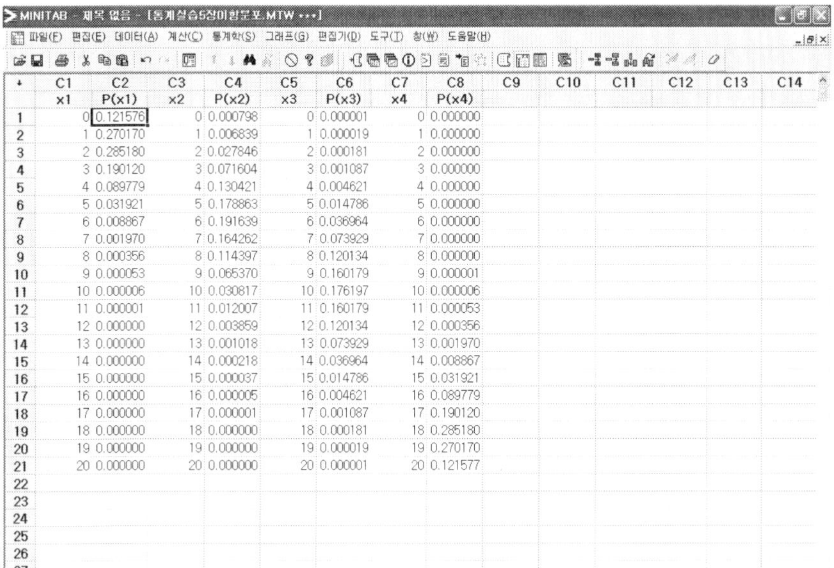

	C1 x1	C2 P(x1)	C3 x2	C4 P(x2)	C5 x3	C6 P(x3)	C7 x4	C8 P(x4)
1	0	0.121576	0	0.000798	0	0.000001	0	0.000000
2	1	0.270170	1	0.006839	1	0.000019	1	0.000000
3	2	0.285180	2	0.027846	2	0.000181	2	0.000000
4	3	0.190120	3	0.071604	3	0.001087	3	0.000000
5	4	0.089779	4	0.130421	4	0.004621	4	0.000000
6	5	0.031921	5	0.178863	5	0.014786	5	0.000000
7	6	0.008867	6	0.191639	6	0.036964	6	0.000000
8	7	0.001970	7	0.164262	7	0.073929	7	0.000000
9	8	0.000356	8	0.114397	8	0.120134	8	0.000000
10	9	0.000053	9	0.065370	9	0.160179	9	0.000001
11	10	0.000006	10	0.030817	10	0.176197	10	0.000006
12	11	0.000001	11	0.012007	11	0.160179	11	0.000053
13	12	0.000000	12	0.003859	12	0.120134	12	0.000356
14	13	0.000000	13	0.001018	13	0.073929	13	0.001970
15	14	0.000000	14	0.000218	14	0.036964	14	0.008867
16	15	0.000000	15	0.000037	15	0.014786	15	0.031921
17	16	0.000000	16	0.000005	16	0.004621	16	0.089779
18	17	0.000000	17	0.000001	17	0.001087	17	0.190120
19	18	0.000000	18	0.000000	18	0.000181	18	0.285180
20	19	0.000000	19	0.000000	19	0.000019	19	0.270170
21	20	0.000000	20	0.000000	20	0.000001	20	0.121577

② **예제 5-5**와 같은 방법으로 $p = 0.1$일 때 이항확률분포의 그림을 그리기 위하여 메뉴로부터 '**그래프 ⇨ 막대챠트**'를 선택하고 나타난 창에서 막대가 표시하는 내용에 표의 값을 선택한 후 확인을 누른다. 새로 나타난 창에서 '**그래프변수**'에 'C2'를 입력하고 '**범주형 변수**'에는 'C1'을 입력한다. 그리고 '**데이터 보기**'를 눌러서 '**데이터표시**'에서 '**투영선**'을 선택한다. 확인을 계속해서 누르면 다음과 같이 이항확률분포의 그림이 그려진다. 같은 방법으로 $p = 0.3$, $p = 0.5$, $p = 0.9$일 때 이항확률분포의 그리면 다음과 같다.

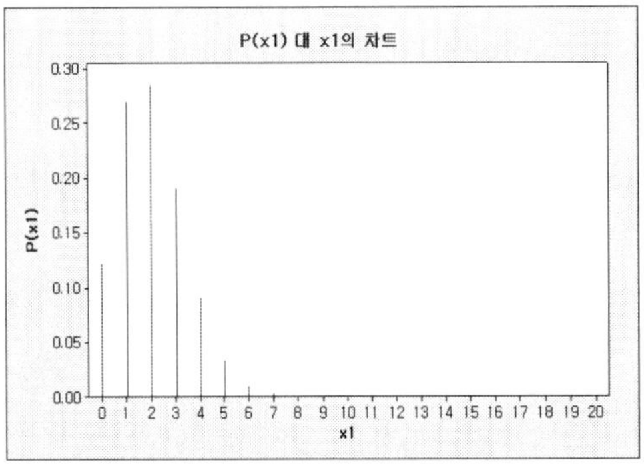

$n=20,\ p=0.1$ 인 이항확률분포

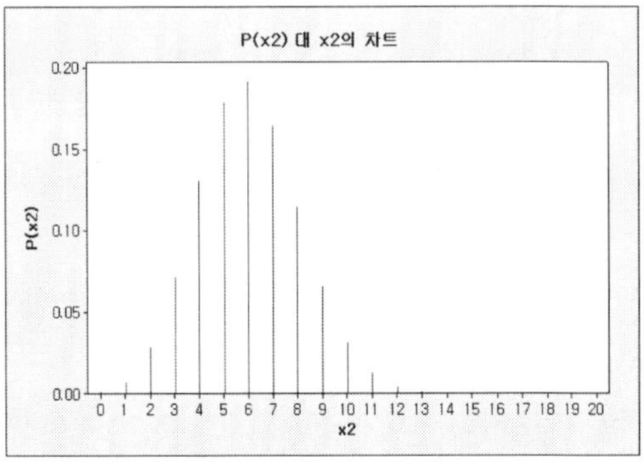

$n=20,\ p=0.3$ 인 이항확률분포

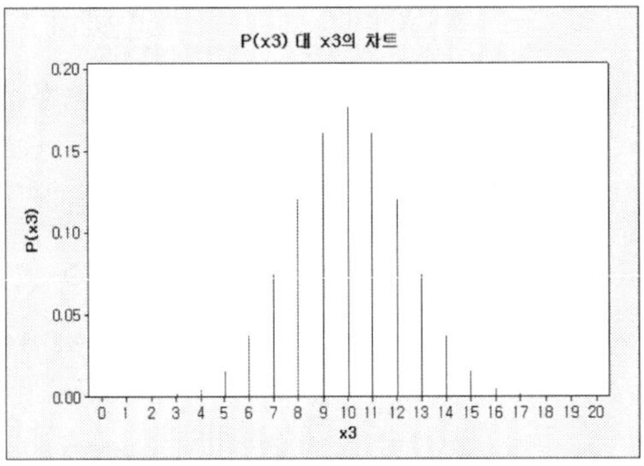

$n=20,\ p=0.5$ 인 이항확률분포

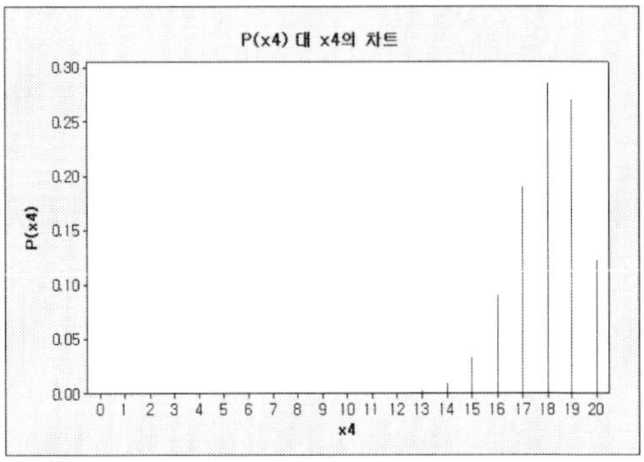

$n=20,\ p=0.9$ 인 이항확률분포

5.5.4 이항분포의 평균과 표준편차

이산확률변수가 이항분포를 할 때 평균과 표준편차는 다음과 같이 계산된다.

이항분포의 평균과 표준편차

이항분포의 평균과 표준편차는 다음과 같다.

$$\mu = np,\ \ \sigma = \sqrt{npq}$$

여기서

$n=$ 전체 시행의 횟수, $p=$ 성공의 확률, $q=$ 실패의 확률

예제 5-7

예제 5-6과 같이 $n=20$, $p=0.1$인 이항확률변수의 평균과 표준편차를 구하라.

풀이

이항분포의 평균과 표준편차에 대한 공식을 이용하여 다음과 같이 계산된다.

$$\mu = np = 20(0.1) = 2$$
$$\sigma = \sqrt{npq} = \sqrt{(20)(0.1)(0.9)} = 1.34$$ ■

5.6 초기하확률분포

유한모집단으로부터 비복원추출의 경우에는 각각의 시행이 서로 독립이 아니므로 초기하분포가 된다. 예를 들면 어떤 회사에서 생산되는 자동차 부품들의 20%는 불량품이라고 하자. 이 회사 어느 대리점으로 25개의 부품을 운반했는데 나중에 그 가운데 5개가 불량품이었다는 것을 알았다고 하자. 그 회사에서 대리점으로 연락을 취했을 때는 벌써 4개의 부품을 팔았다고 가정하자. 이 경우 4개의 부품 가운데 3개는 양품이고 1개는 불량품일 확률은 얼마인가? 25개의 부품으로부터 비복원추출로 4개의 부품이 선택되었다면 1개의 부품이 양품일 확률은 첫 번째 선택할 때부터 두 번째 선택할 때, 세 번째 선택할 때, 네 번째 선택할 때마다 바뀌게 된다. 이 경우는 초기하분포를 적용하여 필요한 확률을 계산한다.

초기하확률분포

$N=$ 모집단에 있는 모든 원소의 수
$r=$ 모집단에 있는 성공의 수
$N-r=$ 모집단에 있는 실패의 수
$n=$ 시행의 수(표본의 크기)
$x=n$번의 시행 가운데 성공의 수
$n-x=n$번의 시행 가운데 실패의 수라고 한다면

n번의 시행 가운데 x번의 성공이 일어날 확률은 다음과 같이 계산된다.

$$P(x)=\frac{{}_{r}C_{x}\ {}_{N-r}C_{n-x}}{{}_{N}C_{n}}$$

예제 5-8

어느 자동차 부품 제조회사는 지난 주 한 대리점에 25개의 부품을 운반하였다. 나중에 그 제조회사는 그중에 5개가 불량품이라는 것을 알고 대리점에 연락을 하였더니 4개가 벌써 팔렸다고 한다. 4개 가운데서 3개가 양품이고 1개가 불량품일 확률은 얼마인가?

그리고 4개 가운데서 불량품이 각각 0개, 1개, 2개, 3개, 4개가 될 확률을 미니탭을 이용하여 계산하고 확률분포를 그려라.

풀이

양품을 성공이라 하고 불량품을 실패라고 하자. 그러면 공식으로부터

$N=$ 모집단에 있는 모든 자동차 부품의 수 $=25$
$r=$ 모집단에 있는 양품인 자동차 부품의 수 $=20$
$N-r=$ 모집단에 있는 불량품인 자동차 부품의 수 $=5$

$$n = \text{시행의 수(표본의 크기)} = 4$$
$$x = 4\text{번의 시행 가운데 성공의 수} = 3$$
$$n-x = 4\text{번의 시행 가운데 실패의 수} = 1$$

초기하확률분포의 공식을 사용하여 필요한 확률은 다음과 같이 계산된다.

$$P(x=3) = \frac{{}_rC_x\,{}_{N-r}C_{n-x}}{{}_NC_n} = \frac{{}_{20}C_3\,{}_5C_1}{{}_{25}C_4} = \frac{\dfrac{20!}{3!\,17!}\,\dfrac{5!}{1!\,4!}}{\dfrac{25!}{4!\,21!}}$$
$$= \frac{(1,140)(5)}{12,650} = 0.4506$$

그러므로 팔려진 4개의 부품 가운데서 3개가 양품이고 1개가 불량품일 확률은 0.4506이다. ■

미니탭 이용 ① 4개 가운데서 불량품이 각각 0개, 1개, 2개, 3개, 4개가 될 확률을 계산하기 위하여 다음과 같이 워크시트의 1열에 0, 1, 2, 3, 4, 5를 입력한 후 메뉴로부터 '**계산 ⇨ 확률분포 ⇨ 초기하분포**'를 누르고 나타난 창에서 확률을 선택하고 '**모집단의 크기**'에 25, '**모집단에서 성공 수**'를 20, '**표본의 크기**'에 4를 입력한다. 그리고 '**입력열**'에 'C1'을 입력하고 '**옵션적 저장**'에 'C2'를 입력한다. 확인을 누르면 워크시트의 2열에 각 확률변수 x 값에 대한 초기하분포의 확률 $P(x)$가 나타난다.

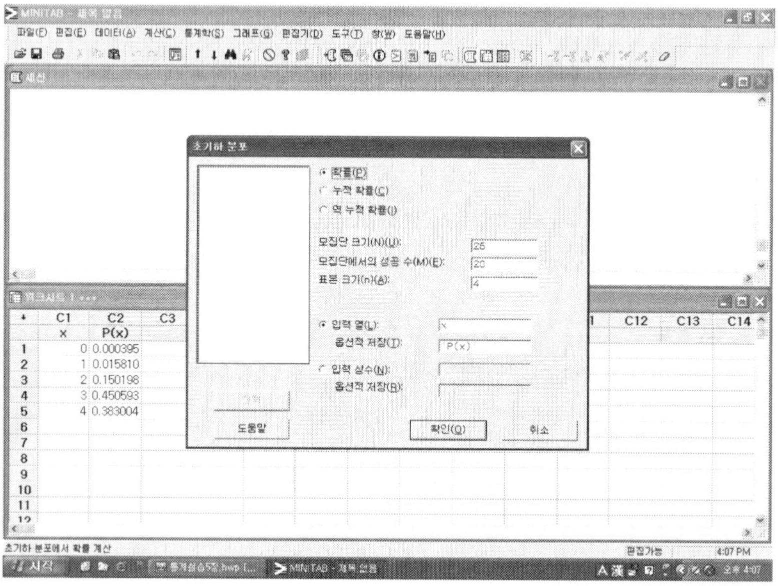

② 초기하확률분포의 그림을 그리기 위하여 메뉴로부터 '**그래프 ⇨ 막대차트**'를 선택하고 나타난 창에서 막대가 표시하는 내용에 다음과 같이 표의 값을 선택한 후 확인을 누른다.

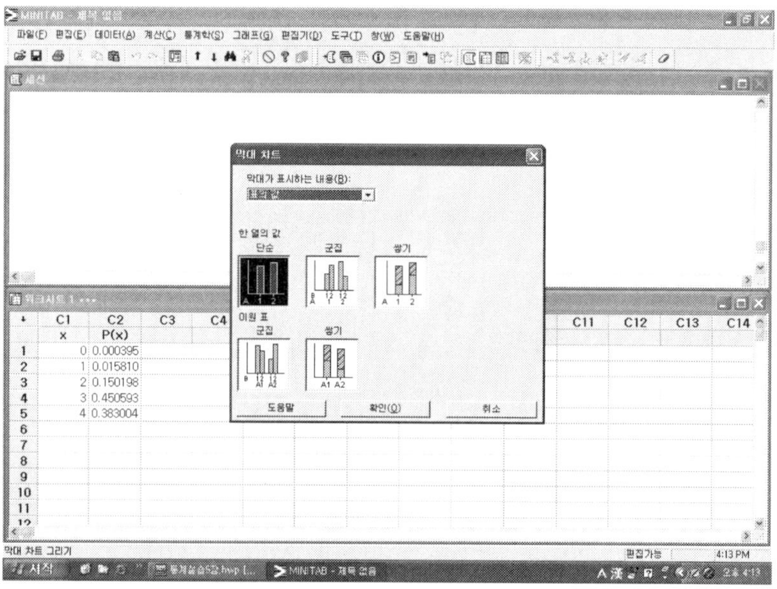

③ 새로 나타난 창에서 '**그래프변수**'에 'C2'를 입력하고 '**범주형 변수**'에 'C1'을 입력한다.

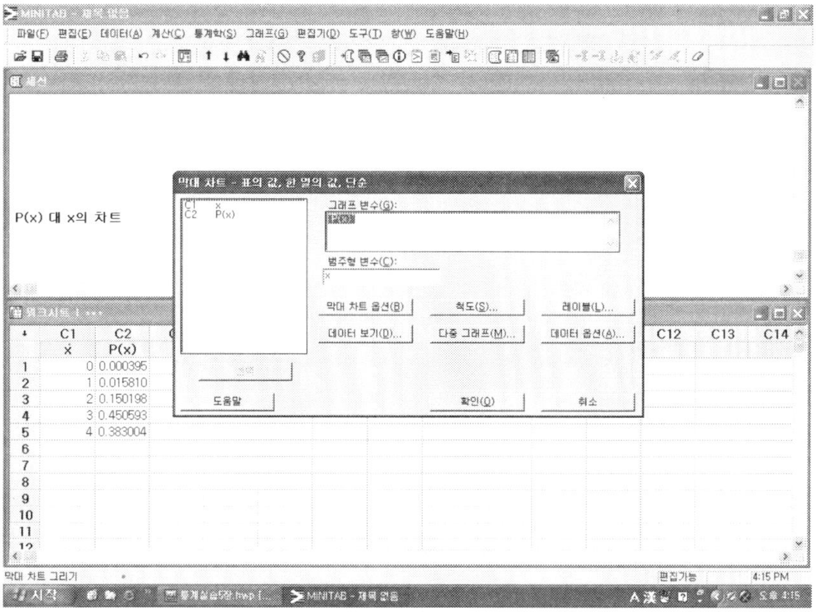

④ 확률 $P(x)$를 막대 대신 선으로 나타내기 위하여 데이터 그 창에서 데이터 보기를 누르면 새로운 창이 나타나는데 여기서 데이터표시에서 투영선을 선택한다. 마지막으로 열려진 창들을 닫고 그래프를 보기 위하여 확인을 계속해서 누르면 다음과 같이 이항확률분포의 그림이 그려진다.

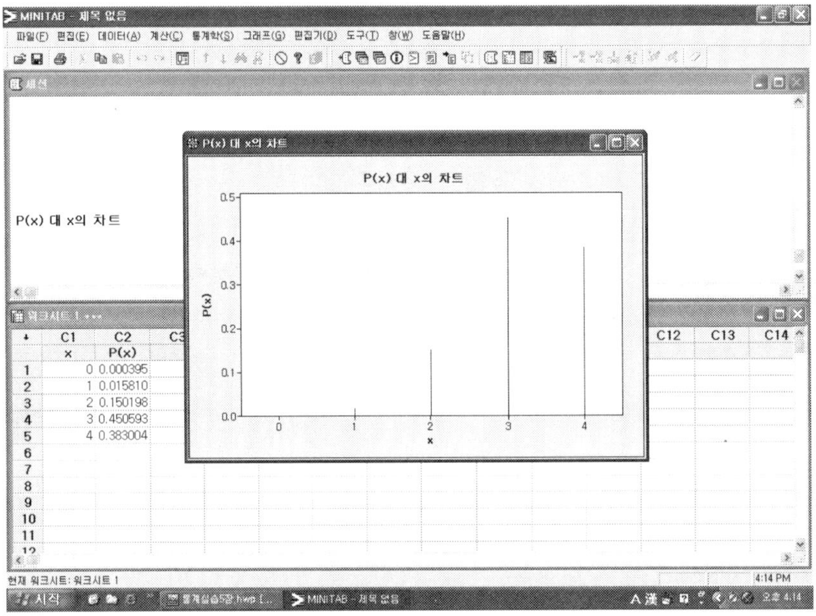

5.7 포아송확률분포

포아송확률분포는 랜덤하게 독립적으로 발생하는 사건들이 나타나는 실험에 적용된다. 사건들의 발생은 어떤 패턴을 가지며 발생하지 않으므로 예측을 할 수 없다는 의미에서 랜덤이라고 한다. 그리고 사건의 발생이 다음 사건의 발생에 영향을 미치지 않는다는 의미에서 독립이라고 한다. 사건의 발생은 항상 발생되는 사건들의 기간들로 고려한다. 만약 주어진 기간 동안 사건들의 평균 발생수가 알려진다면 포아송확률분포를 사용하여 그 기간 동안에 발생하는 사건들의 확률을 계산할 수 있다. 어떤 기간 내에서 실제로 발생하는 사건들의 수를 x라고 하자.

포아송확률분포를 적용하기 위한 조건

포아송확률분포를 적용하기 위하여 다음의 세 가지 조건들이 만족되어야 한다.

1. x는 이산확률변수이어야 한다.
2. 사건들의 발생은 랜덤이어야 한다.
3. 사건들의 발생은 독립이어야 한다.

다음은 사건의 발생이 랜덤이고 독립인 포아송분포가 적용되는 예제들이다.

1. 하루 동안 한 가정에서 받는 텔레마케팅 전화 통화의 수를 고려하자. 텔레마케팅 전화를 받는 것은 사건의 발생이 되고 그 사건의 발생은 랜덤이며 전화 통화가 개별적으로 걸려오고 두 개의 통화 또는 두 개 이상의 통화가 서로 관련되지 않다는 것으로서 독립이 됨을 의미한다.
2. 150cm 길이의 쇠막대에 나타나는 결점의 수
3. 일주일 동안 어느 고속도로 구간에서 발생되는 사건의 수
4. 한 시간 동안 어느 매장에 입장하는 고객의 수
5. 일주일 동안 어느 백화점에서 팔리는 텔레비전의 수

포아송분포에서 어느 기간 내에 발생하는 평균발생의 수를 λ라 하고 그 기간 동안에 실제로 발생하는 사건의 수는 x로 나타낸다. 그러면 주어진 기간 동안 평균발생의 수가 λ이고 그 기간 동안에 x개의 사건이 발생할 확률은 포아송분포를 이용하여 구할 수 있다.

포아송확률분포의 공식

이산확률변수 x가 포아송확률분포에 따를 때 어느 기간 동안 x개의 사건이 발생할 확률은

$$P(x) = \frac{\lambda^x e^{-\lambda}}{x!}$$

여기서 λ는 그 기간 동안 평균발생의 수이고 e의 값은 약 2.71828이 된다.

어느 기간 동안 평균발생의 수를 λ로 나타내고 포아송확률분포의 모수 또는 포아송모수라고 부른다. 주어진 x의 값에 대한 확률을 계산하기 위해서 λ의 값만 알면 된다.

예제 5-9

평균적으로 어느 가정에서는 하루 동안 3통의 텔레마케팅 전화를 받는다고 하자. 포아송분포를 이용하여 그 가정에서 하루 동안 1통의 텔레마케팅 전화를 받을 확률을 계산하라. 그리고 그 가정에서 하루 동안 텔레마케팅 전화를 0, 1, 2, 3, 4, 5, 6, 7, 8, 9, 10 통화 받을 확률을 미니탭으로 계산하고 그들의 확률분포를 그려라.

풀이

λ를 그 가정에서 하루 동안 받는 텔레마케팅 평균전화통화의 수라고 하자. 그러면 $\lambda = 3$이 된다. x를 하루 동안 그 가정에서 받는 텔레마케팅 전화통화의 수라고 한다면 우리는 $x = 1$이 되는 확률을 구하려고 한다. 이 값은 포아송확률분포의 공식에 값을 다음과 같이 대입함으로써 구할 수 있다.

$$P(x=1) = \frac{\lambda^x e^{-\lambda}}{x!} = \frac{(3)^1 e^{-3}}{1!} = 0.1494$$ ■

미니템 이용 ① 워크시트의 1열에 0, 1, 2, 3, 4, 5, 6, 7, 8, 9, 10을 입력한다. 메뉴로부터 '**계산 ⇨ 확률분포 ⇨ 포아송분포**'를 누르고 나타난 창에서 확률을 선택하고 '**평균**'에 3을 입력한다. 그리고 '**입력 열**'을 선택하고 'C1'과 '**옵션적 저장**'에 'C2'를 입력하고 확인을 누른다. 그러면 워크시트의 2열에 각 확률변수 x 값에 대한 포아송분포의 확률 $P(x)$가 나타난다.

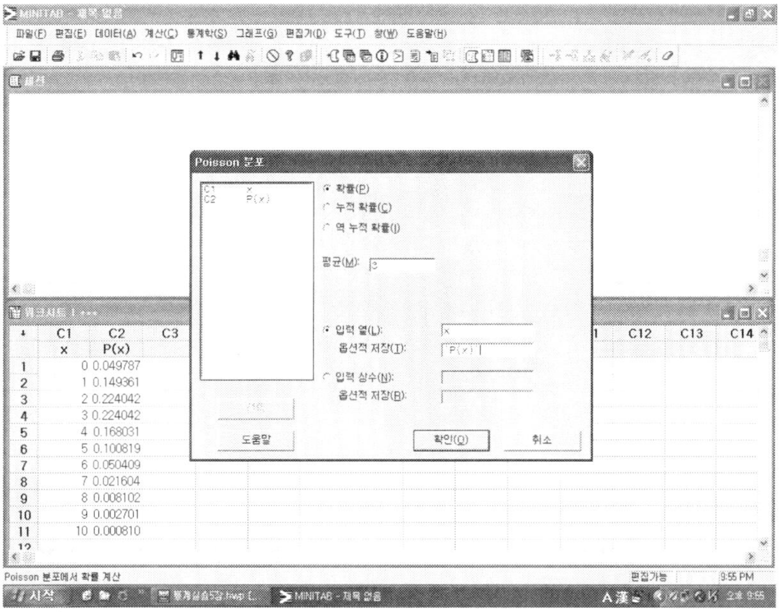

② 포아송확률분포의 그림을 그리기 위하여 메뉴로부터 '**그래프 ⇨ 막대차트**'를 선택하고 나타난 창에서 막대가 표시하는 내용에 표의 값을 선택한 후 확인을 누른다. 다음으로 새로 나타난 창에서 '**그래프변수**'에 'C2'를 입력하고 '**범주형 변수**'에 'C1'을 입력한다. 확률 $P(x)$를 막대 대신 선으로 나타내기 위하여 데이터 그 창에서 데이터 보기를 누르면 새로운 창이 나타나는데 여기서 데이터표시에서 투영선을 선택한다.

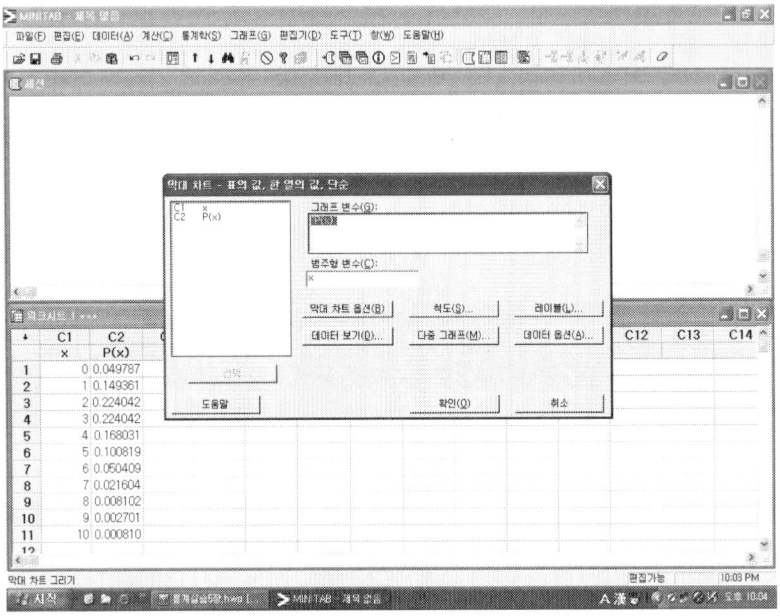

③ 막대그래프를 보기 위하여 확인을 누르면 다음과 같이 포아송확률분포의 그림이 그려진다.

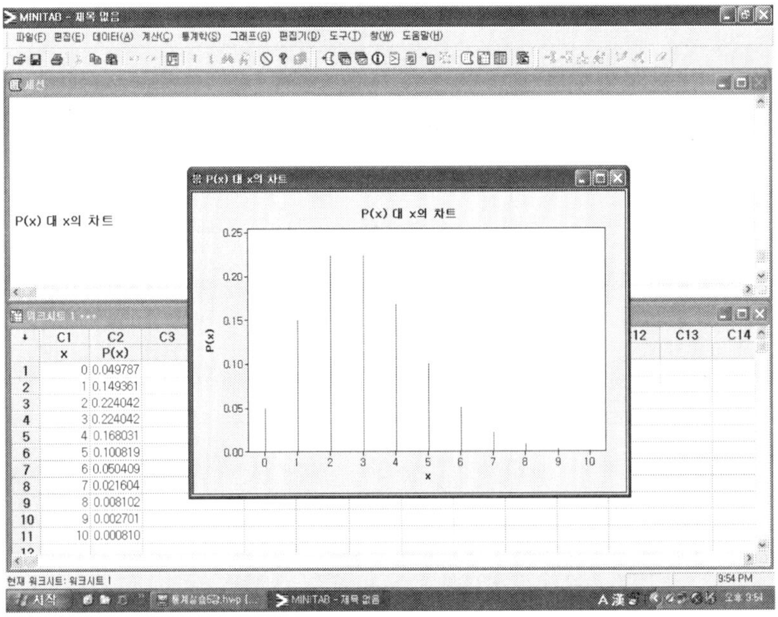

예제 5-10

포아송확률분포의 평균 $\lambda=1, 3, 7, 11$ 각각에 대하여 확률변수 x가 0, 1, 2 부터 20까지 변할 때 각각의 평균에 대한 포아송확률분포의 그래프를 그려라.

미니텝 이용 ① 우선 $\lambda=1$인 포아송확률분포를 그리기 위하여 워크시트 안에 1열과 2열에 각각 x_1과 $P(x_1)$을 입력한다. 그리고 메뉴로부터 '**계산 ▶ 패턴이 있는 데이터 만들기 ▶ 등간격 숫자 집합**'을 누른다. 나타난 창에서 패턴이 있는 '**데이터 저장 위치**'에 'C1'을 입력한다. 그리고 시작 값에 0, 끝 값에 20을 입력한 후 확인을 누르면 1열에 0부터 20까지 값들이 나타난다.

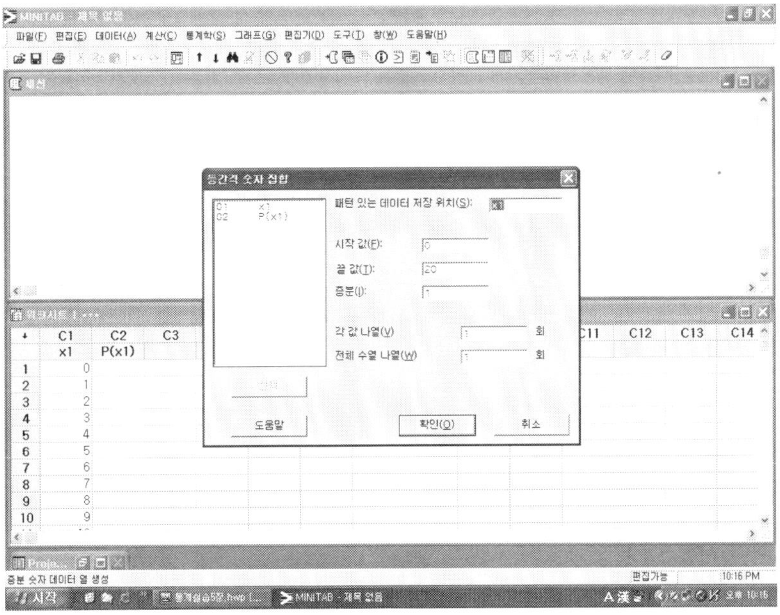

② 메뉴로부터 '**계산 ⇨ 확률분포 ⇨ 포아송분포**'를 누르고 나타난 창에서 확률을 선택하고 평균에 1, 입력 열에 C1, 옵션적 저장에 C2를 입력한 후 확인을 누르면 워크시트의 2열에 각 확률변수 x 값에 대한 포아송확률 $P(x)$가 나타난다.

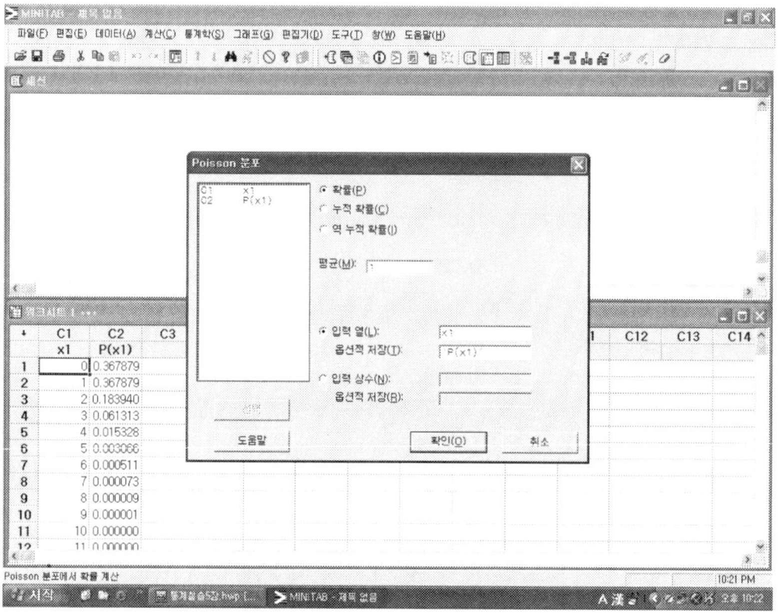

③ 포아송확률분포의 그림을 그리기 위하여 메뉴로부터 '**그래프 ⇨ 막대차트**'를 선택하고 나타난 창에서 막대가 표시하는 내용에 다음과 같이 표의 값을 선택한 후 확인을 누른다. 새로 나타난 창에서 '**그래프변수**'에 'C2'를 입력하고 '**범주형 변수**'에 'C1'을 입력한다. 그리고 확률 $P(x)$를 막대 대신 선으로 나타내기 위하여 데이터 그 창에서 '**데이터 보기**'를 누르면 새로운 창이 나타나는데 여기서 '**데이터표시**'에서 '**투영선**'을 선택한다. 마지막으로 열려진 창들을 닫고 그래프를 보기 위하여 확인을 계속해서 누르면 다음과 같이 포아송확률분포의 그림이 그려진다.

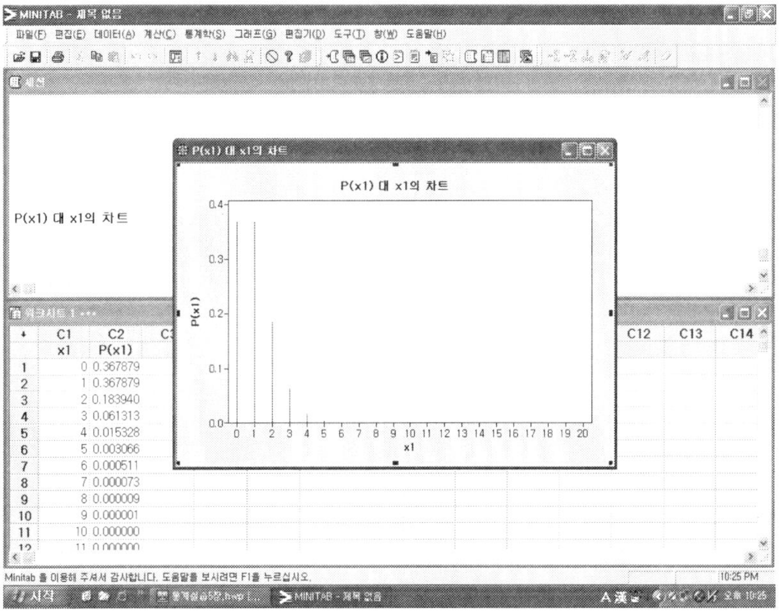

④ 평균이 각각 $\lambda = 3, 7, 11$인 포아송확률분포를 그리기 위하여 앞에서 실행한 ①, ②, ③의 방법들을 반복하면 다음과 같은 확률분포가 나타난다.

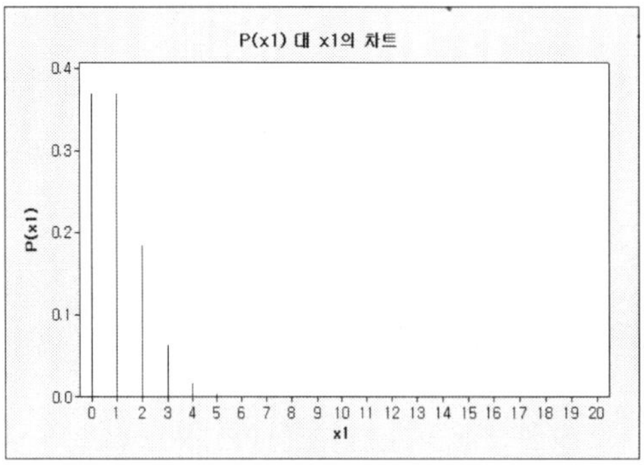

$\lambda = 1$인 포아송확률분포

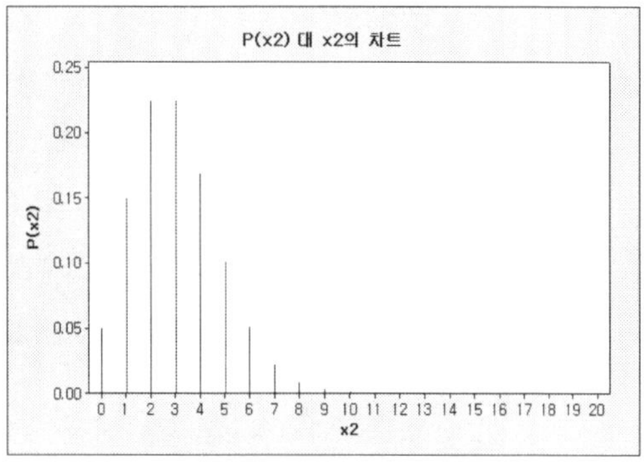

$\lambda = 3$인 포아송확률분포

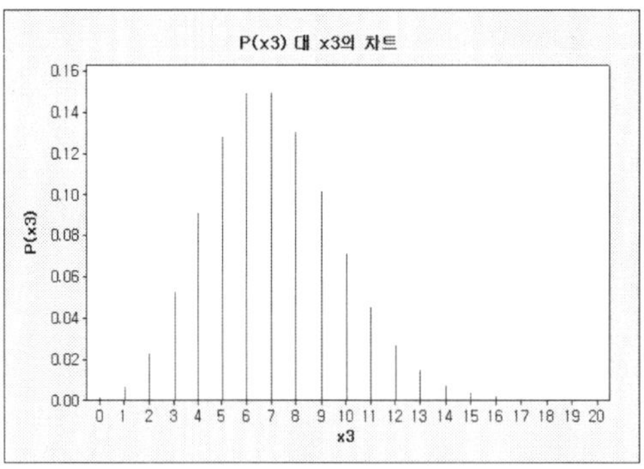

$\lambda = 7$인 포아송확률분포

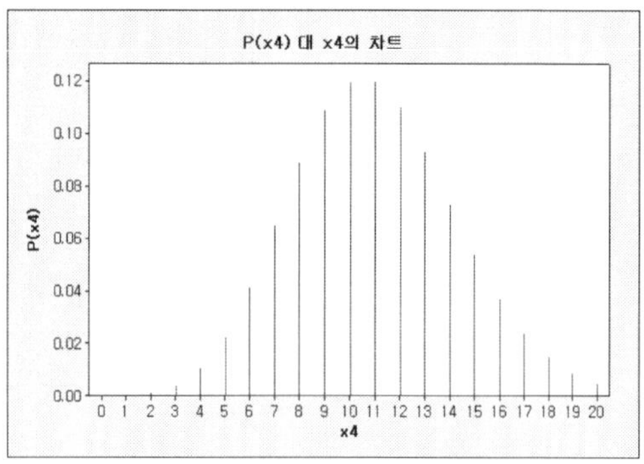

$\lambda = 11$인 포아송확률분포

연습문제

① 다음에서 x는 어떤 특정시간에 교내 한 자판기 앞에서 커피를 마시려고 기다리는 사람들의 숫자이다. 그리고 $P(x)$는 그들의 확률분포이다.

x	0	1	2	3	4
$P(x)$	0.3	0.4	0.2	0.1	0.1

x의 평균과 표준편차를 계산하라. 그리고 x의 평균값을 설명하라.

② 어느 신용카드회사에서는 과거 자료를 조사한 결과 그 회사의 신용카드를 소지한 사람 가운데 6%는 신용불량자임이 드러났다. 최근에 이 신용카드회사는 15명의 새 고객들에게 신용카드를 발행하였다. 이들 15명 가운데

(1) 정확히 3명이 신용불량자가 될 확률은 얼마인가?
(2) 정확히 1명이 신용불량자가 될 확률은 얼마인가?
(3) 아무도 신용불량자가 되지 않을 확률은 얼마인가?

③ 자동차의 브레이크를 수입하고 있는 한 업체에서는 수입되는 브레이크를 실험한 결과 고장을 일으킬 확률이 0.02라고 한다. 최근 자동차 회사는 10개의 브레이크를 실험하였다.

(1) 10개 모두 고장을 일으킬 확률은 얼마인가?
(2) 정확히 6개가 고장을 일으킬 확률은 얼마인가?
(3) 한 개도 고장을 일으키지 않을 확률은 얼마인가?

④ 특정 지역에 거주하고 있는 15가구를 조사한 결과 10가구는 집을 소유하고 있고 5가구는 집을 소유하지 못하고 있었다. 15가구 중 4가구를 랜덤으로 고를 때 다음 물음에 답하라.

(1) 정확히 3 가구가 집을 소유하고 있을 확률은 얼마인가?
(2) 많아야 1 가구가 집을 소유하고 있을 확률은 얼마인가?
(3) 적어도 1 가구가 집을 소유하고 있을 확률은 얼마인가?

⑤ 한 회사에서는 직원 20명의 휴가계획을 조사하였다. 12명은 국내에서 휴가를 보내기로 하였고 8명은 국외에서 휴가를 보내기로 결정하였다. 20명 가운데 5명을 랜덤으로 고를 때 적어도 1명이 국내에서 휴가를 보내기로 결정하였을 확률은 얼마인가?

⑥ 한 전화교환대에는 1시간당 12통화가 걸려온다. 새 근무자가 그 전화교환대에 오후 2시부터 3시까지 1시간 근무를 하였다. 적어도 5통화 이상 걸려왔을 확률은 얼마인가?

⑦ 한 농구팀은 게임당 평균 5개의 파울을 한다. 그 농구팀이 한 게임에서 3개 이하의 파울을 할 확률은 얼마인가?

⑧ 어느 특정지역에는 하루 평균 3건의 강도사건이 발생한다고 알려져 있다. 어느 날 적어도 2건의 사건이 발생할 확률을 계산하라.

CHAPTER

제 6 장

연속확률변수와 정규분포

6.1 연속확률분포

연속확률변수가 취할 수 있는 값은 어떤 구간 내에서 어떠한 값도 취할 수 있으므로 무한개가 된다. 전지의 수명, 사람들의 키, 시험을 치는데 걸리는 시간, 1리터 안에 있는 우유의 양, 신생아의 무게, 주택의 가격들은 모두 연속확률변수의 예가 된다.

5000명의 여학생이 어느 대학교에 등록하였다고 가정하자. x는 이 여학생들의 허리둘레를 나타내는 연속확률변수라고 하자. [표 6-1]은 x의 도수와 상대도수분포를 나타낸다.

표 6-1 여학생들 허리둘레의 도수와 상대도수분포

여학생들의 허리둘레(cm) x	도수 f	상대도수 f/N
60이상 61미만	90	0.018
61이상 62미만	170	0.034
62이상 63미만	460	0.092
63이상 64미만	750	0.150
64이상 65미만	970	0.194
65이상 66미만	760	0.152
66이상 67미만	640	0.128
67이상 68미만	440	0.088
68이상 69미만	320	0.064
69이상 70미만	220	0.044
70이상 71미만	180	0.036
합 계	$N=5000$	1.0

[표 6-1]에 주어진 상대도수는 각 계급의 확률이 된다. 이 값들은 모든 여학생들이 포함된 모집단을 고려하였으므로 정확한 확률이 된다.

예제 6-1

[표 6-1]을 이용하여 상대도수분포도를 미니탭으로 그려라.

미니텝 이용 ① 워크시트의 1열에 [표 6.1]의 여학생들의 허리둘레를 입력한다. 60이상 61미만을 60~61로 입력하였으므로 숫자가 아닌 텍스트로 입력되어 C1-T로 나타난다. 2열을 x로 입력하고 60~61 대신 61.5로 입력한다. 3열과 4열에 [표 6.1]에 있는 도수와 상대도수를 입력한다.

막대그래프를 그리기 위하여 메뉴로부터 '**그래프 ⇨ 막대차트**'를 선택하고 나타난 창에서 막대가 표시하는 내용에 표의 값을 선택한 후 확인을 누른다.

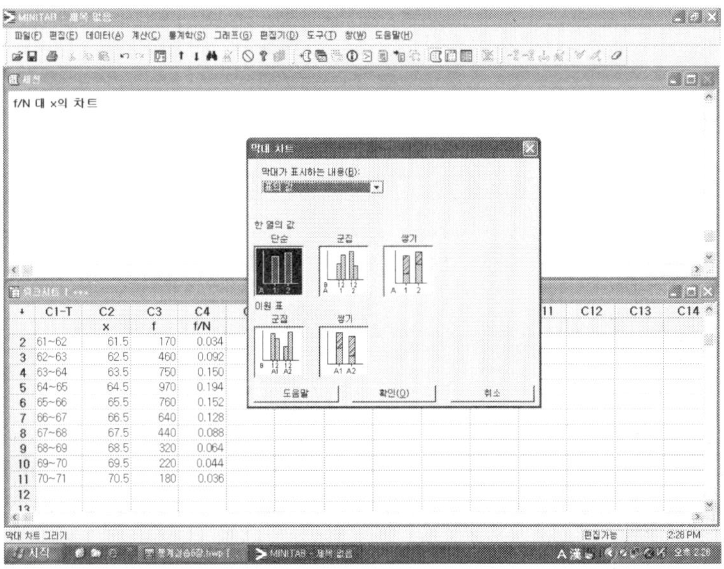

② 새로 나타난 창에서 그래프 변수에 4열을 입력하고 범주형 변수에 2열을 입력한 후 확인을 누른다.

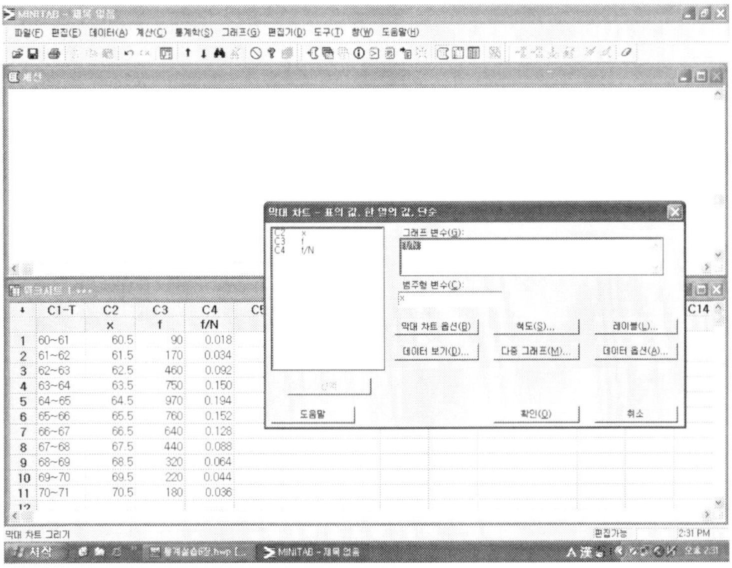

③ 다음과 같이 상대도수분포도가 완성된다.

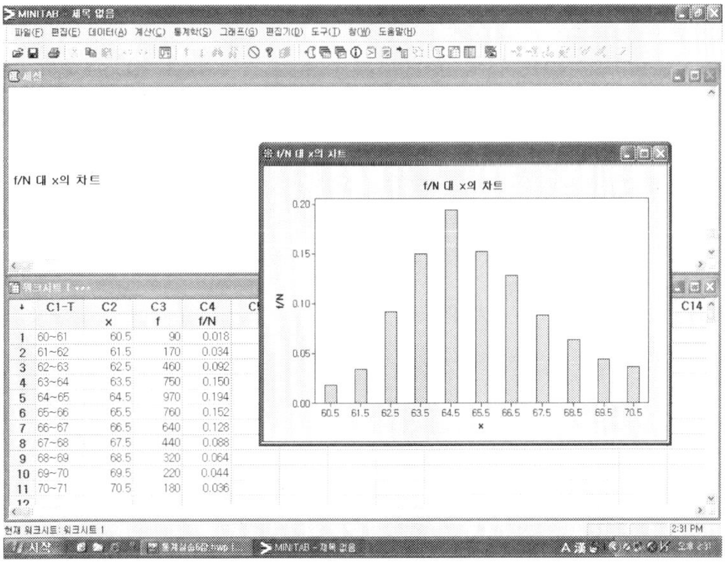

④ 그러나 x 축이 서로 떨어져 있으므로 마우스를 x 축에 갖다 대고 더블클릭하면 새로운 창이 나타난다. 척도 범주간 공간의 군집간 간격을 0으로 입력한 후 확인을 누른다.

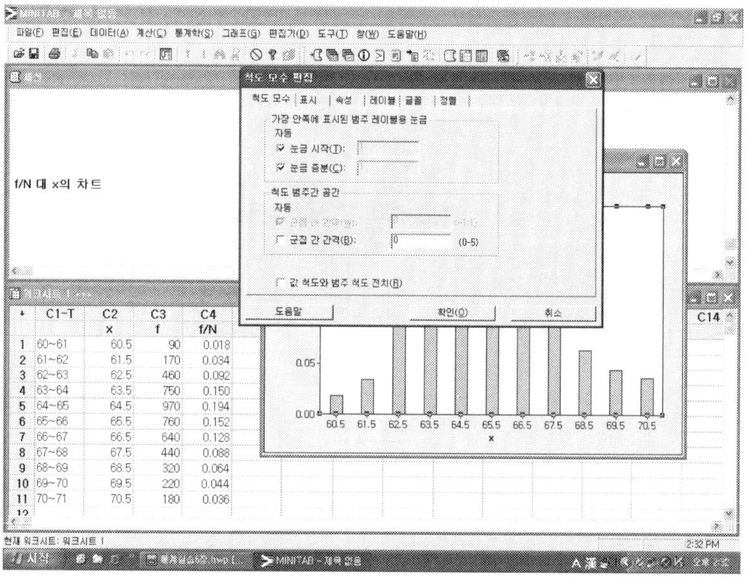

⑤ 그러면 다음과 같이 x 축이 서로 붙은 [표 6.1]에 대한 상대도수분포도가 완성된다.

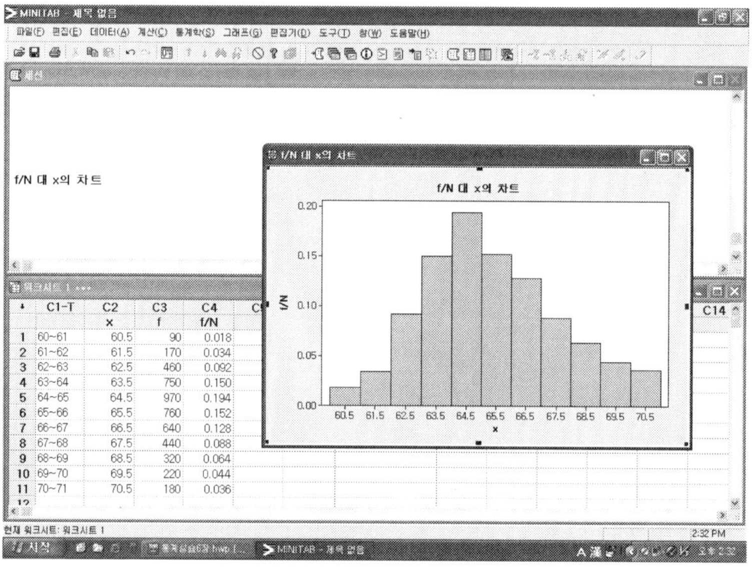

상대도수분포도에서 각 계급의 상대도수밀도를 구하려면 각 계급의 상대도수를 계급의 폭으로 나눔으로써 구할 수 있다. 그리고 도수분포도의 모든 사각형들의 면적의 합이 1.0이 되도록 상대도수밀도를 계산한다. 이 상대도수밀도분포도를 매끄럽게 연결한 것이 분포곡선이 된다. 이러한 연속확률변수의 분포곡선을 확률밀도함수라고 한다.

연속확률변수의 확률분포의 성격

1. x가 어떤 구간 내에 값을 가질 확률은 0과 1 사이의 값이 된다.
2. x가 어떤 값을 갖는 서로 다른 모든 구간들의 확률의 합은 1.0이 된다.

어떤 두 점 사이에 있는 연속확률변수에 대한 확률분포곡선 아래에 있는 면적은 0과 1 사이의 값을 갖는다는 의미이다. 그리고 연속확률변수에 대한 확률분포곡선 아래에 있는 총면적은 1.0으로서 100%가 된다는 의미이다.

연속확률변수 x가 어떤 구간 사이의 값을 취할 확률은 [그림 6.1]에서 보는 바와 같이 구간의 양끝 값 사이와 곡선 아래의 면적으로 구해진다. 이 그림에서 a와 b까지 곡선 아래의 빗금 친 면적은 x가 구간 a와 b 사이에 있을 확률이 된다. 즉,

$$P(a \leq x \leq b) = a\text{와 } b\text{ 사이 곡선 아래의 면적}$$

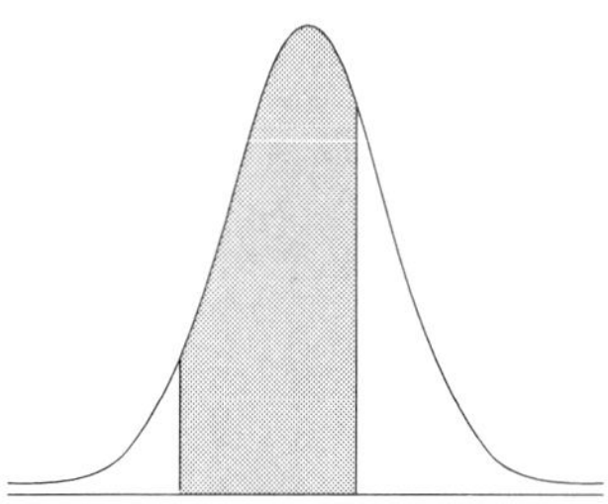

그림 6-1 a와 b 사이 곡선아래의 면적은 확률

연속확률변수 x가 어떤 하나의 값을 취할 확률은 항상 0이 된다. 왜냐하면 한 점 위로 나타나는 직선의 면적은 0이기 때문이다. 즉, x가 a의 값을 취할 확률도 0이 되고 b의 값을 취할 확률도 0이 된다. 즉,

$$P(a) = 0, \ P(b) = 0$$

그러므로 연속확률변수에 대해서 다음이 성립한다.

$$P(a \leqq x \leqq b) = P(a < x < b)$$

다른 말로 하면 x가 구간 a와 b 사이에 있을 확률은 a와 b가 그 구간에 포함되거나 되지 않거나 관계가 없다.

6.2 정규분포

정규분포는 연속확률변수의 대표적인 예로서 가장 중요하고 널리 사용되는 확률분포 가운데 하나이다. 사람들의 키나 몸무게, 시험의 성적, 어떤 과자 상자들의 무게, 1리터 안에 음료수의 양, 전지의 수명, 어떤 작업을 완성하는데 걸린 시간을 나타내는 연속확률변수들은 모두 (근사적으로) 정규분포를 한다고 알려져 있다. 정규확률분포 또는 정규곡선은 대칭이고 종모양의 곡선을 나타낸다. 정규분포의 평균은 μ이고 표준편차는 σ이다. 정규분포를 갖는 연속확률변수 x를 정규확률변수라고 부른다.

정규확률분포

종모양을 하는 정규확률분포는 다음의 특성을 갖는다.

1. 곡선 아래의 총면적은 1.0 이다.
2. 곡선은 평균에 대하여 대칭이다.
3. 곡선의 양쪽 끝은 무한히 연장된다.

정규확률분포의 공식

$$f(x) = \frac{1}{\sigma\sqrt{2\pi}} e^{-\frac{(x-\mu)^2}{2\sigma^2}}$$

여기서 대략적으로 $e = 2.71828$이고 $\pi = 3.14159$가 된다.

확률밀도곡선이라 부르는 $f(x)$는 수평축의 x에서 곡선사이의 수직거리를 나타낸다. a부터 b까지 이 공식을 정적분하면 x가 a부터 b까지 취할 확률을 구할 수 있다.

정규분포는 [그림 6-2]와 같이 다음의 세 가지 특성을 갖는다.

1. 정규분포곡선 아래의 총면적은 1.0 이다.
2. 정규분포곡신은 평균에 대하여 대칭이다. 정규분포곡선 이래의 총면적의 1/2은 평균의 왼쪽에 있고 나머지 1/2은 평균의 오른쪽에 있다.
3. 정규분포곡선의 양쪽 끝은 수평축에 다가서면서 수평축을 따라 무한히 계속된다. 정규분포곡선은 수평축과 만나지 않지만 $\mu-3\sigma$와 $\mu+3\sigma$의 값을 넘어서면서 수평축에 매우 가까이 다가서면서 수평축을 따라 진행한다. 사실상 이 양쪽 점을 지난 곡선 아래의 면적은 0과 같다.

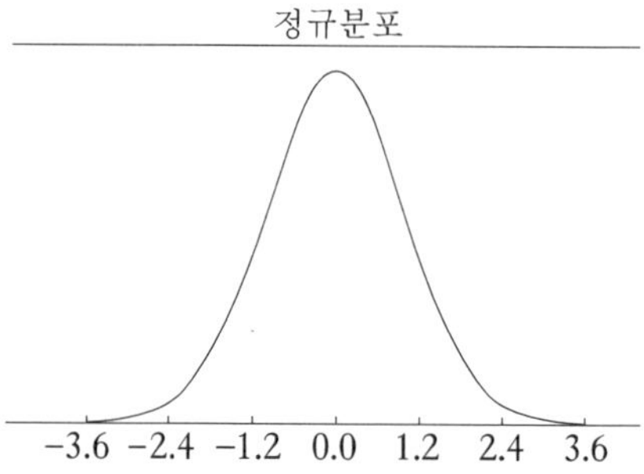

그림 6-2 정규분포

평균 μ와 표준편차 σ는 정규분포의 모수들이다. 이 두 모수의 값이 주어지면 어느 구간의 정규분포곡선 아래의 면적을 구할 수 있다. 서로 다른 평균 μ와 표준편차 σ에 따라 다른 정규분포곡선을 그릴 수 있다. 평균 μ는 수평축에서 정규분포곡선의 중심의 위치를 결정하고 표준편차 σ를 통하여 정규분포곡선이 얼마나 넓게 퍼져 있는가를 알 수 있다. [그림 6.3]에 그려진 세 정규분포 곡선은 같은 평균값을 갖지만 서로 다른 표준편차를 갖는다. [그림 6.4]의 세 정규분포곡선은 같은 표준편차를 갖지만 서로 다른 평균값을 갖는다.

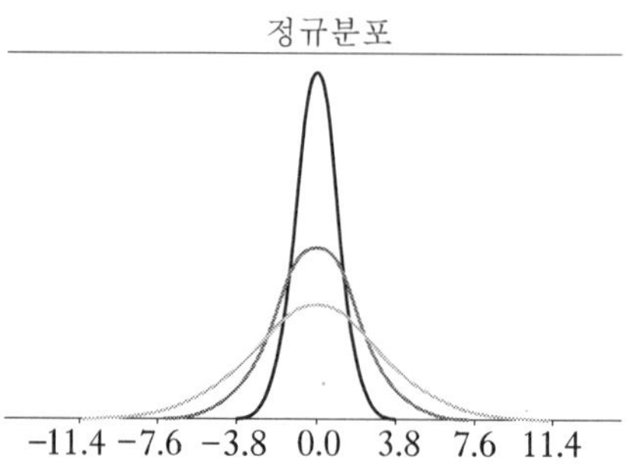

그림 6-3 $\mu = 0$와 $\sigma = 1, 2, 3$인 세 정규분포곡선

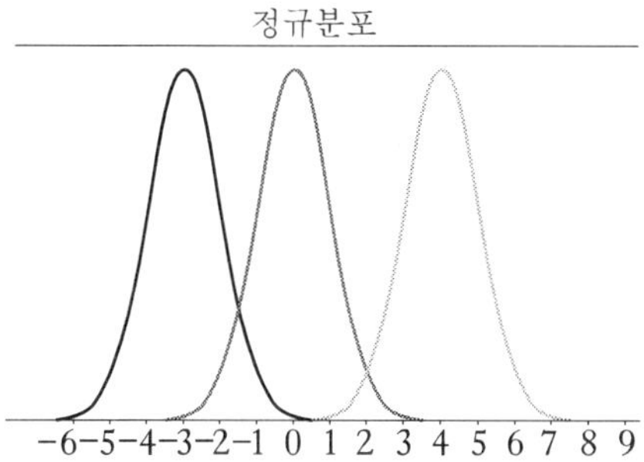

그림 6-4 $\mu = -3, 0, 4$와 $\sigma = 1$인 세 정규분포곡선

6.3 표준정규분포

표준정규분포는 특별한 경우에 속하는 정규분포로서 평균이 0이고 표준편차가 1인 정규분포이다.

표준정규분포

평균 $\mu = 0$이고 표준편차 $\sigma = 1$인 정규분포를 표준정규분포라고 한다.

[그림 6.2]는 표준정규분포로서 평균이 0이고 표준편차가 1을 갖는다. 표준정규분포를 나타내는 확률변수는 z로 표현한다. 표준정규확률분포의 공식은 다음과 같이 표현된다.

표준정규확률분포의 공식

$$f(z) = \frac{1}{\sqrt{2\pi}} e^{-\frac{z^2}{2}}$$

여기서 $z = \dfrac{x-\mu}{\sigma}$이고 x는 정규확률변수이다. 표준정규분포곡선의 단위는 z로 표시하고 이것을 z 값, z 점수, 표준단위, 표준점수라고 부른다.

z 값 또는 z 점수

표준정규곡선의 수평축에 표시되는 단위들은 z로 표시되고 z 값 또는 z 점수라고 한다. z 값은 평균과 표준편차의 단위로 표시된 거리를 말한다.

수평축에 있는 점에 대한 z 값은 평균과 표준편차의 단위로 그 점과의 거리를 말한다. 예를 들면 $z=2$가 되는 점은 평균으로부터 오른쪽으로 2배의 표준편차만큼 떨어져 있다는 의미가 된다. 마찬가지로 $z=-2$가 되는 점은 평균으로부터 왼쪽으로 2배의 표준편차만큼 떨어져 있다는 의미이다.

예제 6-2

$z=0$과 $z=1.95$ 사이의 표준정규곡선 아래의 면적을 구하라.

풀이

다음 그림과 같이 z 값이 0과 1.95 사이에 있고 표준정규곡선 아래의 면적과 같다. 확률로 표현하면

$$P(0 < z < 1.95)$$

이 된다.

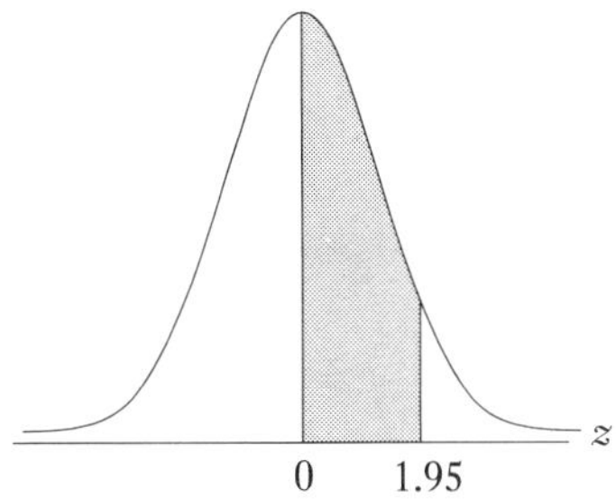

그림 6-5 $z=0$과 $z=1.95$ 사이의 표준정규곡선 아래의 면적

표준정규분포곡선 아래의 필요한 면적을 찾기 위하여 부록의 표준정규분포표에서 z가 있는 열의 아래로 1.9를 찾은 다음 z가 있는 행의 옆으로 0.05를 찾아서 서로 교차하는 값인 0.4744가 $z=0$과 $z=1.95$ 사이의 표준정규곡선 아래의 면적이 된다.

표 6-2 $z=0$과 $z=1.95$ 사이의 표준정규곡선 아래의 면적

z	0.0	0.01	…	0.05	…	0.09
0.0	0.0000	0.0040	…	0.0199	…	0.0359
0.1	0.0398	0.0438	…	0.0596	…	0.0753
0.2	0.0793	0.0832	…	0.0987	…	0.1141
⋮	⋮	⋮	…	⋮	…	⋮
1.9	0.4713	0.4719	…	**0.4744**	…	0.4767
⋮	⋮	⋮	…	⋮	…	⋮
3.0	0.4987	0.4987	…	0.4989	…	0.4990

■

미니탭 이용

① 워크시트의 1열에 z 값에 해당하는 0과 1.95를 입력한다.

② 메뉴로부터 **'계산 ⇨ 확률분포 ⇨ 정규분포'**를 누르면 다음과 같이 창이 나타난다. 누적확률을 계산하기 위하여 누적확률에 표시를 하고 표준정규분포이므로 **'평균'**은 0, **'표준편차'**는 1을 그대로 사용한다. **'입력 열'**에는 'C1'을 입력하고 **'옵션적 저장'**에는 'C2'를 입력하여 확인을 누르면 2열에 누적확률의 계산값을 볼 수 있다.

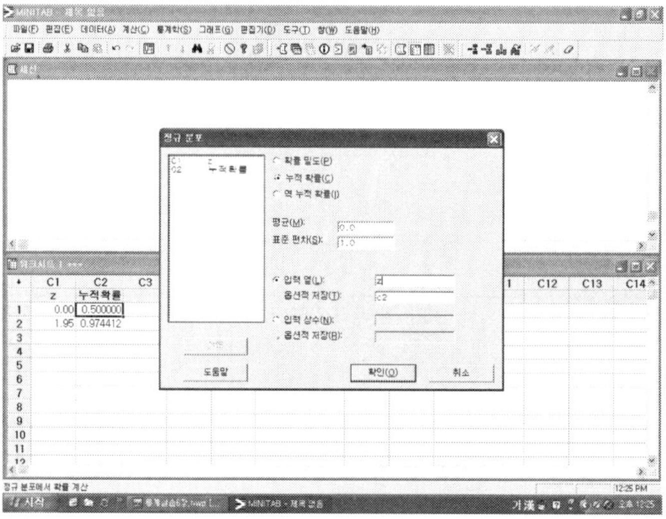

③ 그러므로 $z=0$과 $z=1.95$ 사이의 표준정규곡선 아래의 면적은

$$P(0 < z < 1.95) = 0.4744$$

가 된다.

예제 6-3

$P(z > 1.645)$의 확률을 구하라.

풀이

$P(z > 1.645)$의 확률은

$$P(z > 1.645) = 1 - P(z \leq 1.645)$$

이므로 미니탭에서 $P(z \leq 1.645)$의 확률을 계산하여 1로부터 감하여 계산된다. ■

미니텝 이용 ① 예제 6-2와 같은 방법으로 하여 확률을 계산할 수 있으므로 워크시트의 1열에 z 값에 해당하는 1.645를 입력한다.

② 메뉴로부터 '**계산 ▶ 확률분포 ▶ 정규분포**'를 누르고 나타난 창에서 '입력 열'에 'C1'을 입력하고 '옵션적 저장'에는 'C2'를 입력하여 확인을 누르면 2열에 누적확률 $P(z \leq 1.645)$의 계산값 0.950015를 볼 수 있다.

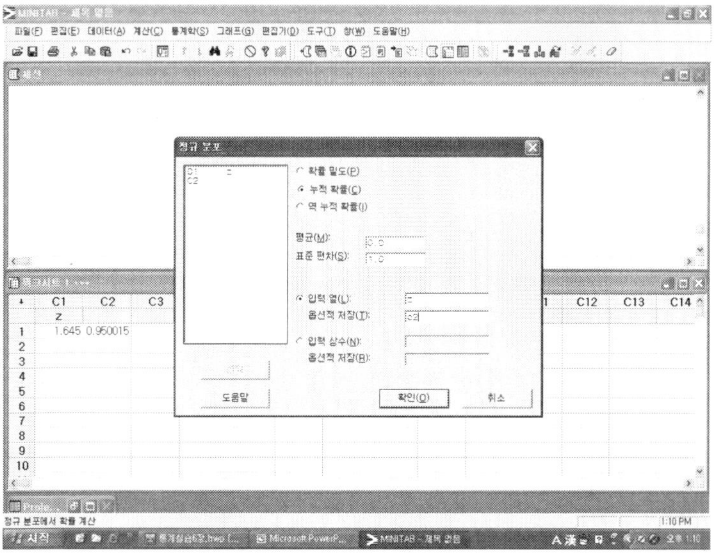

③ 그러므로

$$P(z > 1.645) = 1 - P(z \leq 1.645)$$
$$= 1 - 0.95$$
$$= 0.05$$

가 된다.

예제 6-4

z가 표준정규확률변수일 때 $P(z \geq a) = 0.8$을 만족하는 a를 구하라.

풀이

다음 그림과 같이 표준정규확률분포로부터 a 이상의 확률이 0.8이므로 a 미만의 확률은 0.2가 된다.

$$P(z \geq a) = 1 - P(z < a)$$
$$= 0.2$$

그러므로 $P(z < a) = 0.2$가 되는 a를 구하면 된다. 누적표준정규확률분포표로부터 누적확률이 0.2를 만족하는 z 값은 -0.84가 된다.

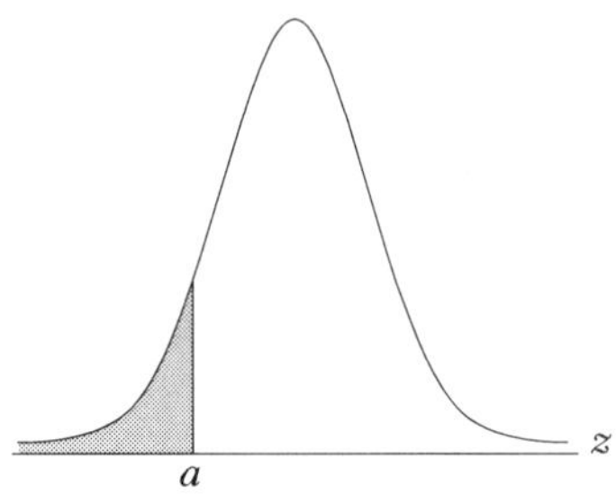

그림 6-6 $P(z < a) = 0.2$를 만족하는 지점 a ■

미니텝 이용 ① 워크시트의 1열에 확률 0.2를 입력하고 메뉴로부터 '**계산 ⇨ 확률분포 ⇨ 정규분포**'를 누르고 나타난 창에서 '**역누적확률**'을 표시하고 '**입력 열**'에 'C1'을 입력하고 '**옵션적 저장**'에는 'C2'를 입력하여 확인을 누르면 2열에 z 값으로서 약 -0.84로 나타난다.

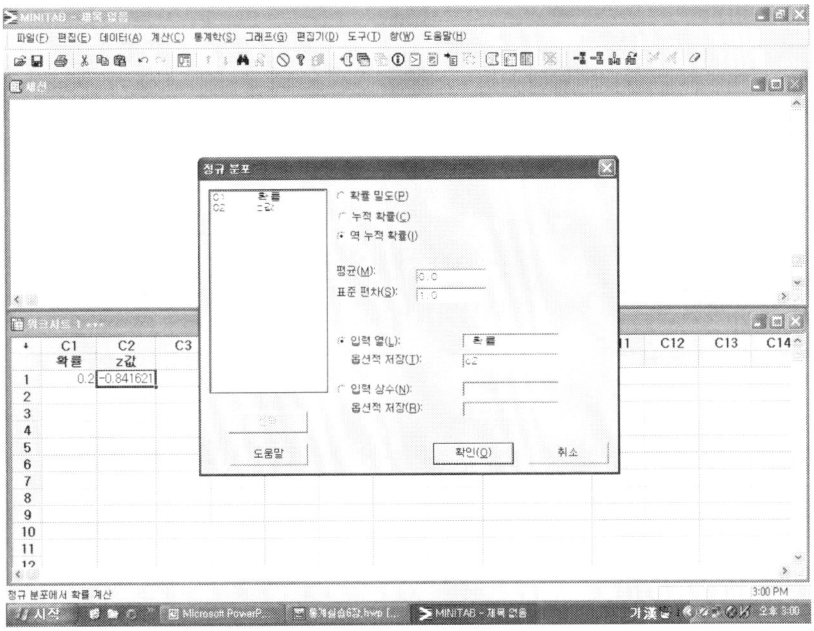

6.4 정규분포의 표준화

정규분포를 활용하는 문제에서 연속확률변수들이 평균과 표준편차가 각각 0과 1이 아닌 다른 값을 갖는 정규확률분포들 할 수 있다. 그러한 경우 첫 번째 단계는 정규분포를 표준정규분포로 변환하는 것이다. 이 과정을 정규분포의 표준화라고 부른다. 정규확률변수를 x로 나타내고 표준정규확률변수를 z로 나타내자.

x 값에서 z 값으로 변환

정규확률변수 x에 대하여 x의 값은 다음 공식을 사용하여 z 값으로 변환된다.

$$z = \frac{x-\mu}{\sigma}$$

여기서 μ와 σ는 각각 정규확률변수 x의 평균과 표준편차이다.

그러므로 우리는 어떤 x값에 대하여 z값을 찾기 위하여 주어진 x값과 평균 μ값의 차이를 구한 다음 표준편차 σ의 값으로 이 차이를 나눔으로써 계산할 수 있다. 만약 x의 값이 μ와 같다면 z값은 0과 같다.

예제 6-5

x를 평균이 50이고 표준편차가 10인 정규분포를 갖는 연속확률변수라고 하자. 다음의 x 값을 z 값으로 변환하라.

(a) $x=55$ (b) $x=35$

풀이

(a) $x=55$에 대한 z 값은 다음과 같이 계산할 수 있다.

$$z = \frac{x-\mu}{\sigma} = \frac{55-50}{10} = 0.5$$

$x=55$와 $\mu=50$일 때 z 값은 0.5가 된다. 이 값은 주어진 정규분포의 평균 $\mu=50$과 $x=55$에 의해 주어진 점과의 거리가 표준편차 $\sigma=10$의 1/2이 된다는 의미이다. 결과적으로 z 값은 μ와 x 사이의 거리를 표준편차의 단위로 나타낸 것이다.

(b) $x = 35$에 대한 z 값은 다음과 같이 계산된다.

$$z = \frac{x - \mu}{\sigma} = \frac{35 - 50}{10} = -1.5$$

$x = 35$는 평균의 왼쪽에 있으므로 z 값은 음이 된다. x 값이 μ 값 보다 작을 때는 z 값은 항상 음이 된다.

x 값이 μ 값 보다 클 때는 z 값은 양이 되고 x 값이 μ 값과 같을 때는 z 값은 0이 되고 x 값이 μ 값 보다 작을 때는 z 값은 음이 된다.
어떤 정규분포에서 x의 두 값 사이의 면적을 찾기 위해서 먼저 x의 값들을 각각의 z 값들로 변환한 다음 그 두 z 값 사이와 표준정규분포 아래의 면적을 찾는다. 그러면 이 두 z 값들 사이의 면적은 찾고자 하는 x 값들 사이의 면적이 된다. ■

예제 6-6

확률변수 x가 평균이 50, 표준편차가 10인 정규확률분포를 한다고 가정하자. $P(37.7 < x < 74.3)$의 확률을 구하라.

풀이

정규확률변수 x를 z 값으로 변환하기 위하여 부등식으로부터 평균 50을 빼고 표준편차 10으로 나눈다. 누적표준정규확률분포표로부터 각각의 z 값 -1.23과 2.43에 대한 누적확률을 찾은 다음 빼주면 0.8832가 계산된다.

$$\begin{aligned} P(37.7 < x < 74.3) &= P\left(\frac{37.7 - 50}{10} < \frac{x - 50}{10} < \frac{74.3 - 50}{10}\right) \\ &= P(-1.23 < z < 2.43) \\ &= P(z < 2.43) - P(z < -1.23) \\ &= 0.9925 - 0.1093 \\ &= 0.8832 \end{aligned}$$

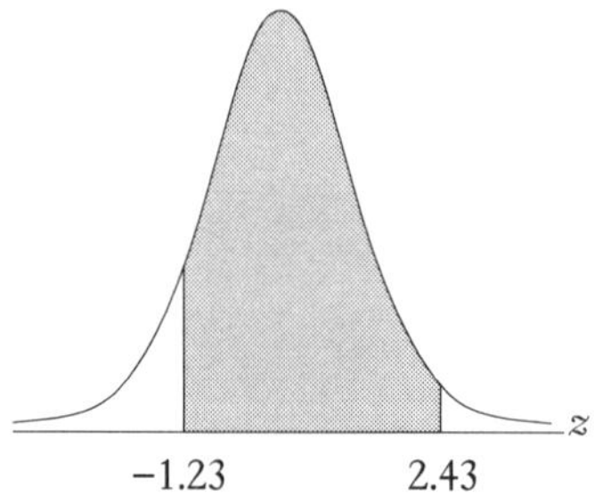

그림 6-7 $P(37.7 < x < 74.3)$의 확률

미니텝 이용 ① 워크시트의 1열에 정규확률변수 x의 값인 37.7과 74.3을 입력하고 메뉴로부터 '**계산 ⇨ 확률분포 ⇨ 정규분포**'를 누른다. 나타난 창에서 '**누적확률**'을 표시하고 '**입력 열**'에 'C1'을 입력하고 '**옵션적 저장**'에는 'C2'를 입력하여 확인을 누른다. 워크시트의 2열에 x의 값인 37.7과 74.3에 대한 누적확률값인 0.109049와 0.99245의 값이 나타난다.

② $P(37.7 < x < 74.3)$의 확률을 계산하기 위하여 0.99245-0.109349를 계산하면 0.883102가 계산된다.

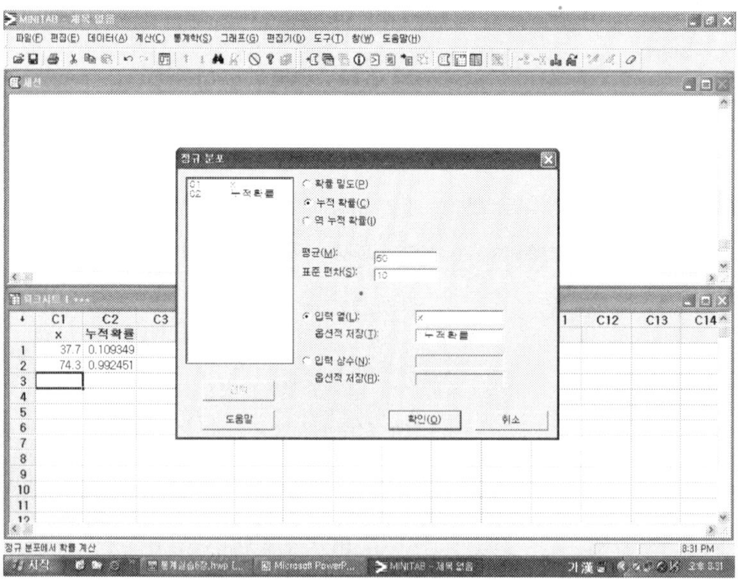

6.5 이항분포에 대한 정규근사

우리는 제5장의 이항실험에서 n번의 시행 가운데서 정확히 x번의 성공을 얻을 확률은

$$P(x) = {}_{n}C_{x}\, p^{x} q^{n-x}$$

의 이항공식으로부터 구할 수 있다고 배웠다. 그러나 n이 매우 클 때는 이항확률분포표에서 확률을 계산할 수 없을 뿐만 아니라 공식을 사용하는 경우도 확률계산이 매우 번거롭게 된다. 이 때는 이항확률의 근사값을 구하기 위해서 정규분포를 사용할 수 있다. 이 경우 이항분포의 정확한 확률을 구하는 대신 정규분포로 그 근사확률을 구할 수 있다. 특히, n이 크고 p가 0.5에 매우 가까우면 이항분포가 $p=0.5$일 때 정규분포처럼 대칭이 되므로 정규분포를 사용해서 얻는 근사값은 이항분포를 사용해서 구한 정확한 확률에 매우 가깝게 된다.

이항분포에 대한 근사로서 정규분포의 사용

보통 np와 nq가 5보다 클 때 이항분포에 대한 근사값으로서 정규분포를 사용한다. 즉,

$$np > 5\text{와 } nq > 5$$

예제 6-7

한 조사에서 어느 지역의 인구의 40%는 적어도 하나 이상의 신용카드를 가지고 있다고 한다. 만약 랜덤으로 50명을 그 지역에서 선발하였을 때 그들 가운데 20명 이상 30명 이하가 한 개 이상의 신용카드를 가지고 있을 확률은?

풀이

n을 표본에 있는 사람의 수라고 하고 x를 그 표본 가운데 적어도 한 개 이상의 신용카드를 가지고 있는 사람의 수라 하고 p를 어떤 사람이 적어도 한 개 이상의 신용카드를 가지고 있을 확률이라고 하자. 그러면 이것은

$$n = 50, \quad p = 0.4, \quad q = 0.6,$$
$$x = 20 \text{ 에서 } x = 30 \text{ 까지}$$

인 이항분포 문제가 된다.

이항공식으로부터 표본에 있는 50명 가운데 20명 이상 30명 이하가 한 개 이상의 신용카드를 가지고 있을 확률은

$$P(20 \leqq x \leqq 30) = \sum_{x=20}^{30} {}_{50}C_x (0.4)^x (0.6)^{50-x}$$
$$= 0.998626 - 0.446476 = 0.55215$$

가 된다. ■

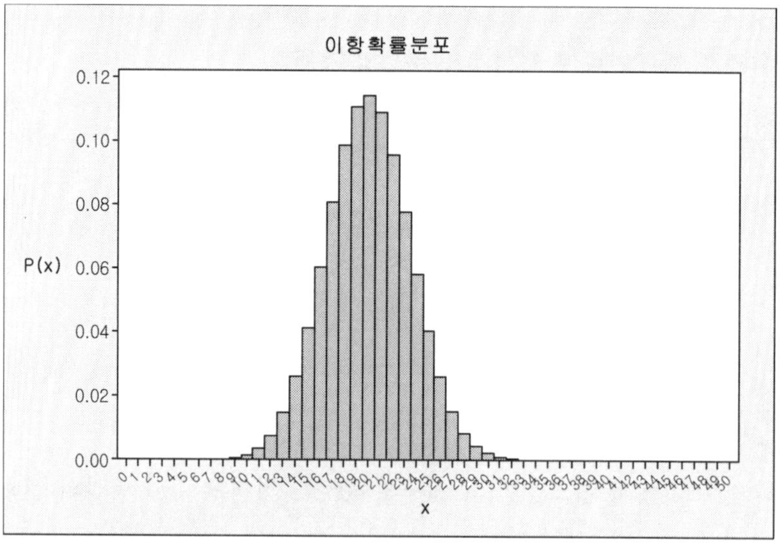

그림 6-8 $n = 50$, $p = 0.4$인 이항확률분포

이제 이항분포에 대한 근사로서 정규분포를 이용하여 이 문제를 풀어보자. 이 예제에서

$$np = 50(0.4) = 20, \quad nq = 50(0.6) = 30$$

로서 np와 nq 모두가 5 보다 크기 때문에 우리는 다음의 절차를 이용하여 이항분포에 대한 근사로서 정규분포를 사용할 수 있다.

1. 이항분포에 대한 μ와 σ를 계산한다.

정규분포를 사용하기 위해서는 정규분포의 평균과 표준편차를 알아야 하는데 이항분포의 평균과 표준편차를 계산하여 정규분포의 평균과 표준편차로 사용한다. 이항분포의 평균과 표준편차는 다음과 같이 계산된다.

$$\mu = np = 50(0.4) = 20$$
$$\sigma = \sqrt{npq} = \sqrt{50(0.4)(0.6)} = 3.4641$$

2. 이산확률변수를 연속확률변수로 변환한다.

정규분포는 연속확률변수에 적용되고 이항분포는 이산확률변수에 적용되므로 이산확률변수에 연속성수정을 함으로써 연속확률변수로 변환하는 것이 필요하다.

연속성수정

n번의 시행에서 x번의 성공이 일어나는 이항분포에 대한 근사로서 정규분포를 사용할 때 x의 값에 0.5를 더하거나 0.5를 빼는 것을 연속성수정이라고 한다.

이항분포의 50번의 시행에서 20번에서 30번까지 성공이 일어날 확률은 $x = 20$부터 $x = 30$까지 11개의 사각형의 면적의 합으로 주어진다. 이항분포에 대한

근사값으로 정규분포를 사용할 때 연속성수정을 하면 이항분포에서 $x = 20$에 대한 확률은 정규분포에서 19.5부터 20.5까지의 구간과 정규분포곡선 아래의 면적으로 구할 수 있다. 즉,

$$P(19.5 \leq x \leq 20.5)$$

로서 근사된다. 그러므로 $x=20$ 부터 $x=30$까지 11개의 사각형의 면적의 합에 대한 확률은

$$P(19.5 \leq x \leq 30.5)$$

으로 근사된다.

3. 정규분포를 사용함으로써 필요한 확률을 계산한다.

[그림 6-9]와 같이 $x=19.5$부터 $x=30.5$까지 정규분포곡선 아래의 면적은 20명 이상 30명 이하가 한 개 이상의 신용카드를 가지고 있을 대략적인 확률과 같다. 그러므로 이 확률은 다음과 같이 계산된다.

$$x=19.5 \text{ 일 때 } z=\frac{19.5-20}{3.4641}=-0.14$$

$$x=30.5 \text{ 일 때 } z=\frac{30.5-20}{3.4641}=3.03$$

그러므로 구하고자 하는 확률은 $z=3.03$부터 $z= -0.14$까지와 표준정규곡선 아래의 면적과 같다. 그러므로

$$\begin{aligned} P(19.5 \leqq x \leqq 30.5) &= P(-0.14 \leqq z \leqq 3.03) \\ &= 0.9988-0.4443 = 0.554447 \end{aligned}$$

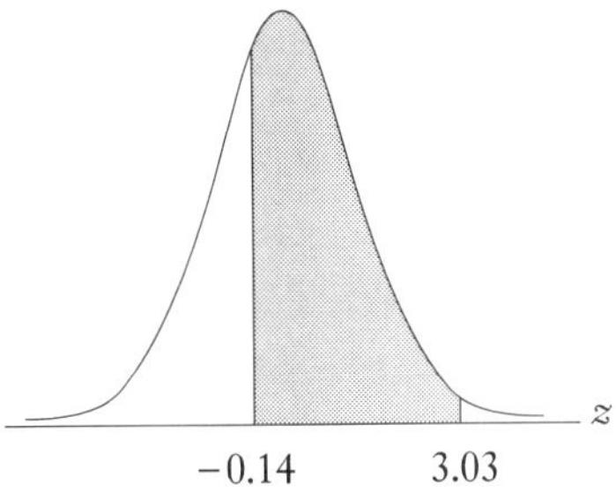

그림 6-9 $P(19.5 \leq x \leq 30.5) = P(-0.14 \leq z \leq 3.03)$의 확률

이 된다. 정규근사를 함으로써 표본에 있는 50명 가운데 20명 이상 30명 이하가 한 개 이상의 신용카드를 가지고 있을 확률은 대략적으로 0.55445가 된다. 앞에서 이항공식을 사용해서 구한 확률은 0.55215이었다. 정규근사를 사용함으로써 생긴 오차는 0.55215 − 0.55445 = -0.0023이 된다. 그러므로 정규근사를 사용한다면 정확한 확률을 0.0023 만큼 과대평가한 결과가 된다.

미니텝 이용 ① 워크시트 안에 1열과 2열에 각각 x와 누적확률을 입력한 후 1열의 1행에 30과 1열의 2행에 19를 입력한다. 그리고 메뉴로부터 '**계산 ⇨ 확률분포 ⇨ 이항분포**'를 누른다. 나타난 창에서 '**시행횟수**'에 50, '**성공확률**'에 0.4를 입력한 후, '**입력열**'에 'x', '**옵션적 저장**'에 'C2'를 입력한다. 그리고 확인을 누르면 2열에 $x = 30$일 때의 이항누적확률값 0.998626과 $x = 19$일 때의 이항누적확률값 0.446476이 나타난다.

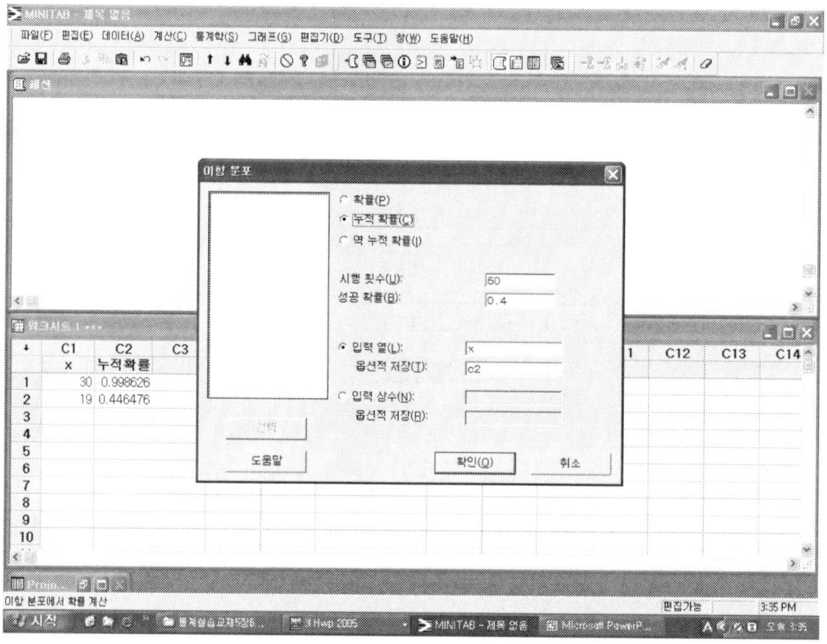

② $P(20 \leqq x \leqq 30)$의 확률을 계산하기 위하여 0.998626−0.446476을 계산하면 0.55215가 된다.

③ 이항분포에 대한 근사로서 정규분포를 이용하기 위하여

$$x = 19.5 \text{ 일 때 } z = \frac{19.5 - 20}{3.4641} = -0.14$$

$$x = 30.5 \text{ 일 때 } z = \frac{30.5 - 20}{3.4641} = 3.03$$

을 계산한다.

④ 워크시트 안에 3열과 4열에 각각 z와 정규누적확률을 입력한 후 3열의 1행에 3.03과 3열의 2행에 -0.14를 입력한다. 그리고 메뉴로부터 '**계산 ⇨ 확률분포 ⇨ 정규분포**'를 누른다. 나타난 창에서 '**평균**'에 0.0, '**표준편차**'에 1.0을 입력한 후, '**입력열**'에 'z', '**옵션적 저장**'에 'C4'를 입력한다. 그리고 확인을 누르면 4열에 $z = 3.03$일 때의 정규누적확률값 0.998777과 $z = -0.14$일 때의 이항누적확률값 0.444330이 나타난다.

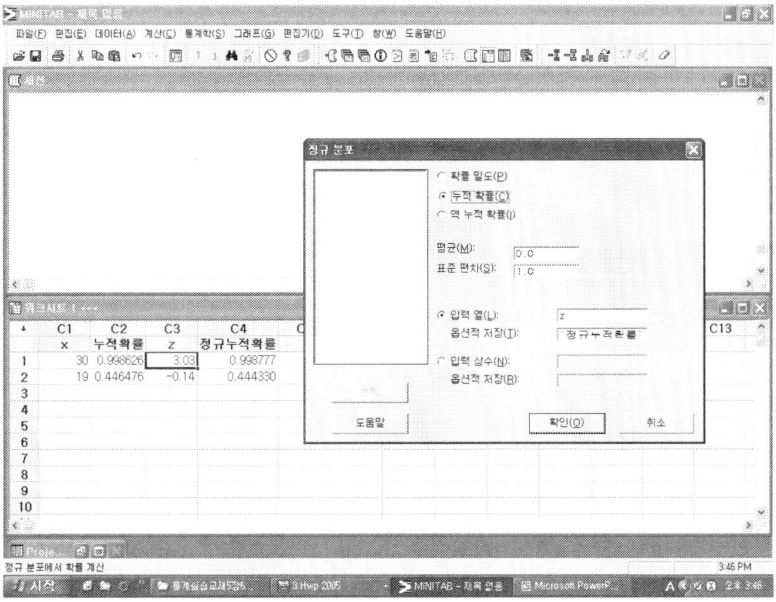

⑤ $P(19.5 \leq x \leq 30.5) = P(-0.14 \leq z \leq 3.03)$의 확률을 계산하기 위하여 0.998777 −0.444330을 계산하면 0.55445가 된다.

연습문제

① 한 육상경기에 소요되는 시간은 대략적으로 평균이 50분이고 표준편차는 12분이라고 가정하자. 한 육상선수가 랜덤으로 선발되어 그 육상경기를 하였을 때 48분 이내에 경기를 마칠 확률을 구하라.

② 학생들의 한 적성검사에 소요되는 시간은 90분이고 표준편차가 12분인 정규분포를 한다면 어느 학생이 그 적성검사를 받는다면 100분에서 110분 사이에 끝날 확률은 얼마인가?

③ 최근 아르바이트 시간당 급료조사에 따르면 평균이 4000원, 표준편차는 800원이라고 한다. 시간당 급료가 정규분포를 한다고 알려져 있다. 어느 아르바이트생의 시간당 급료가 3500원에서 4500원이 될 확률은 얼마인가?

④ 한 신용카드회사에서는 사용자들의 한 달 사용내역을 분석한 결과 개인 당 평균 사용금액이 900,000원이고 표준편차는 250,000원인 정규분포를 하는 것을 알아냈다.

(1) 그 신용카드회사의 한 사용자가 1,000,000원 이상 1,200,000원 이하를 사용할 확률을 구하라.

(2) 그 신용카드 사용자의 몇 %가 800,000원 이하를 사용한다고 볼 수 있겠는가?

⑤ 한 자동차의 변속기의 무상수리 기간은 60,000 km 이다. 그 변속기의 수명은 100,000 km 이고 표준편차는 20,000 km 인 정규분포를 한다고 알려져 있다. 변속기의 무상수리 기간이 끝나기 전에 그 변속기를 장착한 차들의 몇 %가 수리를 받기 위하여 오겠는가?

⑥ 한 전구의 평균수명은 2000시간이고 표준편차는 40시간으로 알려져 있다. 한 주택에서는 하루 평균 6시간 동안 그 전구를 사용한다. 그 전구를 1년 이상 사용할 확률은 얼마인가? 한 달을 30일로 계산하라.

⑦ 한 전구의 평균수명은 2000시간이고 표준편차는 40시간으로 알려져 있다. 한 회사에서는 모든 사무실에서 그 전구를 사용한다. 그 회사의 방침은 사용 중인 그 전구들의 5%가 수명이 다하면 그 회사의 모든 전구를 교환하는 방침을 세웠다. 그 회사는 얼마나 자주 전구들을 모두 새것으로 교환해야 하는가?

⑧ 한 학과의 토익점수는 평균이 880점이고 표준편차가 20점이라고 한다. 그 학과에 속한 한 학생이 최근 토익시험을 쳤다. 그 학생이 900점 이상 받을 확률은 얼마나 되는가?

⑨ TV의 한 드라마에 대한 여성 시청율은 60%라고 한다. 한 지역에서 시청자 200명을 랜덤으로 선발하였다. 200명 가운데 110명 이상 125명 미만의 시청자가 여성일 확률을 정규분포로 근사시키고 연속성수정을 하여 계산하라.

CHAPTER

제 7 장

표본분포

제 5장과 제 6장에서는 이산형확률변수와 연속형확률변수의 확률분포들에 대하여 살펴보았다. 본 장에서는 확률분포의 개념을 통계량의 분포로 확장한다. 제 3장에서 논의하였듯이 통계량은 표본자료로부터 계산하여 숫자로 표시하는 요약측도로 표본으로부터 계산된 평균, 중위수, 최빈값 및 표준편차 등이 이에 해당된다. 모집단으로부터 계산된 모수(population parameter)가 항상 상수인 반면, 표본으로부터 계산되는 통계량은 확률변수가 되며, 통계량의 확률분포를 표본분포(sampling distribution)라고 부른다. 본 장에서는 표본평균과 표본비율의 표본분포에 대해서 논의하며 여기서 다루어지는 개념들은 다음 장들에서 다루게 될 추론통계의 기본이 된다.

7.1 모집단(population)과 표본분포(sampling distribution)

7.1.1 모집단 분포

모집단 분포(population distribution)

모집단의 모든 개체들이 가지고 있는 정보로부터 도출된 확률분포를 모집단 분포라고 한다.

기초통계학과목을 수강하는 학생의 총 인원이 5명이고 이들의 중간시험 성적들이 70, 78, 80, 80, 95라고 가정하자. 성적에 대한 빈도분포를 상대빈도와 더불어 [표 7-1]과 같이 나타낼 수 있다. 모집단의 총 수를 N이라고 하였을 때, $N=5$명이 되고 확률변수 X가 학생들의 성적이라고 할 때 상대도수는 X의 확률분포함수 $P(X)$가 된다.

표 7-1 모집단의 빈도와 상대도수

성적(X)	빈 도	상대도수($=P(X)$)
70	1	0.20
78	1	0.20
80	2	0.40
95	1	0.20
	N=5	합=1.00

모수(parameter)

수치로 계산된 모집단의 특성치를 모수라고 한다.

모집단의 확률분포에서 계산된 평균, 표준편차와 같은 모집단의 특성치는 모수가 된다. 예를 들어 [표 7-1]에서 제5장의 5.3절과 5.4절의 공식을 이용하면, 평균은 $\mu=80.60$이며, 표준편차는 $\sigma=8.09$이 된다.

7.1.2 표본분포

어떠한 모집단 자료에 대해서도 모집단의 평균 μ는 항상 하나의 값이 되므로 모수는 항상 특정한 상수의 값이 되며, 통계적 추론의 대상이 된다. 모집단 전체를 조사하는 것은 많은 시간과 인력을 요구하거나 그 자체가 불가능할 수 있다. 따라서 비교적 적은 자료 수를 가지는 표본으로부터 계산된 값에 의해서 모수를 추론하는데, 이처럼 표본으로부터 계산된 수치 값을 통계량(statistic)이라고 한다.

통계량(statistic)
표본으로부터 계산된 수치 값을 말한다.

통계량으로 대표적인 것이 모집단의 평균을 추론하기 위한 표본평균 $\overline{X}$를 들 수가 있으며, 관측된 n개의 자료 X_1, X_2, $\cdots$, X_n으로부터 다음 식에 의해서 계산된다.

$$\overline{X} = \frac{\text{자료의 총합}}{\text{자료의 개수}} = \frac{1}{n}\sum_{i=1}^{n} X_i$$

특정 표본으로부터 계산된 표본평균의 값 $\overline{X}$는 표본을 구성하는 개체들에 따라 달라지기 때문에, 동일한 모집단에서 추출된 같은 크기의 표본이라도 표본평균의 값들은 다르게 된다. 따라서 다른 확률변수들처럼 표본평균도 확률분포를 가지게 된다. 이처럼 표본평균과 같이 통계량에 대한 확률분포를 표본분포(sampling distribution)라고 부른다. 중위수, 최빈값 및 표준편차와 같은 통계량들도 역시 표본분포를 갖는다.

표본분포(sampling distribution)
통계량에 대한 확률분포를 표본분포라고 한다.

[표 7-1]에서 가정한 다섯 학생의 중간시험 성적이 모집단인 경우 비복원추출에 의해 선택된 세 학생의 성적으로 구성된 가능한 모든 표본을 고려해 보자. 이때 표본의 크기는 $n=3$이 된다. 이 경우 가능한 모든 표본의 총 수는 ${}_NC_n = {}_5C_3 = 10$가지이다. 각 학생의 점수에 알파벳 A부터 E를 사용하여 A = 70, B = 78, C = 80, D = 80, E = 95와 같이 할당하면, 세 학생의 점수로 구성된 10개의 표본은 다음과 같다.

ABC, ABD, ABE, ACD, ACE, ADE, BCD, BCE, BDE, CDE

10가지의 경우의 수에 대한 표본의 평균이 [표 7-2]에 나열되어 있으며, 예를 들어 첫 번째 표본인 ABC의 표본평균은 $\overline{X} = (70+78+80)/3 = 76.00$으로 계산이 된다. 여기서 처음 두 표본은 동일한 성적들로 이루어져 있다. 이는 학생들 C와 D의 성적이 동일하여 표본 ABC와 ABD가 같은 값을 갖기 때문이다. [표 7-2]의 표본평균들의 값은 소수 셋째자리에서 반올림한 값들이다. 각 경우의 수에 대한 상대도수는 총 10가지 중에서 하나가 선택될 수 있기 때문에 1/10=0.10이 된다.

표 7-2 표본크기 $n=3$일 때 가능한 모든 표본들과 각 표본의 평균들

표본	표본의 값(성적)	$\overline{X}$	상대도수
ABC	70, 78, 80	76.00	0.10
ABD	70, 78, 80	76.00	0.10
ABE	70, 78, 95	81.00	0.10
ACD	70, 80, 80	76.67	0.10
ACE	70, 80, 95	81.67	0.10
ADE	70, 80, 95	81.67	0.10
BCD	78, 80, 80	79.33	0.10
BCE	78, 80, 95	84.33	0.10
BDE	78, 80, 95	84.33	0.10
CDE	80, 80, 95	85.00	0.10

이처럼 표본평균 $\overline{X}$의 값들은 서로 다르게 되며 확률적으로 특정한 값을 취하게 되며, 표본평균의 표본분포는 [표 7-3]과 같이 구성할 수 있다. 만약 다섯 학생들의 성적으로 이루어진 모집단에서 세 학생의 성적으로 이루어진 한 개의 표본만을 선택한다면 가능한 총 10개의 표본 가운데서 하나가 선택될 것이다. 따라서 표본평균은 [표 7-3]에 열거된 값들 중에서 하나의 값과 이에 대응되는 확률을 가진다. 예를 들어 임의로 추출된 표본의 성적들의 평균이 81.67일 확률은 0.20이며 이를 $P(\overline{X}=81.67)=.20$과 같이 표현할 수 있다.

표 7-3 표본크기 $n=3$일 때, $\overline{X}$의 표본분포

$\overline{X}$	76.00	76.67	79.33	81.00	81.67	84.33	85.00	합계
$P(\overline{X})$	0.20	0.10	0.10	0.10	0.20	0.20	0.10	1.00

7.2 표본평균 $\overline{X}$의 표본분포

7.2.1 표본평균 $\overline{X}$의 평균과 표준편차

표본평균 $\overline{X}$의 평균과 표준편차는 $\overline{X}$의 표본분포에서 계산되는 평균과 표준편차이다. 실제 이들은 모집단에서 선택된 동일한 크기의 모든 표본들로부터 계산된 평균들의 평균과 표준편차이다. $\overline{X}$의 표준편차는 $\overline{X}$의 **표준오차**(standard error)라고도 불린다.

> $\overline{X}$의 표본분포의 평균과 표준편차를 $\overline{X}$의 평균과 표준편차라고 하며 각각 $E(\overline{X})=\mu_{\overline{X}}$, $sd(\overline{X})=\sigma_{\overline{X}}$ 로 표기한다.

[표 7-3]의 $\overline{X}$ 확률분포에서 평균과 표준편차를 계산하면 $\overline{X}$의 평균 $E(\overline{X})=\mu_{\overline{X}}$와 $\overline{X}$의 표준편차 $sd(\overline{X})=\sigma_{\overline{X}}$ 를 얻을 수 있다. [표 7-3]의 확률분포표를 통한 계산식에 의하면 $\mu_{\overline{X}}=80.60$, $\sigma_{\overline{X}}=3.30$이다. 표본평균 $\overline{X}$의 평균은 항상 모집단의 평균과 같다. 즉, $\mu_{\overline{X}}=\mu$이다. 따라서 모집단으로부터 가능한 모든 표본을 선택하여 각 표본의 평균을 계산한 후 이들 모든 표본평균들의 평균($\mu_{\overline{x}}$)을 계산하면 모집단의 평균(μ)과 같다. [표 7-1]의 모집단 확률분포로부터 계산된 평균(μ)과 [표 7-3]의 표본평균의 표본분포로부터 평균($\mu_{\overline{X}}$)을 계산하면 두 값 모두 80.60이 된다.

유한모집단인 경우 표본이 복원추출에 의해서 추출된 경우와 모집단이 무한일 경우에는 복원이나 비복원 추출일 때, $\overline{X}$의 표준편차 $\sigma_{\overline{X}}$는 모집단의 표준편차인 σ와 같지 않고 표본크기의 제곱근에 역비례한다. 즉, 앞서 조건에 의해서 표본평균의 평균과 표준편차는 다음 식을 만족한다.

$$E(\overline{X}) = \mu_{\overline{X}} = \mu,\ sd(\overline{X}) = \sigma_{\overline{X}} = \frac{\sigma}{\sqrt{n}}$$

다음은 $\overline{X}$의 표집분포에 대한 두 가지 주목할 사항들이다.

(1) $\overline{X}$의 표집분포는 모집단 분포보다 덜 흩어져 있다. 즉, $\sigma_{\overline{X}} < \sigma$이다. 이는 공식 $\sigma_{\overline{X}} = \sigma / \sqrt{n}$에 의해 자명하다. 표본크기 n이 1보다 클 때 $\sigma / \sqrt{n}$에서 분모가 1보다 크기 때문에 $\sigma_{\overline{X}}$는 σ보다 적어진다.

(2) $\overline{X}$의 표집분포의 표준편차는 표본크기가 증가함에 따라 줄어든다. 이러한 특징 역시 공식 $\sigma_{\overline{X}} = \sigma / \sqrt{n}$으로부터 명확하게 알 수 있다.

7.2.2 $\overline{X}$의 표본분포형태

$\overline{X}$의 표본분포의 모양은 표본이 추출된 모집단이 정규분포를 따르는지의 여부에 따라 달라진다.

표본이 추출된 모집단이 평균과 표준편차가 각각 μ와 σ인 정규분포를 따르면 다음이 성립한다.

(1) $\overline{X}$의 평균은 모집단의 평균 μ와 같다.
(2) $\overline{X}$의 표준편차는 $\sigma/\sqrt{n}$ 이다.
(3) $\overline{X}$의 표집분포형태는 표본크기에 관계없이 항상 정규분포이다.

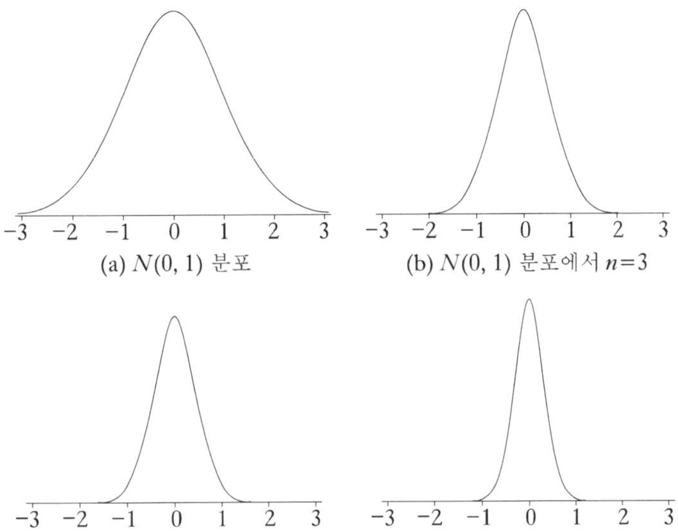

(a) $N(0, 1)$ 분포
(b) $N(0, 1)$ 분포에서 $n=3$
(c) $N(0, 1)$ 분포에서 $n=5$
(d) $N(0, 1)$ 분포에서 $n=10$

그림 7-1 모집단의 분포와 표본평균 $\overline{X}$의 분포

[그림 7-1]에서 (a)는 모집단의 분포이며 (b)에서 (d)까지는 a의 모집단으로부터 표본크기를 달리하여 추출한 표본의 평균 $\overline{X}$의 표집분포들이다. 그림에서 알 수 있듯이, 모집단이 정규분포를 따르기 때문에 $\overline{X}$의 표집분포는 표본크기와 상관없이 모두 정규분포이다. 또한 [그림 7-1]의 (b)에서 (e)까지를 비교하면 표본크기가 증가할 때 $\overline{X}$의 표집분포의 퍼짐이 감소함을 알 수 있다.

대부분의 경우 표본이 추출되는 모집단이 정규분포를 따르지 않는 경우가 많다. 이러한 경우 표본평균 $\overline{X}$ 분포의 형태는 다음의 중심극한정리(CLT; Central Limit Theorem)를 이용하여 추론된다.

중심극한정리(Central Limit Theorem)

평균과 표준편차가 각각 μ와 σ인 모집단으로부터 표본크기 n인 임의표본을 추출할 때 표본평균 $\overline{X}$의 분포는 모집단의 분포에 상관없이 평균이 μ, 표준편차가 $\sigma/\sqrt{n}$인 근사적정규분포를 한다. 즉 다음이 성립한다.

$$\frac{\overline{X}-\mu}{\sigma/\sqrt{n}} \rightarrow N(0,\ 1)$$

중심극한 정리를 이용할 때 주의해야 할 점은 모집단이 정규분포를 따르지 않을 경우 표본분포는 정확한 정규분포가 아니며 표본크기가 큰 경우에 근사적으로 정규분포를 따른다는 사실이다. 이 근사정도는 표본크기가 커질수록 더 정확해진다. 그 밖에도 표본크기가 큰 경우(대개 30이상)에만 중심극한정리를 적용할 수 있다. 따라서 중심극한정리에 따르면 다음 사실들이 성립한다.

(1) 표본크기가 30이상일 때, 표본평균의 분포형태는 모집단분포와 상관없이 근사적으로 정규분포를 따른다.
(2) 표본평균 $\overline{x}$의 평균 $\mu_{\overline{x}}$은 모집단의 평균 μ와 같다.
(3) 표본평균의 표준편차 $\sigma_{\overline{x}}$는 $\sigma/\sqrt{n}$이다.

[그림 7-2]에서 (a)-(d)는 임의의 모집단으로부터 표본의 크기를 달리하여 추출한 표본평균의 분포들을 나타낸다. (a)와 (b)는 표본크기가 30미만일 경우의 표본평균의 분포로 정규분포가 아님을 알 수 있다. 그러나 (c)와 (d)의 그림은 표본크기가 30이상인 경우의 표본평균의 분포로서 근사적으로 정규분포형태를 취함을 알 수 있다. 또한 표본크기가 증가함에 따라 표본평균의 분포의 퍼진정도가 줄어듬을 알 수 있다.

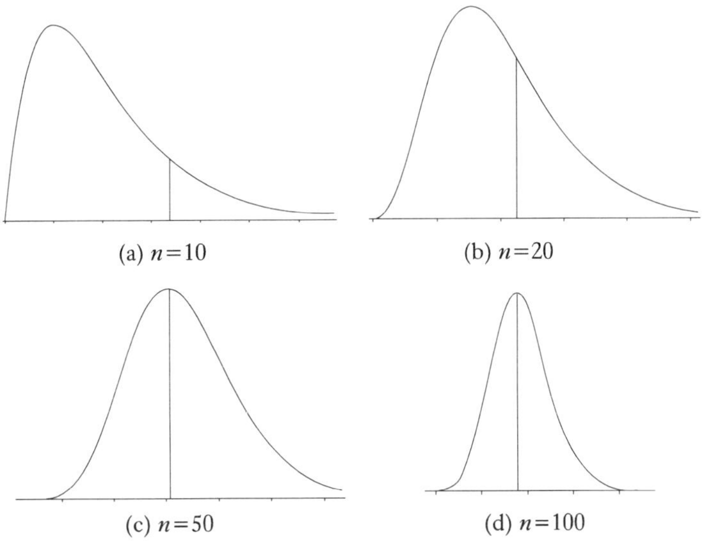

그림 7-2 임의의 모집단으로부터 표본평균 $\overline{X}$의 분포

7.2.3 표본평균 분포의 응용

표본크기가 클 경우 중심극한정리에 의하여 표본평균의 표집분포가 근사적인 정규분포를 따르므로 표본평균에 대하여 다음과 같은 주장들을 할 수 있다.

1. 만일 특정모집단으로부터 표본크기가 동일한 가능한 표본을 모두 택하여 각 표본으로부터 평균들을 계산한다면 계산된 표본평균들 중 68.26% 정도는 모집단의 평균을 중심으로 표준편차 이내의 범위에 있다. 다시 말하자면 모집단에서 하나의 표본을 선택하여 이 표본으로부터 평균을 계산할 때 이 평균이 모평균을 중심으로 표준편차 이내에 있을 확률은 0.6826이라고 주장할 수 있다. 즉, 다음 식이 성립한다.

$$P(\mu - 1\sigma_{\overline{X}} \leq \overline{X} \leq \mu + 1\sigma_{\overline{X}}) = .6826$$

2. 만일 특정모집단으로부터 표본크기가 동일한 가능한 표본을 모두 택하여 각 표본으로부터 평균들을 계산한다면 계산된 표본평균들 중 95.44% 정도는 모집단의 평균을 중심으로 두 배의 표준편차 이내의 범위에 있다. 다시 말하자면 모집단에서 하나의 표본을 선택하여 이 표본으로부터 평균을 계산할 때 이 평균이 모평균을 중심으로 두 배의 표준편차 이내에 있을 확률은 0.9544이라고 주장할 수 있다. 즉, 다음 식이 성립한다.

$$P(\mu - 2\sigma_{\overline{X}} \leq \overline{X} \leq \mu + 2\sigma_{\overline{X}}) = .9544$$

3. 만일 특정모집단으로부터 표본크기가 동일한 가능한 표본을 모두 택하여 각 표본으로부터 평균들을 계산한다면 계산된 표본평균들 중 99.74% 정도는 모집단의 평균을 중심으로 두 배의 표준편차 이내의 범위에 있다. 다시 말하자면 모집단에서 하나의 표본을 선택하여 이 표본으로부터 평균을 계산할 때 이 평균이 모평균을 중심으로 두 배의 표준편차 이내에 있을 확률은 0.9974이라고 주장할 수 있다. 즉, 다음 식이 성립한다.

$$P(\mu - 3\sigma_{\overline{X}} \leq \overline{X} \leq \mu + 3\sigma_{\overline{X}}) = .9974$$

실제로 표본조사를 실시할 때 대개 하나의 표본만이 선택되고 선택된 표본으로부터 표본평균 $\overline{X}$의 값이 계산된다. 같은 크기를 갖는 가능한 표본들을 모두 선택하여 표본평균의 분포를 제공하는 일이 결코 없다. 오히려 하나의 특정표본으로부터 계산된 표본평균의 값이 주어진 구간에 포함될 확률을 찾는데 더 큰 관심이 있다.

예제 7-1

모집단의 분포가 정규분포 $N(0, 1)$일 때, 표본크기를 각각 $n=10$, 50인 표본추출을 100회 반복 추출하여 표본평균 $\overline{X}$의 표본분포를 구하시오.

미니텝 이용 $n=10$인 경우에 대해서 자세히 소개하고 $n=50$일 때는 같은 방법을 사용하면 된다.

① 메뉴로부터 '**계산 ⇨ 랜덤 데이터 ⇨ 정규분포**'를 선택하면 아래와 같은 대화상자가 나타나는데 생성은 $n=10$이므로 10개의 '**데이터 행**'으로 지정하고 '**저장 열**'은 100회 반복 추출한 결과를 c1-c100 열에 지정한다.

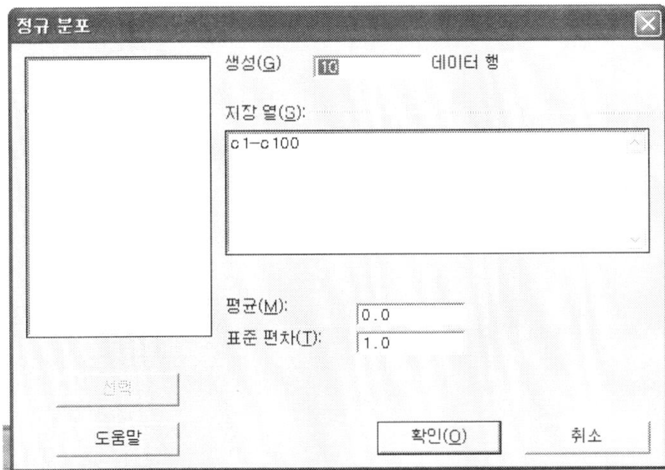

C4	C5	C6	C7	C8	C9	C10	C11	C12	C13	C14
-0.300359	-1.01866	0.55580	-0.71616	0.07900	0.95801	0.42065	0.24996	-0.56054	-0.40896	1.33964
0.030870	-0.04854	-0.42401	-1.69472	-1.95024	-0.56407	0.06612	0.96881	0.40982	-0.66612	-0.67296
0.000333	0.75160	-0.55343	0.10629	-1.24078	1.20736	-2.34042	0.58437	-2.29802	-1.35259	-1.54744
-0.292064	0.48769	-0.12813	0.87537	-2.14455	0.57064	-1.07243	0.30795	-0.04030	0.87799	0.64325
-0.102858	0.73065	-0.20673	0.82612	-0.82193	0.03432	0.44435	-1.92859	0.98579	0.58374	-0.77996
-0.089964	-1.79664	-0.57680	0.68292	0.38137	-0.93467	0.66803	-0.84767	0.57093	-0.30106	-0.31729
0.724292	-0.39435	0.47280	-0.64001	0.87713	1.83694	-1.17331	-2.10563	-0.89652	1.15757	-0.05028
0.711333	-0.15069	0.37407	1.52934	1.24708	-0.57196	-1.94053	-0.34922	0.72105	-1.69641	0.79764
0.912661	1.37594	-0.03094	0.86676	0.26347	-1.06800	-1.50253	-0.03079	-0.35201	0.52498	0.32606
0.428509	-0.42325	-1.07175	0.64880	-1.57049	0.01053	0.88861	1.76174	-0.07430	-3.36033	-0.28602

② 행과 열을 바꾼다. 각 행에 대해서 표본평균을 구하는 것이 편하기 때문에 메뉴로부터 '**데이터 ⇨ 열전치**'를 통한 다음 대화상자를 이용하여 열과 행을 바꾼다. 전치된 새로운 워크시트 C2-C11까지 총 $n=10$인 표본의 값들이 저장되며 각 열은 100개의 표본추출에 대한 자료를 가진다.

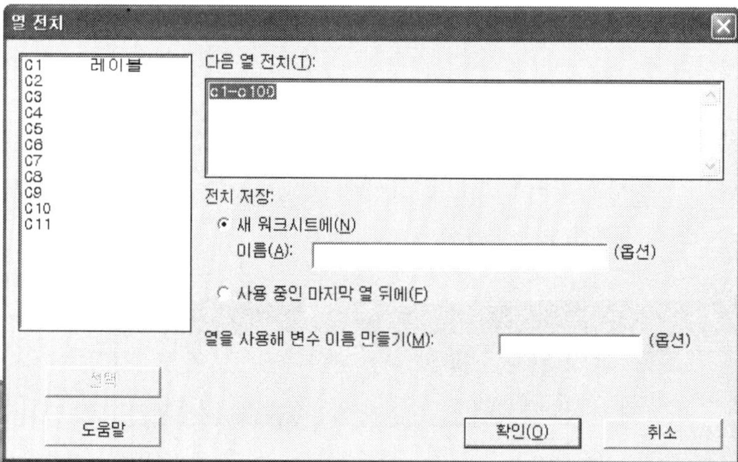

↓	C1-T	C2	C3	C4	C5	C6	C7	C8	C9	C10	C11
	레이블										
1	C1	0.40976	0.21898	-1.02980	-0.86702	1.59003	-1.59739	-1.20090	0.69799	0.56950	0.61438
2	C2	-0.21930	0.06085	0.27794	0.62292	0.94189	-0.28627	0.35684	-2.05598	0.35449	-0.59169
3	C3	0.03996	0.02088	-0.06006	-0.05907	-1.37640	1.00978	-0.03629	2.43619	-0.29916	0.43402
4	C4	-0.30036	0.03087	0.00033	-0.29206	-0.10286	-0.08996	0.72429	0.71133	0.91266	0.42851
5	C5	-1.01866	-0.04854	0.75160	0.48769	0.73065	-1.79664	-0.39435	-0.15069	1.37594	-0.42325
6	C6	0.55580	-0.42401	-0.55343	-0.12813	-0.20673	-0.57680	0.47280	0.37407	-0.03094	-1.07175
7	C7	-0.71616	-1.69472	0.10629	0.87537	0.82612	0.68292	-0.64001	1.52934	0.86676	0.64880
8	C8	0.07900	-1.95024	-1.24078	-2.14455	-0.82193	0.38137	0.87713	1.24708	0.26347	-1.57649
9	C9	0.95801	-0.56407	1.20736	0.57064	0.03432	-0.93467	1.83694	-0.57196	-1.06800	-0.01053
10	C10	0.42065	0.06612	-2.34042	-1.07243	0.44435	0.66803	-1.17331	-1.94053	-1.50253	0.88861
11	C11	0.24996	0.96881	0.58437	0.30795	-1.92859	-0.84767	-2.10563	-0.34922	-0.03079	1.76174
12	C12	-0.56054	0.40982	-2.29802	-0.04030	0.98579	0.57093	-0.89652	0.72105	-0.35201	-0.97430
13	C13	-0.40896	-0.66612	-1.35259	0.87799	0.58374	-0.30106	1.15757	-1.69641	0.52498	-3.36033
14	C14	1.33964	-0.67296	-1.54744	0.64325	-0.77996	-0.31729	-0.05628	0.79764	0.32606	-0.28602
15	C15	0.96605	-1.63601	-1.04097	0.14282	-1.22486	-0.70927	-1.50946	0.34781	-0.13785	0.33339
16	C16	0.03412	-0.73760	-0.59925	-0.33612	1.11659	0.20557	0.50329	0.08893	-1.87977	-0.59269
17	C17	-0.40756	0.38862	-1.09465	0.32057	0.15950	0.94140	0.15997	0.37459	-0.83998	0.10665
18	C18	2.32886	0.26892	-0.40571	-0.45833	-0.76863	-1.72100	1.05069	1.91730	-0.60107	0.78165
19	C19	0.51624	0.52855	1.77341	1.69271	-0.18834	-0.18808	-1.30952	0.05245	1.12187	1.85512
20	C20	1.68758	-2.21650	-0.82759	0.10195	-0.67400	1.36466	1.33010	-0.49352	0.56954	0.75165

③ 표본크기 $n = 10$인 100개의 서로 다르게 추출된 표본들의 표본평균을 구한다. 메뉴로부터 '**계산 ⇨ 행통계량**'를 통한 표본통계량을 구한다. 입력변수는 c2-c11, 표본평균의 저장위치는 c12로 둔다.

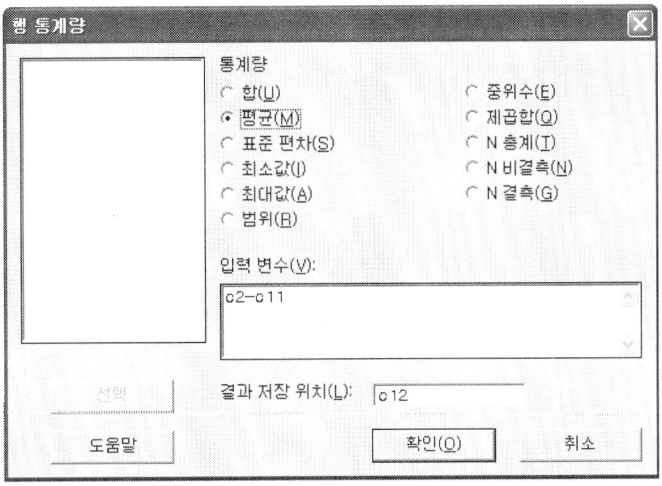

④ 메뉴로부터 '**그래프 ⇨ 히스토그램**'을 이용하여 c12 100개의 표본평균에 대한 히스토그램을 그린다.

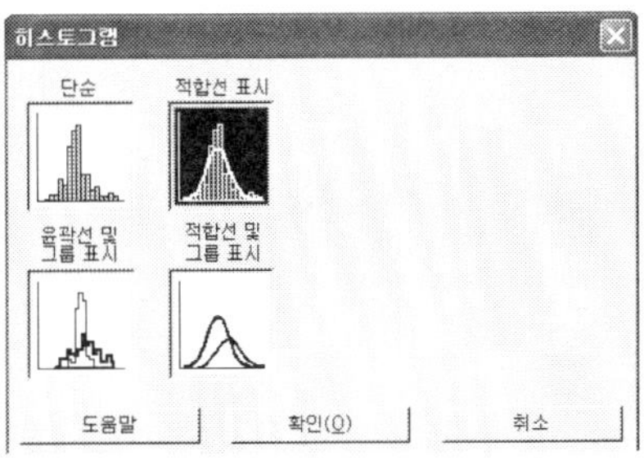

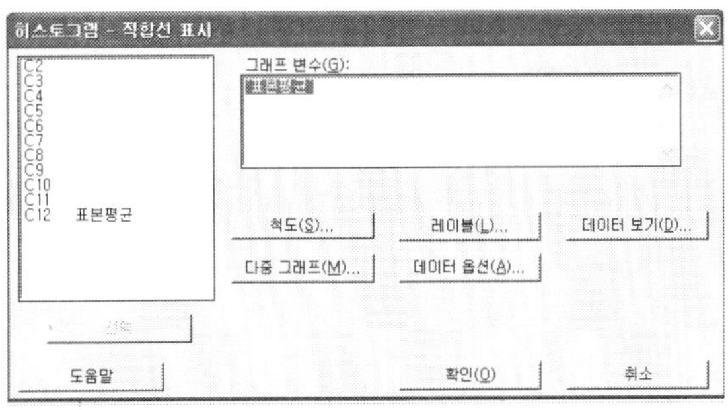

$n=10$일 때, 정규모집단에서의 표본평균의 분포는 대략 다음 그림 (a)와 같은 모양을 지니게 된다. 앞선 단계 1)에서 생성을 50개의 데이터 행으로 지정하고 같은 방법으로 수행하면 $n=50$일 때 표본평균의 분포를 구할 수 있다. 다음 그림 (b)는 $n=50$일 때, 정규모집단에서의 표본평균의 분포를 나타내고 있다. 이론적으로 정규모집단의 경우에는 표본평균의 분포가 정규분포를 따르게 된다. 하지만 다음 두 개의 히스토그램의 형태는 완전한 정규분포의 형태라고 보기는 다소 힘들다. 이는 반복횟수를 100번 밖에 하지 않아서이다. 만약 반복횟수를 1000번 정도로 아주 많이 한다면 표본평균의 히스토그램은 정규분포의 형태를 따르게 될 것이다(연습문제 참조).

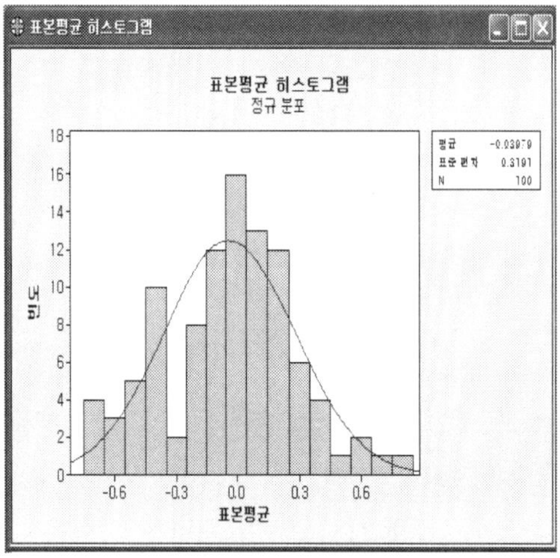

(a) $n = 10$일 때, 표본평균의 분포

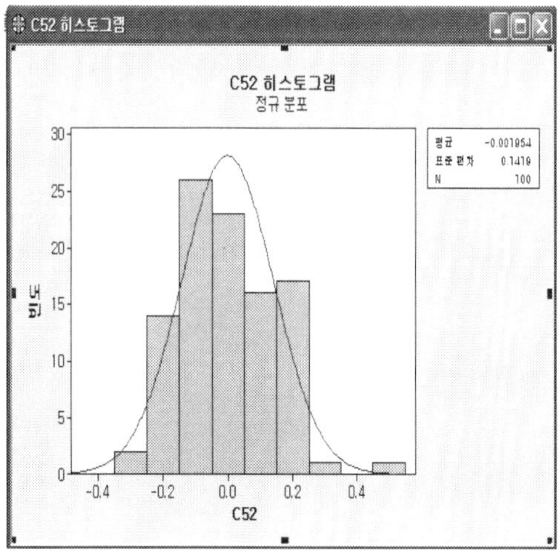

(b) $n = 50$일 때, 표본평균의 분포

예제 7-2

모집단의 분포가 균일분포 $U(0, 1)$일 때, 표본크기를 각각 $n = 10, 50$인 표본추출을 100회 반복 추출하여 표본평균 $\overline{X}$의 표본분포를 구하시오.

예제 7-1의 각 단계별로 동일하게 수행을 하되 난수추정을 메뉴로부터 '계산 ⇨ 랜덤 데이터 ⇨ 균등분포'를 선택하여 사용한다.

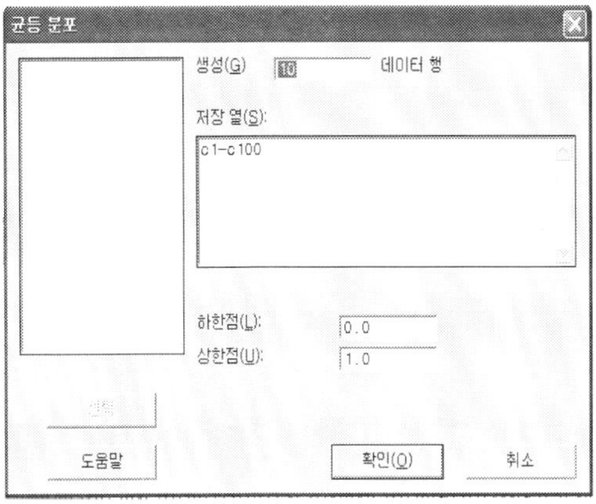

(a) $n=10$인 경우 균등모집단 추출

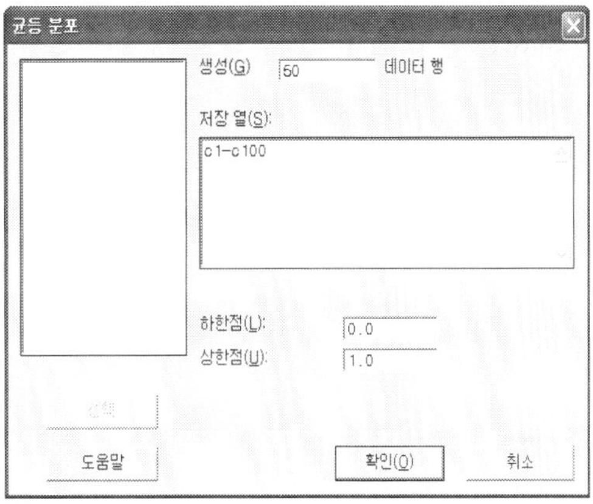

(b) $n=50$인 경우 균등모집단 추출

균등분포에서 표본을 추출한 다음 (실습과제 1)의 단계 2부터 단계 4까지 동일하게 수행하면 다음 그림과 같이 표본평균의 히스토그램을 얻을 수 있다. 표본 수 n이 클 때 정규분포의 형태로 가까이 감을 알 수 있다.

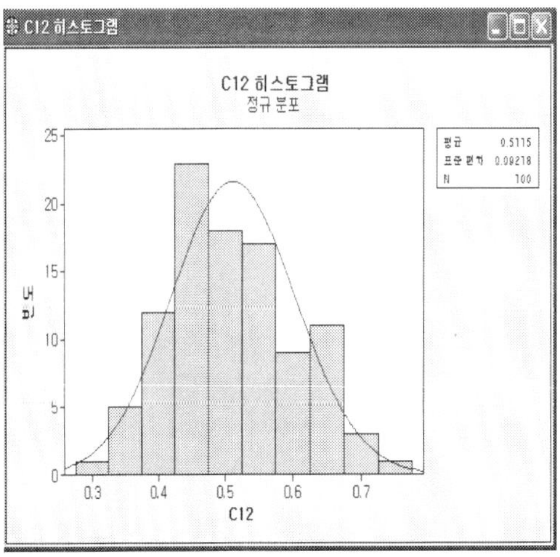

(a) $n=10$인 경우 표본평균의 분포

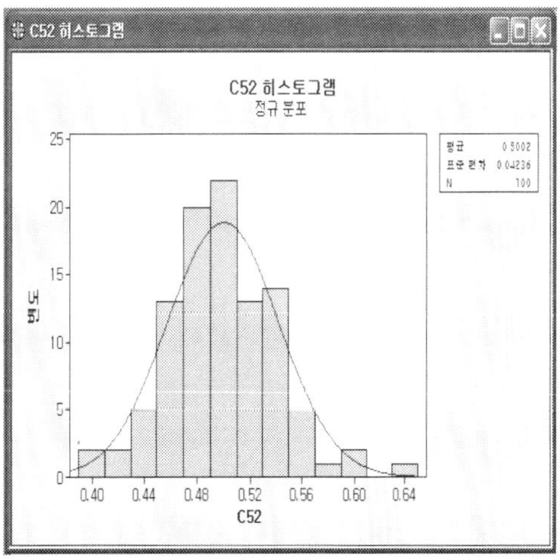

(b) $n=50$인 경우 표본평균의 분포

7.3 표본비율의 표본분포

비율의 개념은 제2장에서 논의된 상대도수나 이항실험에서의 성공확률의 개념으로 설명할 수 있다. 특정 범주의 상대도수란 해당범주에 속한 표본 혹은 모집단의 비율을 의미한다. 마찬가지로 이항실험에서 성공의 확률은 주어진 특성을 갖는 표본 혹은 모집단의 비율을 나타낸다. 모집단의 비율인 모비율은 p(통계학의 전통에 따르면 모수들은 그리스문자를 사용하므로 π로 표기하는 경우가 많지만 여기서는 p로 표기한다) 모집단 내에서 특정 성질을 갖는 개체의 수가 모집단 총 개체 수에서 차지하는 비율로 계산된다. 표본비율은 $\hat{p}$(모비율을 π로 표기할 경우에는 일반적으로 표본비율을 p로 표기한다)로 표기되며 표본에 대한 같은 비율을 의미한다.

> 모집단의 비율과 표본의 비율은 각각 p와 $\hat{p}$으로 표기되며 다음과 같이 계산된다.
>
> $$p = \frac{X}{N} \text{와} \quad \hat{p} = \frac{x}{n}$$
>
> 단, N = 모집단의 총 개체의 수
> n = 표본의 총 개체의 수
> X = 모집단 내에 특정 성질을 갖는 개체의 수
> x = 표본 내에 특정 성질을 갖는 개체의 수.

7.3.1 표본비율의 $\hat{p}$의 평균, 표준편차

표본평균 $\overline{X}$와 마찬가지로 표본비율 $\hat{p}$ 역시 확률변수이다. 따라서 표본비율은 확률분포를 가지며 이를 표본비율의 표본분포라 한다. 즉, 표본비율의 표본분포는 표본비율의 확률분포로써 표본비율이 취할 수 있는 다양한 값

들과 이 값들의 확률을 제공한다. 표본비율 $\hat{p}$의 평균은 $\hat{p}$의 표집분포의 평균으로서 항상 모비율 p와 같다. 이는 표본평균 $\overline{X}$의 평균이 모평균 μ와 항상 같은 것과 마찬가지이다. 무한모집단의 경우 표본비율의 표준편차는 $\sigma_{\hat{p}}$이 다음과 같이 계산된다.

$$\sigma_{\hat{p}} = \sqrt{\frac{p(1-p)}{n}}$$

7.3.2 표본비율의 분포형태

표본비율의 표본분포형태는 중심극한정리로부터 추론된다. 중심극한정리에 따르면 표본비율의 분포는 충분히 큰 표본크기에 대해서 근사적으로 정규분포를 따른다. 비율의 경우 표본크기는 np와 nq 모두 5보다 클 때 충분히 크다고 간주한다. 표본비율의 분포는 np와 nq가 모두 5보다 클 때 근사적으로 정규분포를 따른다는 사실을 염두에 두어야 한다. 이는 제 6장의 이항확률분포를 정규분포로 근사시킬 때 요구되었던 조건과 동일하다. 즉, n이 아주 클 때 $Z = \dfrac{\hat{p}-p}{\sqrt{p(1-p)/n}} \sim N(0,\ 1)$를 만족하게 된다.

연습문제

① 평균이 500 표준편차가 60인 정규모집단이 있다.

(1) 표본크기가 $n=9,\ 16,\ 25$인 경우에 대하여 표본평균의 표집분포의 평균과 표준편차를 계산하라.

(2) 위의 각각의 경우에 대하여 다음 확률들을 구하라.

(a) $P(460 < \overline{X} < 540)$

(b) $P(470 < \overline{X} < 530)$

(c) $P(476 < \overline{X} < 524)$

② 한 정치가가 어떤 강연회에서 자체적으로 실시한 여론조사에 의하면 본인에 대한 지지도가 40%라고 하였다. 이를 확인하기 위해 해당 후보와 관련이 없는 기관에서 1000명의 유권자들을 대상으로 자체적으로 여론조사를 실시한 결과 410명이 해당후보자에게 투표를 하겠다고 하였다. 이 경우 표본이 준 정보가 정치가의 주장과 일치한다고 생각하는가?

③ 미니탭을 이용하여 모집단이 표준정규분포 $N(0,\ 1)$을 따를 때 반복횟수를 500번으로 하여 표본 수가 $n=10,\ 50$인 경우의 표본평균들의 히스토그램을 그리시오.

④ 미니탭을 이용하여 모집단이 균등분포 $U(0,\ 1)$을 따를 때 반복횟수를 500번으로 하여 표본 수가 $n=10,\ 50$인 경우의 표본평균들의 히스토그램을 그리시오.

CHAPTER

제 8 장

평균과 비율의 추정

이제 통계학의 중요한 부분인 추론통계에 대하여 알아보도록 하자. 제 1장에서 추측통계학이란 표본에 근거하여 모집단의 특성들에 대한 의사결정을 돕는 통계학 분야라고 설명하였다. 달리 말하자면, 추측통계학은 표본으로 얻어진 자료들을 이용하여 표본이 선택된 모집단에 대하여 의사결정을 하고 결론을 이끌어 내는 과정을 다루는 통계학의 분야이다. 추정은 추측통계학에서 논의되어야 할 첫 번째 주제이다. 대개는 추정과 제 9장에서 논의될 가설검정을 합하여 추론이라고 한다. 본 장에서는 단일 모집단의 평균과 비율을 추정하는 방법에 대해 설명한다.

8.1 서 론

어떠한 전구회사에서 생산되는 전체 전구의 평균 수명을 알아내고자 한다. 이러한 전구 전체의 평균 수명의 정확한 산출을 위해서는 전체 전구의 수명을 모두 관측하여 평균 수명을 계산해야만 가능하다. 하지만 그러한 방법은 현실성이 없으므로, 생산 공정으로부터 일부 전구를 추출하여 이들의 수명을 관측하고 관측된 자료들의 평균을 구함으로써 전체 전구의 수명을 대략 알아낼 수 있을 것이다.

또한 정부기관에서는 어떤 도시의 실업률을 알아내고자 한다. 이 도시 전체의 정확한 실업률 산출을 위해서는 도시 전체의 경제활동인구를 모두 조사하여야 할 것이다. 하지만 그러한 방법 역시 현실성이 없으므로, 도시 전체의 경제활동인구 전체에서 일부를 추출하여 얻어진 실업률을 구함으로써 전체 실업률을 대략 알아낼 수 있을 것이다.

이와 같이 **추정**은 표본으로부터 수집된 정보에 근거하여 알고자 하는 **모수**를 추측하는 절차를 말한다. 앞으로 특히 모평균과 모비율의 추론에 대해 다루게 되는데, 추측통계학에서 모평균의 참값은 μ로 모비율의 참값은 p로 각각 표기한다. 물론 이 외에도 중위수, 최빈값, 분산 및 표준편차와 같은 다양한 모수들도 있다.

추정에 대한 예들로는 다음과 같은 경우들을 생각해 볼 수 있겠다.

- 어떤 자동차 회사가 특정 모델의 평균연료소비량을 추정하려고 한다.
- 관리자가 새로 고용한 사원들이 어떤 일을 배우는데 걸리는 평균시간을 추정하고자 한다.
- 정부기관에서 가구당 발생하는 월평균 주택관련지출액을 알고 싶어 한다.
- 어떤 회사에서 생산되는 제품의 불량률을 알고 싶어 한다.

여기서 평균연료소비량, 일을 배우는데 걸리는 평균시간, 가구당 월평균 주택관련지출액 등의 추정문제들은 모평균의 참값 μ를 추정하는 예제들이며 제품의 불량률을 추정하는 문제는 모비율의 참값 p를 추정하는 예제이다.

만일 모수값을 알고자할 때마다 전수조사를 실시할 수 있다면 이후로 설명하게 될 추정절차는 불필요해진다. 예를 들어 정부에서 모든 가계들과 접촉하여 가구당 발생하는 월평균 주택관련지출액의 평균을 알 수 있다면, 본 장에서 배우게 될 절차들은 필요 없게 될 것이다. 그러나 모든 가구들을 다 접촉한다는 것은 비용과 시간 면에서 비효율적이며, 실제로도 불가능한 작업이다. 따라서 대부분의 경우 표본을 취하여 적절한 통계량을 계산한 후 통계량의 값에 근거하여 관련 모집단의 모수를 추측하게 된다. 본장에서는 이러한 모수 값을 추측하는 방법에 대해 살펴본다.

새로 고용된 노동자가 어떤 작업에 익숙해지기까지 걸리는 평균시간을 추정하고자할 경우, 관리자는 신입사원으로 구성된 표본을 취하고 직원마다 해당 작업을 습득하는데 걸리는 시간들을 기록할 것이다. 이렇게 구해진 정보를 사용하여 경영자는 표본평균을 계산할 것이며, 표본평균의 값에 근거하여 모평균에 특정한 값을 할당할 것이다. 또한 모든 가구들에 의해 지출되는 월평균 주택관련지출액을 추정할 경우 특정가계들을 선택하고 선택된 가구들이 매월 지출하는 주택관련지출액과 관련된 정보를 수집하여 표본평균의 값을 계산할 것이다. 이 표본평균의 값에 근거하여 전국 가구의 월평균 주택관련지출액을 정하게 된다. 마찬가지로 어떤 회사에서 생산되는 제품의 불량률을 알아내고자 하는 경우 생산되는 제품들 중 일부를 표본으로 택하여 표본 중 불량품의 비율을 구하고 이렇게 정해진 표본비율을 사용하여 모비율의 값을 정하게 된다.

표본으로부터 계산된 통계량의 값에 근거하여 모집단의 모수에 할당되는 값을 **추정값(estimate)**이라고 하며, 모수를 추정하기 위해 사용되는 통계량을 **추정량(estimator)**이라고 한다. 즉, 추정값은 추정량의 특별한 값이라고 할 수 있다. 예를 들어, 관리자가 40명의 신입직원을 택하여 이들에게 할당된 작업을 습득하는데 걸린 평균시간이 5.5시간이라는 것을 알았다고 하자. 만일 관리자가 이 값을 모집단의 평균으로 정한다면 표본평균 $\overline{X}$는 추정량이 되며 40명의 표본에서 계산된 표본평균값 5.5시간은 추정값이 된다.

일반적으로 추정절차는 다음의 단계들을 따라서 진행한다.

i) 표본을 취한다.
ii) 표본의 개체들로부터 필요한 정보를 수집한다.
iii) 표본으로부터 통계량의 값을 계산한다.
iv) 관련된 모수에 값을 지정한다.

8.2 점추정값과 구간추정값

추정 방법에는 점추정 또는 구간추정이 있다. 본 절에서는 이러한 두 종류의 추정 방법들에 대해 기술한다.

8.2.1 점추정

모수의 추정을 위하여 모평균 μ, 모분산 σ^2인 모집단으로부터 추출된 n개의 표본을 다음과 같은 $X_1, X_2, \cdots, X_n$의 확률변수로 나타내기로 하자. **점추정**이란 추정하고자 하는 하나의 모수에 대하여 이러한 n개의 확률변수로 하나의 통계량을 만들고 얻어진 표본값들을 대입하여 하나의 수치를 구하여 이 값으로 모수를 추측하는 방법을 말한다. 만일 표본이 선택되고 이로부터 통계량의 값이 계산되면 관련된 모집단의 모수에 대한 점추정값은 이 값을 사용하여 구해진다. 즉, 모집단의 모수를 추정하기 위해 사용되는 표본 통계량의 값을 점추정값(point estimate)이라고 한다.

통계량 $\overline{X}$를 사용하여 모집단의 평균 μ의 값을 알고자 할 경우 표본으로부터 계산된 표본평균의 값 $\overline{x}$가 모평균 μ의 점추정값이 된다. 만일 월평균 주택관련지출액을 알기 위해 10,000개의 가구로 표본을 구성하고 이 표본으로부터 계산된 월평균 주택관련지출액이 1370(천원)이었다고 하자. 이 때 표본평균을 모평균의 점추정값으로 사용한다면 정부는 전국 가구의 월평균 주택관련지출액이 대략 1370(천원)쯤 된다고 말할 수 있다. 이러한 절차를 점추정이라고 한다.

모집단으로부터 선택된 표본들마다 통계량의 값은 다양한 값들이 나올 수 있다. 따라서 점추정값에 의해 모평균으로 지정되는 값은 어떤 표본이 선택되었느냐에 따라 달라진다. 결과적으로 점추정값은 거의 대부분 모평균의 참값과 다른 값을 모평균의 값으로 추측하게 되겠지만, 표본이 모집단을 잘 나타낸다면 그 차이는 매우 적으리라고 기대할 수 있을 것이다.

모평균 μ에 관한 점추정량으로 가장 타당한 추정량으로 제시되는 것이 표본의 평균

$$\overline{X} = \frac{1}{n}(X_1 + X_2 + \cdots + X_n)$$

이다. 이러한 추정량 역시 하나의 확률변수이므로, 추출된 표본들에 따라서 값이 변하게 되어 하나의 분포를 갖게 될 것이다. 그런데, 표본 평균의 경우

다음과 같은

$$E(\overline{X}) = \mu$$

의 관계식이 성립하므로, 추정량 $\overline{X}$가 추출된 표본들에 따라서 값이 변하게 되더라도 그 값들은 우리가 추측하고자 하는 모수 μ를 중심으로 얻어지게 된다는 바람직한 성질이 성립함을 알 수 있다. 그러면 $\overline{X}$로 μ를 추측하는 경우 어느 정도 μ에 근접된 값을 얻게 되는 것일까? 이 정확도를 재는 하나의 도구로서 추정량의 표준편차로 정의되는 **표준오차(standard error, S.E.)**를 생각할 수 있다.

$$S.E.(\overline{X}) = \sqrt{Var(\overline{X})} = \frac{\sigma}{\sqrt{n}}$$

따라서 모집단의 모평균을 추정하는 경우 표본크기 n이 클수록, 또한 모집단의 분산 σ^2이 작을수록 정확한 추정이 가능함을 알 수 있다. 그러나 일반적으로 모집단의 모평균을 추정하고자 할 때 모집단의 분산 σ^2 또한 모르고 있는 경우가 많으므로, $S.E.(\overline{X})$를 계산하고자 할 때 σ를 표본표준편차

$$s = \sqrt{\frac{1}{n-1}\sum_{i=1}^{n}(X_i - \overline{X})^2} = \sqrt{\frac{1}{n-1}\left(\sum_{i=1}^{n}X_i^2 - n\overline{X}^2\right)}$$

로 추정하여 사용할 수 있다.

예제 8-1

평균과 분산이 알려져 있지 않는 모집단으로부터 표본 10, 12, 10, 11, 12, 14, 13, 16, 15, 16이 추출되었을 때, 모집단의 평균을 추정하고 추정량의 추정된 표준오차를 구하여보자.

풀이

$\sum x_i = 129$이므로 $\hat{\mu} = \bar{x} = 129/10 = 12.9$

$$s = \sqrt{\frac{1}{n-1}\left(\sum_{i=1}^{n} x_i^2 - n\bar{x}^2\right)} = \sqrt{\frac{1171 - 10 \times 12.9^2}{9}} = 2.28$$

따라서 표본평균의 추정된 표준오차는 $\frac{s}{\sqrt{n}} = 2.28 / \sqrt{10} = 0.72$이다. ■

8.2.2 구간추정

앞서 모수에 대한 점추정에 대하여 설명하였다. 점추정은 모수를 하나의 수 값으로 추측하는 것이다. 앞서 설명한 예에서 월평균 주택관련지출액을 알기 위해 10,000개의 가구로 표본을 구성하고 이 표본으로부터 계산된 월평균 주택관련지출액이 1370(천원)으로 조사되어 조사된 표본평균 1370(천원)을 모평균의 점추정값으로 사용할 수 있음을 설명하였다. 이때 조사된 1370(천원)이 정확한 모평균 μ를 나타낸다기보다는 표본으로부터 조사된 평균 1370(천원)이 우리가 알아내고자 하는 μ값에 가까우리라고 추측하는 것이다. 따라서 보다 현실적인 추정방법은 모수에 하나의 수 값을 지정하는 것이 아니라 모수 μ를 포함하리라고 예상되는 구간을 구하여 제시하는 것이다.

월평균 주택관련지출의 경우 월평균 주택관련지출이 1370(천원)이라고 말하는 대신 1370에 특정 숫자를 가감하여 하나의 구간을 구한 후 이 구간이 모평균을 포함한다고 주장할 수 있다. 예를 들어 1370에 240을 가감하면 구간(1130, 1160)을 얻게 된다. 그러면 이 구간이 모평균을 포함할 가능성이 있으며 전국 가정의 월평균 주택관련지출액은 1130(천원)에서 1610(천원) 사이에 있다고 주장한다. 이러한 절차를 구간추정이라고 부른다. 여기서 1130을 구간의 하한(lower limit), 1610은 상한(upper limit)이라고 한다.

구간추정값을 구하기 위해서는 가감해야할 값을 결정하게 되는데 이 질문에 대한 답을 하기 위해서는 두 가지 요소(즉, 표본평균 $\overline{X}$의 표준편차 $\sigma_{\overline{x}}$와 구간에 첨부되는 신뢰수준)를 고려해야 한다.

우선 표본평균의 표준편차가 클수록 점추정값에 가감되는 값은 더 커진다. 따라서 표본평균이 취할 수 있는 값들의 범위가 더 넓어지며 표본평균 주위로 구해지는 구간 역시 더 넓어져 모평균을 포함할 가능성도 더 커진다.

둘째로 구간에 포함된 신뢰도를 더 높이기 위해서는 가감되는 양이 더 커져야만 한다. 구간추정에는 항상 확률적 주장을 첨부하며 이 확률적 주장은 **신뢰수준(confidence level)**에 의해 주어진다. 신뢰구간과 관련된 신뢰수준은 해당구간이 모수의 참값을 포함하는 확신의 정도를 설명하며 신뢰수준은 $(1-\alpha)100\%$로 표기된다. 신뢰수준을 확률로 설명할 때는 신뢰계수라고 부르며 $1-\alpha$로 표기한다. 제 9장에서 자세히 설명되겠지만 α를 유의수준(significance level)이라고 부른다는 것도 알아두길 바란다.

이와 같이 신뢰수준에 근거하여 구해진 구간을 **신뢰구간(confidence interval)**이라고 부른다. 신뢰구간을 구하기 위한 신뢰수준의 값으로는 어떤 값이든 가능하지만 자주 사용되는 값들로는 90%, 95%, 99% 등이 있으며, 이에 상응하는 신뢰계수들은 각각 0.90, 0.95, 0.99 등이다. 다음 절에서는 표본의 크기가 클 경우에 모집단의 평균에 대한 신뢰구간을 구하는 방법에 대해 설명한다.

8.3 모평균의 구간추정 : 대표본의 경우

이 절에서는 표본크기가 클 경우 모평균 μ의 신뢰구간을 구하는 방법에 대해 설명한다. 제 7장에서 논의되었듯이 표본평균의 경우에 표본크기는 일반적으로 30이상일 경우 크다고 간주된다. 표본의 크기가 클 경우 중심극한정리에 의해 표본평균의 표본분포는 (근사적으로) 정규분포를 따르게 되며 이는 표본이 선택된 모집단의 형태와 상관없이 성립된다. 따라서 표본크기가 30이상일 때, 모평균 μ에 대한 신뢰구간을 구하기 위해서는 정규분포가 사용된다. 또한 제 7장에서 표본평균의 표준편차가 $\sigma_{\overline{X}} = \sigma / \sqrt{n}$ 임을 보였다. 그러나 모집단의 표준편차 σ가 알려져 있지 않으면, 표본 표준편차 s를 σ대신 사용한다. 즉, $\sigma_{\overline{X}} = \sigma / \sqrt{n}$의 추정량 $s_{\overline{X}} = s / \sqrt{n}$를 사용한다.

8.3.1 대표본의 경우 모평균 μ의 신뢰구간

확률변수 X가 평균 μ 표준편차 σ인 정규확률분포를 따를 때 크기가 n인 임의표본의 표본평균 $\overline{X}$는 $N(\mu, \sigma^2/n)$의 분포를 갖게 되며 다음 식이 성립한다.

$$P\left(-z_{\alpha/2} < \frac{\overline{X}-\mu}{\sigma/\sqrt{n}} < z_{\alpha/2}\right) = 1-\alpha$$

여기서, $z_{\alpha/2}$는 표준정규분포로부터 $P(Z < z_{\alpha/2}) = 1-\alpha/2$을 만족하는 오른쪽 꼬리부분의 값이다. 위의 확률은 몇 차례의 연산을 거치면 다음과 같은 동일한 확률식을 얻게 된다.

$$P\left(\overline{X} - z_{\alpha/2} \cdot \frac{\sigma}{\sqrt{n}} < \mu < \overline{X} + z_{\alpha/2} \cdot \frac{\sigma}{\sqrt{n}}\right) = 1-\alpha$$

위 확률식들은 중심극한정리를 적용할 수 있는 조건들이 만족되면 근사적으로 성립된다. 확률식의 표현에 근거하여 모평균 μ에 대한 $(1-\alpha)100\%$ 신뢰구간은 다음과 같이 주어진다.

$\overline{X} \pm z_{\alpha/2} \cdot \sigma / \sqrt{n}$, 단, σ가 알려져 있다.

$\overline{X} \pm z_{\alpha/2} \cdot s / \sqrt{n}$, 단, σ가 알려져 있지 않다.

여기서 $z_{\alpha/2}$는 신뢰수준에 의해 결정되며, 신뢰구간의 공식에 나타나는 $z_{\alpha/2} \cdot \sigma/\sqrt{n}$ (또는 $z_{\alpha/2} \cdot s/\sqrt{n}$)를 추정치의 최대오차(maximum error of estimate)라 하고 E로 표기한다.

정규분포곡선은 대칭이며 곡선 아래 부분의 총면적이 1.0이므로, 신뢰수준이 $(1-\alpha)100\%$일 경우 $-z_{\alpha/2}$와 $z_{\alpha/2}$ 사이의 면적은 $1-\alpha$가 된다. 따라서 이 구간 밖의 꼬리부분의 면적은 양쪽이 각각 $\alpha/2$가 되며, 양쪽 꼬리부분 면적의 합인 α를 유의수준(significance level)이라고 부른다.

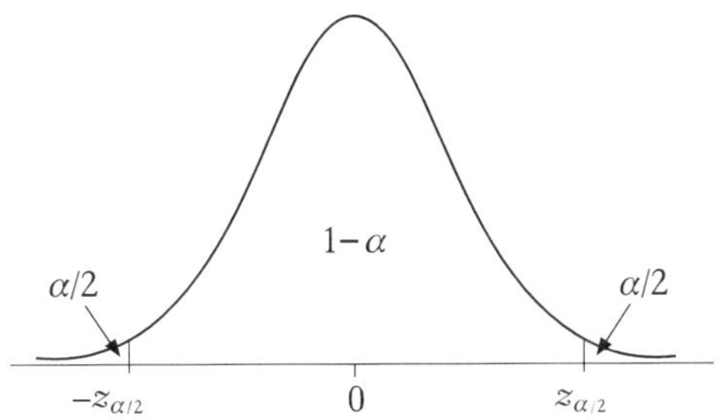

그림 8-1 표준정규확률분포에서 $P(-z_{\alpha/2} \le Z \le z_{\alpha/2}) = 1-\alpha$에 해당되는 면적

예제 8-2

운동장에서 공 던지기를 하는 경우 공이 날아간 거리에 관심이 있다. 이 모집단의 모평균이 알려져 있지 않고 모표준편차 σ가 5이라고 했을 때 이러한 모집단으로부터 다음과 같은 크기가 30인 표본인 추출되었다.

46, 49, 41, 43, 49, 51, 38, 44, 42, 47, 44, 47, 39, 41, 47, 49, 36, 42, 40, 45, 48, 51, 43, 45, 51, 53, 40, 46, 44, 49

여기서, 표본평균 $\overline{x} = 45$, 표본표준편차는 $s = 4.30$로 계산된다.
모평균 μ에 대한 95% 신뢰구간을 구하여라.

풀이

i) 중심극한정리에 의해 다음이 성립한다.

$$\frac{\overline{X}-\mu}{\sigma/\sqrt{n}} \sim N(0, 1)$$

ii) 주어진 신뢰수준으로부터 $1-\alpha = 0.95$이므로 $\alpha/2 = 0.025$가 된다.

iii) 표준정규분포표로부터 $P(Z > 1.96) = 0.025$이므로 $z_{0.025} = 1.96$임을 알 수 있다.

iv) 모표준편차 σ가 주어져 있는 경우이므로,

$\overline{X} - z_{\alpha/2} \cdot \frac{\sigma}{\sqrt{n}} < \mu < \overline{X} + z_{\alpha/2} \cdot \frac{\sigma}{\sqrt{n}}$ 으로부터 다음의 신뢰구간이 도출된다.

$$45 - 1.96 \cdot \frac{5}{\sqrt{30}} < \mu < 45 + 1.96 \cdot \frac{5}{\sqrt{30}} \Leftrightarrow 43.210 < \mu < 46.789$$

v) 만약 위의 예에서 모표준편차 σ가 주어져 있지 않다면

$\overline{X} - z_{\alpha/2} \cdot \frac{s}{\sqrt{n}} < \mu < \overline{X} + z_{\alpha/2} \cdot \frac{s}{\sqrt{n}}$ 으로부터 다음의 신뢰구간이 도출된다.

$$45 - 1.96 \cdot \frac{4.30}{\sqrt{30}} < \mu < 45 + 1.96 \cdot \frac{4.30}{\sqrt{30}} \Leftrightarrow 43.461 < \mu < 46.538$$

■

미니텝 이용 우선 주어진 데이터로부터 표본들의 평균과 표준편차가 계산되어 있지 않은 경우 다음과 같이 전체 데이터를 모두 입력한 후 Distance를 변수명으로 지정한다.

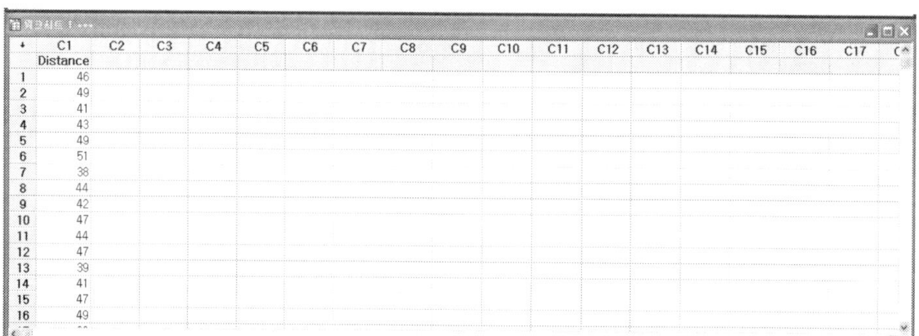

위의 예제에서는 표준편차 σ가 주어져 있는 경우, 이를 이용하여 신뢰구간을 구하여보자. 원하는 신뢰구간 추정을 위하여 메뉴로부터 '**통계학 ⇨ 기초통계학 ⇨ 1-표본 Z**'를 선택하면 아래와 같은 대화상자가 나타나는데 표본자료가 주어진 경우이므로 '**표본이 있는 열**'을 선택한 후 'Distance'를 입력하고, '**표준편차**'란에 '5'을 대입하고 가설검정은 실시하지 않으므로 '**검정평균**' 항목은 비워둔다. 그리고 오른쪽 아래 '**옵션**'을 선택하면 '**1-표본 Z – 옵션**' 대화상자가 뜨는데, '**신뢰수준**'에 '0.95'를 입력하고 '**대립가설**'란에 '**같지 않음**(not equal)'을 선택한 후 차례로 확인버튼을 클릭하자. 여기서 가설검정은 실시하지 않지만, 구하고자 하는 신뢰구간을 얻기 위해서는 반드시 '**대립가설**'란이 '**같지 않음**(not equal)'으로 지정되어 있어야 한다.

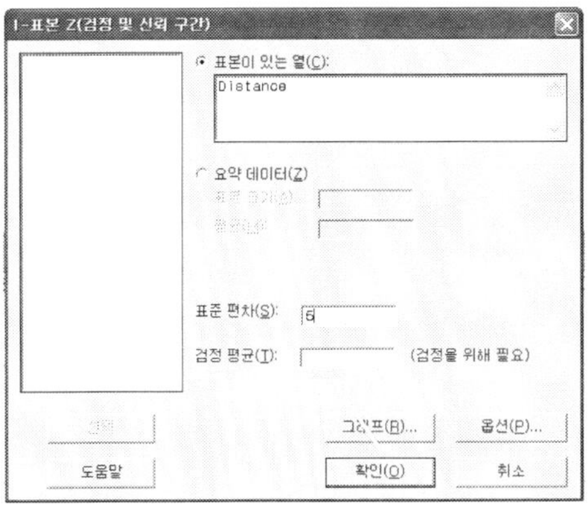

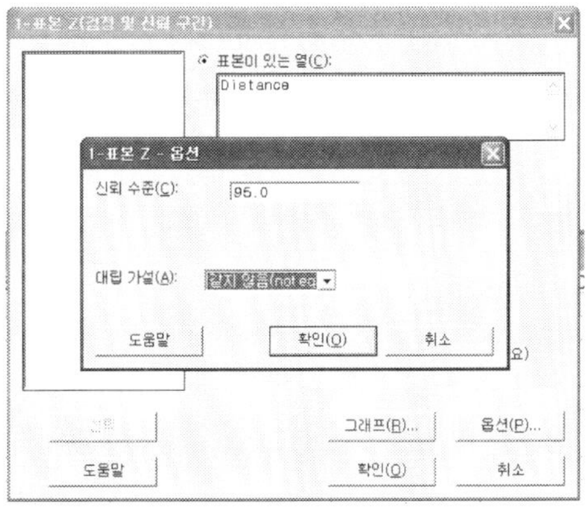

그러면 다음과 같은 결과가 얻어진다.

```
1-표본 Z: Distance
가정된 표준 편차 = 5

변수       N   평균     표준 편차  SE 평균        95% CI
Distance  30  45.0000     4.2992   0.9129  (43.2108, 46.7892)
```

이 결과로부터 구하고자 하는 신뢰구간이 (43.2109, 46.7892)으로 주어짐을 알 수 있다.

위의 예에서 표준편차 σ가 주어져 있지 않은 경우 표본표준편차를 대입하여 주어야 하는데, 이를 위하여 메뉴로부터 '**통계학 ⇨ 기초통계학 ⇨ 기술통계량표시**'를 선택한 후 Distance의 기술통계량을 구하여 표본표준편차는 $s = 4.30$으로 주어짐을 확인한다. 이제 메뉴로부터 '**통계학 ⇨ 기초통계학 ⇨ 1-표본 Z**'를 선택하면 다음과 같은 대화상자가 나타나는데 표본자료가 주어진 경우이므로 '**표본이 있는 열**'을 선택한 후 'Distance'를 입력하고, '**표준편차**' 란에 '4.30'을 대입하고 표준편차 σ가 주어져 있는 경우와 동일한 절차를 따라서 실행하게 되면 다음의 결과를 얻는다.

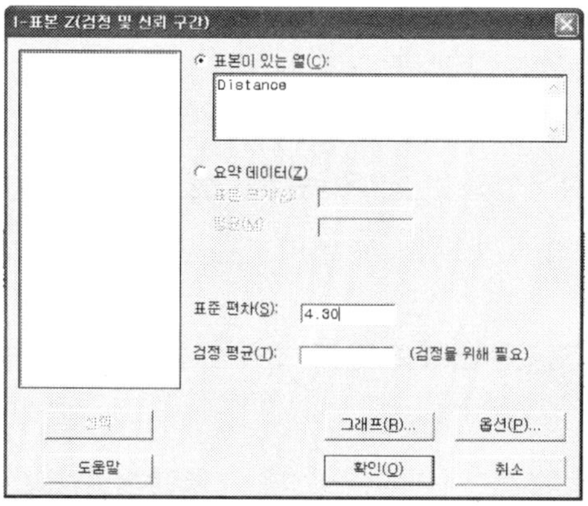


```
1-표본 Z: Distance
가정된 표준 편차 = 4.3

변수       N     평균  표준 편차  SE 평균          95% CI
Distance  30  45.0000     4.2992   0.7851  (43.4613, 46.5387)
```

이 결과로부터 구하고자 하는 신뢰구간이 (43.4613, 46.5387)으로 주어짐을 알 수 있다.

만약 데이터로부터 표본들의 평균과 표준편차가 이미 $\overline{x}=45$, $s=4.30$로 계산되어 있는 경우라면, 모든 데이터를 입력할 필요 없이, 메뉴로부터 '**통계학 ⇨ 기초통계학 ⇨ 1-표본 Z**'를 선택하면 다음과 같은 대화상자가 나타나는데, 여기서 '**요약데이터**'를 선택한 후 표본의 크기 30과 표본평균 45를 대입하고 나머지는 위에서 설명한 바와 동일하게 입력한 후 실행시키게 되면 동일한 결과를 얻을 수 있다.

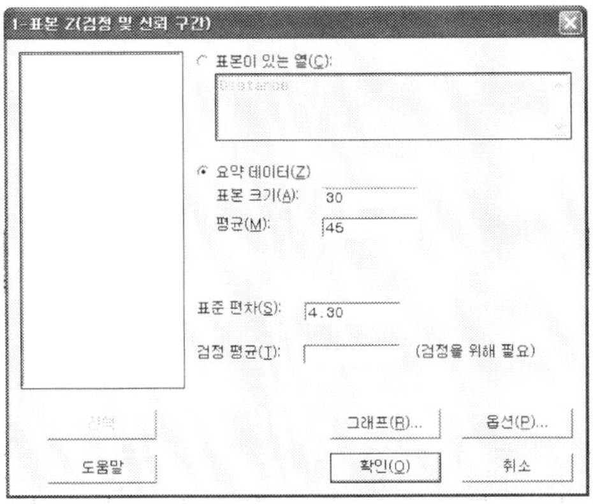

8.3.2 신뢰수준의 해석

신뢰수준이 90%라는 것은 무엇을 의미하는 것일까? 예 8.2로 설명해 보자. 만일 표본크기가 30인 가능한 모든 표본을 취한 후 각 표본으로부터 모평균에 대한 90% 신뢰구간들을 구한다면 이들 구간 중 90%가 모평균을 포함하며 10%는 모평균이 포함되지 않는 구간들일 것으로 예상할 수 있다.

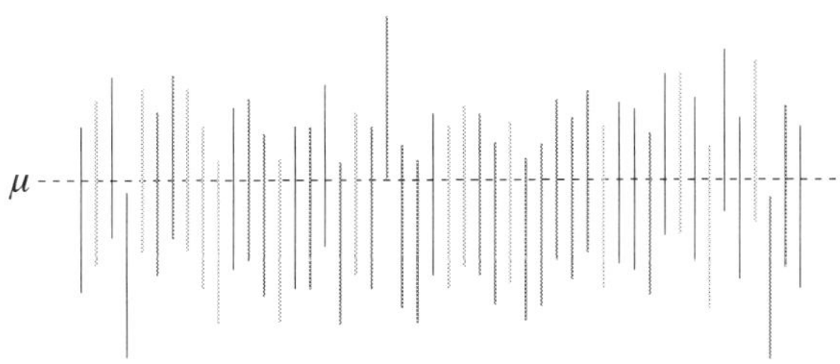

그림 8-2 모평균에 대한 90% 신뢰구간의 실현치

위 그림은 모평균 μ에 대한 신뢰구간에 대한 50개의 실현값들을 보여준다. 즉, 50개의 표본 각각으로부터 계산된 신뢰구간을 나타낸 것이다. 90%신뢰한다는 말은 모집단에서 표본크기가 30인 표본을 50개 추출하여 각 표본에 대하여 모평균의 신뢰구간을 구하였을 때 구한 50개의 구간 중 모평균이 포

함된 구간은 전체의 90%정도 된다는 의미이다. 그림에서 보듯이 모평균을 포함한 신뢰구간을 선택할 기회는 상당히 크다고 할 수 있다. 물론 불행하게도 잘못된 표본을 선택하여 구한 신뢰구간이 모평균을 포함하지 못할 수도 있다.

8.3.3 오차의 크기

오차는 모수와 추정값과의 차이로 정의되며 모평균의 추정량으로 표본평균을 사용할 경우 추정오차는 다음과 같다.

$$E = \mu - \overline{X}$$

대개 점추정을 할 때는 이와 관련하여 허용되는 최대오차인 **한계오차(margin of error)**를 계산하게 된다. 만일 표본평균 $\overline{X}$를 모평균의 점추정량으로 사용할 경우 추정오차가 $z_{\alpha/2} \cdot \sigma / \sqrt{n}$을 초과하지 않을 확률은 $(1-\alpha) \times 100\%$이다. 여기서 추정오차의 상계(upper bound)인 $z_{\alpha/2} \cdot \sigma / \sqrt{n}$값을 한계오차라고 한다.

예제 8-3

예제 8.2의 경우에 대해서 90% 확신할 수 있는 추정오차의 크기를 결정하라.

풀이

주어진 자료로부터 $z_{0.05} = 1.645$, $\sigma = 5$, $n = 30$이므로 추정오차가 다음의 값을 초과할 수 없다는 사실을 90% 확신할 수 있다. 따라서 한계오차는 $z_{\alpha/2} \cdot \sigma / \sqrt{n} = 1.5017$이 된다. ■

8.3.4 신뢰구간의 넓이와 표본크기

신뢰구간의 넓이는 최대오차 $z \cdot \sigma_{\overline{X}}$의 크기에 따라 달라지는데 $\sigma_{\overline{X}} = \sigma / \sqrt{n}$ 이므로 결국 z, σ, n의 값의 영향을 받는다. 그러나 모표준편차 σ의 값은 실험자의 마음대로 정하거나 변경할 수 없으므로 신뢰구간의 폭은 결국 신뢰수준에 의해 결정되는 z의 값과 표본크기에 의해 결정된다.

신뢰수준에 의해 z의 값이 결정되면 z의 값은 다시 최대오차의 크기를 결정한다. z값은 신뢰수준이 증가함에 따라 같이 커지며 신뢰수준이 감소하면 z값 역시 적어진다. 예를 들어 90% 신뢰수준에 대한 z의 값은 대략 1.65이며 95%, 99%신뢰수준에 해당되는 값들은 각각 1.96 및 2.58이다. 따라서 다른 사항들에 변동이 없다면, 신뢰수준이 높아질수록 신뢰구간의 폭은 더 커진다.

모집단의 표준편차가 같다면, $\sigma_{\overline{X}} = \sigma / \sqrt{n}$의 값은 표본크기가 커질 때 반대로 줄어들기 때문에 신뢰수준이 변하지 않는다면 최대오차의 크기 역시 줄어들게 된다. 따라서 표본크기의 증가로 인해 신뢰구간의 폭이 줄어들게 된다.

이와 같이 신뢰구간은 신뢰수준을 낮추거나 표본크기를 증가시킴으로서 신뢰구간의 폭을 줄일 수 있다. 신뢰수준을 낮출 경우 이로 인해 믿을 만한 결과를 얻지 못할 수도 있기 때문에 좋은 선택은 아니다. 따라서 신뢰구간의 폭을 줄이고 싶을 때는 언제나 표본크기를 증가시키는 것을 선호한다.

예제 8-4

예제 8-2에서 주어진 모든 정보에는 변동이 없고 다만 신뢰수준이 99%로 높아질 때와 표본크기가 100일 경우 각각에 대하여 신뢰구간의 폭을 구하라.

풀이

① 예제 8-2의 주어진 모든 정보에는 변동이 없다고 가정한 후 신뢰수준을 99%로 높였을 때 정규분포표로부터 99%신뢰수준에 해당되는 z값은 2.58이다. 이제 예제 8.2의 신뢰구간에 $z = 2.58$을 사용하면 다음과 같은 신뢰구간을 얻게 된다.

$$\overline{X} \pm z_{0.01/2} \cdot \frac{\sigma}{\sqrt{n}} = 45 \pm 2.58 \cdot 5/\sqrt{30}$$
$$= 45 \pm 2.3552 = (42.6448,\ 47.3552)$$

위의 신뢰구간과 예제 8.2에서 구한 신뢰구간을 비교하면 95%에 해당되는 신뢰구간의 폭이 99%에 해당되는 신뢰구간보다 더 좁음을 알 수 있다.

② 예제 8-2에서 주어진 정보가 변동이 없고 표본크기가 100이라면 표본평균의 표준편차는 다음과 같이 계산된다.

$$\sigma/\sqrt{n} = 5/\sqrt{100} = 0.5$$

이제 모평균 μ에 대한 95% 신뢰구간은 다음과 같다.

$$\overline{x} \pm z_{\alpha/2} \cdot \sigma/\sqrt{n} = 45 \pm 1.96(0.5) = 45 \pm 0.98 = (44.02,\ 45.98)$$

위의 신뢰구간과 예제 8.2에서 구한 신뢰구간을 비교하면 $n = 100$일 때의 95% 신뢰구간의 폭이 $n = 36$일 때의 95% 신뢰구간보다 더 줄어들었음을 알 수 있다. ■

8.4 모평균의 구간추정: 소표본의 경우

8.3절로부터 표본의 크기가 큰(30이상) 경우 모집단의 표준편차 σ와 상관없이 모평균을 추정하기 위해서는 정규분포가 사용된다는 것을 기억하자. 이 경우 정규분포

가 사용된 이유는 중심극한정리에 의해 표본평균 $\overline{X}$의 표집분포가 표본크기가 클 경우 모집단분포의 형태와 상관없이 근사적으로 정규분포하기 때문이다

그러나 많은 경우 표본의 크기는 작을 수밖에 없는 경우가 많다. 이는 실험의 성격상 그럴 수도 있고 아니면 표본을 택하는 데 드는 비용이 많이 들기 때문일 수도 있다. 예를 들어 새로운 약품을 환자들에게 시험하는 연구는 대상 환자의 수가 적을 수밖에 없다. 이는 관련된 환자나 실험에 참여하고 싶은 환자의 수가 많지 않기 때문에 표본의 크기가 작을 수도 있고 아니면 표본의 크기를 크게 할 정도의 많은 환자를 참여시키기에 경비가 너무 많이 들기 때문일 수도 있다.

표본크기가 작다할지라도, (i) 표본이 선택된 모집단이 정규분포를 따르고 (ii) 모집단의 표준편차가 알려져 있을 때에는 정규분포가 모평균의 신뢰구간을 구하는데 사용된다. 그러나 대부분의 경우 모표준편차 σ를 모르기 때문에 이에 대한 추정량으로 표본표준편차 s를 사용해야 한다. 이 경우 모평균에 대한 신뢰구간을 구하는데 정규분포가 사용될 수 없다. (i) 모집단이 근사적인 정규분포를 따르고 (ii) 표본크기가 작으며(30미만) 그리고 (iii) 모집단의 표준편차가 알려져 있지 않을 때에는 정규분포 대신에 t분포를 사용하여 모평균에 대한 신뢰구간을 구하게 된다. 즉, 다음의 조건들이 만족되면 모평균에 대한 신뢰구간을 구하는데 t분포가 사용된다.

i) 표본이 선택된 모집단이 (근사적으로) 정규분포를 따른다.
ii) 표본의 크기가 작다 (30미만).
iii) 모집단의 표준편차 σ가 알려져 있지 않다.

8.4.1 t분포

t분포는 1908년 고셀(W.S. Gosset)에 의해 개발되어 스튜던트(Student)라는 가명으로 출판되었다. 이러한 이유로 인해 t분포를 스튜던트 t분포라 부르기도 한다. t분포는 여러 면에서 정규분포와 비슷하다. 우선 정규분포처럼 평균을 중심으로 종모양의 대칭분포를 하며 수평축과 결코 만나지 않는다. t분포와 수평축에 의해 둘러싸인 부분의 면적은 1.0이다. 그러나 t분포

는 표준정규분포에 비해 덜 뾰쪽하다. 즉, t분포의 곡선은 높이가 더 낮고 또한 더 넓게 퍼져 있다. 그러나 표본크기가 증가함에 따라 t분포는 표준정규분포에 더욱 근접한다.

특정 t분포의 모양은 자유도(degree of freedom; df)에 의해 결정된다. 자유도는 제약조건없이 자유롭게 선택될 수 있는 관찰값의 개수로 정의되며, 제8장과 제9장에서 사용되는 자유도는 표본크기에서 1을 뺀 값과 같다. 즉 $df=n-1$이다. 자유도의 숫자는 t분포의 유일한 모수로써 자유도의 값에 따라 t분포는 달라진다. 표준정규분포와 마찬가지로 t분포의 평균은 0이다. 그러나 표준정규분포의 표준편차가 1이지만 t분포의 표준편차는 $\sqrt{df/(df-2)}$이며 이 값은 항상 1보다 크다. 따라서 t분포의 표준편차가 표준정규분포의 표준편차보다 더 큰 값을 갖는다. [그림 8-3]은 자유도가 9인 t분포를 보여주고 있다. 여기서 t분포의 표준편차는 $\sqrt{df/(df-2)}=1.134$이다.

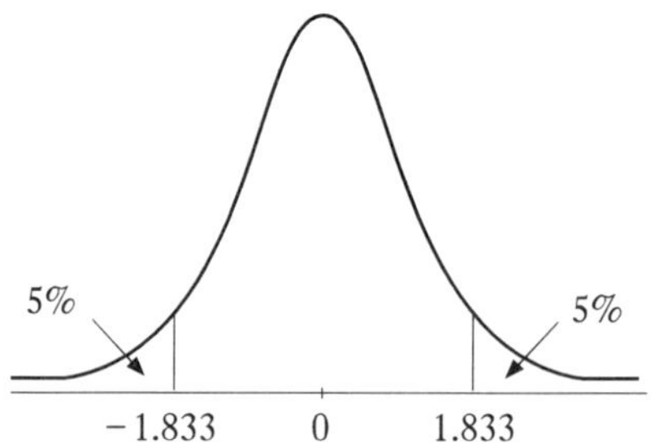

그림 8-3 자유도가 9인 t분포의 그림

예제 8-5

추출되거나 관측된 관찰값 4개의 평균이 20이라고 할 때 이 4개의 관찰값으로 주어진 합을 만들기 위해 자유롭게 선택할 수 있는 관찰값의 개수를 구하라.

풀이

4개의 관찰값의 합은 20(4)=80이다. 자유도의 값은 제약조건없이 자유롭게 선택될 수 있는 관찰값의 개수이므로 이 경우 자유도는 4−1=3으로서 3개의 관찰값을 자유롭게 선택할 수 있다. 예를 들어 3개의 관찰값으로 27, 8, 19를 선택했다고 하자. 이 세 개의 관찰값들과 네 개의 관찰값들의 합이 80이라는 정보로부터 4번째 관찰값은 80−27−8−19=16이 된다. 이와 같이, 일단 세 개의 관찰값들이 결정되면 4번째 관찰값의 값은 자동적으로 주어진다. 따라서 자유도의 값은 위 공식에 의해 df=n−1=4−1=3이 된다. ■

8.4.2 t분포를 이용한 모평균의 신뢰구간

크기가 n인 임의표본이 평균과 분산이 알려져 있지 않는 $N(\mu, \sigma^2)$로부터 추출되었을 때 다음의 통계량은 자유도가 $n-1$인 t분포를 한다.

$$\frac{\overline{X}-\mu}{s/\sqrt{n}} \sim t(n-1)$$

여기서 $s^2 = \sum (X_i - \overline{X})^2/(n-1)$이다.

이러한 사실에 근거하여 모평균 μ에 대한 $(1-\alpha)100\%$ 신뢰구간은 다음과 같이 구해진다.

$$\overline{X} \pm t_{\alpha/2}(n-1) \cdot s/\sqrt{n}$$

여기서, $t_{\alpha/2}(n-1)$는 T가 자유도 $n-1$인 t분포를 따를 때 $P(T > t_{\alpha/2}) = \alpha/2$를 만족한다.

예제 8-6

복사기에 사용되는 드럼을 제조하는 회사에서 평균 몇 장을 복사한 후 드럼을 교체하는지 알고자 한다. 이를 위하여 이 제조회사의 드럼이 설치된 25대의 복사기를 임의 추출하여 각 드럼에 의해 인쇄되는 매수를 확인하였더니 평균과 표준편차가 각각 $\overline{x} = 28,200$, $s = 3350$이었다. 이 제조회사의 드럼을 사용하여 인쇄된 복사매수가 정규분포를 따른다고 할 때 드럼을 교체하기까지의 총 복사매수의 평균에 대한 95% 신뢰구간을 구하여 보아라.

풀이

모집단이 표준편차를 모르는 정규분포를 따르므로 다음 통계량은 자유도가 24인 t분포를 따른다.

$$\frac{\overline{X} - \mu}{s/\sqrt{n}} \sim t(24)$$

따라서 구하고자 하는 신뢰구간은

$$\overline{X} \pm t_{0.025}(24) \cdot \frac{s}{\sqrt{n}}$$

로 주어진다. 여기서 $t_{0.025}(24) = 2.064$이므로, 구하는 신뢰구간은

$$28200 \pm 2.064 \cdot \frac{3350}{\sqrt{25}} = 28200 \pm 1382.88 = (26817.12,\ 29582.88)$$

로 주어진다. ■

미니텝 이용 만일 데이터로부터 표본들의 평균과 표준편차가 이미 $\overline{x} = 28,200$, $s = 3350$로 계산되어 있는 경우라면, 모든 데이터를 입력할 필요 없이, 메뉴로부터 '**통계학 ⇨ 기초통계학 ⇨ 1-표본 t**'를 선택하면 아래와 같은 대화상자가 나타나는데, 여기서 '**요약데이터**'를 선택한 후 표본의 크기 25와 표본평균 28,200, 표준편차 3350을 대입한다. 그리고 오

른쪽 아래 '옵션'을 선택하면 '1-표본 t-옵션' 대화상자가 뜨는데, '신뢰수준'에 '0.95'를 입력하고 '대립가설'란에 '같지 않음(not equal)'을 선택한 후 차례로 확인버튼을 클릭하자.

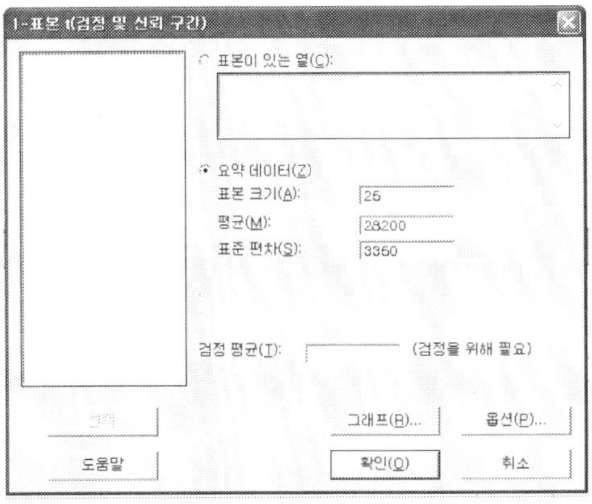

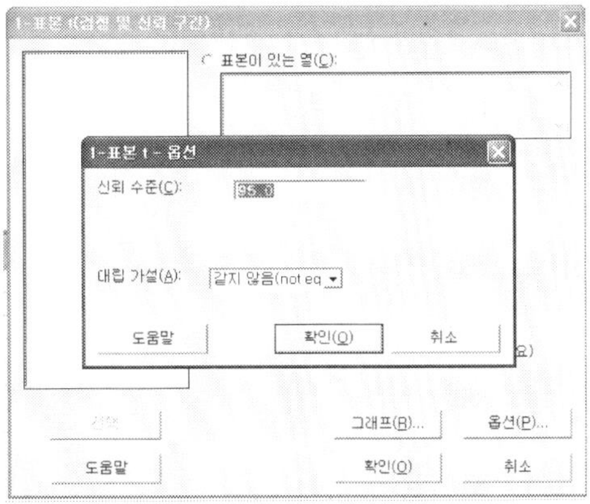

그러면 다음의 결과를 얻을 수 있다.

1-표본 T

```
N     평균  표준 편차  SE 평균        95% CI
25  28200.0    3350.0    670.0  (26817.2, 29582.8)
```

얻어진 결과로부터 구하고자 하는 신뢰구간은 (26817.2, 29582.8)로 얻어진다. 만약 예제에서와 같이 요약데이터가 주어진 것이 아니라 모든 25개의 데이터가 모두 주어진 경우에는 앞서 살펴본 예제 8.2 의 경우와 같이 모든 데이터를 입력한 후 비슷한 절차에 의해 결과를 얻을 수 있다.

8.5 모비율의 구간추정

실험이 이항실험인 경우 모집단의 비율을 추정하고 싶을 경우가 종종 발생한다. 예를 들어 어떤 회사의 생산관리자가 특정기계에서 생산된 부품들 중 불량품의 비율을 추측하고 싶다거나, 어떤 은행의 관리자가 자기 은행에서 제공하는 서비스에 만족해하는 고객의 비율을 얼마나 되는지 알고자 하는 경우 등이 이에 해당된다고 할 수 있다.

본 절에서는 표본비율 $\hat{p}$을 사용하여 모비율 p를 추정하는 방법에 대해 살펴본다. 표본비율 $\hat{p}$은 표본으로부터 계산되는 통계량이므로 분포를 갖게 되며, 제 7장으로부터 표본의 크기가 클 경우 다음 사실들이 성립함을 알 수 있다.

(i) 표본비율 $\hat{p}$의 표집분포는 (근사적으로) 정규분포를 따른다.

(ii) 표본비율 $\hat{p}$의 분포의 평균 $\mu_{\hat{p}}$는 모집단의 비율 p와 같다.

(iii) 표본비율의 분포의 표준편차 $\sigma_{\hat{p}}$는 $\sqrt{p(1-p)/n}$ 이다.

비율의 경우에는 np와 $n(1-p)$ 모두 5보다 클 경우에 한하여 표본이 크다고 간주된다. 만일 p와 $q=1-p$가 알려져 있지 않으면 표본이 크다고 간주되기 위해서는 $n\hat{p}$와 $n\hat{q}$모두 5보다 커야만 한다.

위의 조건들이 만족되면 다음의 확률식이 성립된다.

$$P\left(-z_{\alpha/2} < \frac{\hat{p}-p}{\sqrt{\frac{p(1-p)}{n}}} < z_{\alpha/2}\right) = 1-\alpha$$

괄호 안의 식은 p를 중심으로 다음과 같이 표현할 수 있다.

$$\hat{p} - z_{\alpha/2} \cdot \sqrt{\frac{p(1-p)}{n}} < p < \hat{p} + z_{\alpha/2} \cdot \sqrt{\frac{p(1-p)}{n}}$$

모비율의 값을 추정할 때 p값은 실제로 알려져 있지 않기 때문에 $\sigma_{\hat{p}}$의 값을 계산할 수 없다. 따라서 $\sigma_{\hat{p}}$의 추정값으로 다음과 같이 계산되는 $s_{\hat{p}}$의 값을 사용한다.

$$s_{\hat{p}} = \sqrt{\frac{\hat{p}(1-\hat{p})}{n}}$$

근호 안의 p값에 추정치 $\hat{p}$를 대체하면 결국 다음과 같은 모비율 p에 대한 근사적인 $(1-\alpha)100\%$ 신뢰구간을 구할 수 있다.

$$\hat{p}-z_{\alpha/2}\cdot\sqrt{\frac{\hat{p}(1-\hat{p})}{n}}<p<\hat{p}+z_{\alpha/2}\cdot\sqrt{\frac{\hat{p}(1-\hat{p})}{n}}$$

예제 8-7

선거에서 재선을 위해 노력하고 있는 한 정치인이 유권자들로부터의 득표율을 추정하고 있다. 유권자중 500명을 만나 투표의사를 물었을 때 그 중 256명이 자신에게 투표하겠다고 하였다. 이 정보에 근거하여 최종투표에서 해당 후보자의 득표율에 대한 95%신뢰구간을 구하여라.

풀이

확률변수 X를 해당후보자에게 투표한 유권자의 수라고 하면 X는 $n=500$이고 성공확률이 p인 이항분포를 따른다. p의 추정값이 $256/500=0.512$이고 $z_{.025}=1.96$이므로 공식에 의거하여 다음과 같은 신뢰구간을 얻게 된다.

$$0.512-1.96\sqrt{\frac{(0.53)(0.47)}{500}}<p<0.512+1.96\sqrt{\frac{(0.53)(0.47)}{500}}$$

$$\Leftrightarrow 0.468<p<0.556$$

이 신뢰구간에 근거하여 해당 정치인은 자신의 재선을 바라는 유권자의 비율이 46.8%에서 55.6% 사이라고 95% 확신할 수 있다. ■

미니텝 이용 이러한 비율에 대한 가설검정에서는 조사된 개별적인 데이터에 기초하여 분석하기 보다는 흔히 위의 예에서 제시된 바와 같이 요약된 데이터에 기초하여 검정을 실시하는 경우가 많으므로, 이에 관하여 설명하기로 한다.

원하는 가설검정을 위하여 메뉴로부터 '통계학 ⇨ 기초통계학 ⇨ 1 비율'를 선택하면 아래와 같은 대화상자가 나타나는데 '요약 데이터'를 선택한 후 '시행 횟수'에는 '500'을 입력하고, '사건 발생 횟수'에는 '256'을 입력한다. 만약 조사된 개별적인 500개의 데이터가 사건이 발생한 경우 1, 그렇지 않은 경우 0으로 워크시트에 입력되어 있다면 '표본이 있는 열'을 선택한 후 표본 자료열을 입력하면 된다. 그리고 오른쪽 아래 '옵션'을 선택하면 '1-비율-옵션' 대화상자가 뜨는데, '대립 가설'에 '같지 않음(not equal)'을 입력한 후, '정규분포를 바탕으로 하는 검정 및 신뢰구간 사용'을 선택하여 준다.

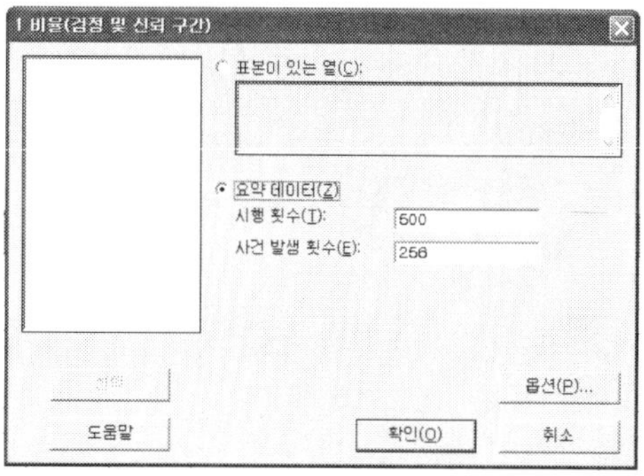

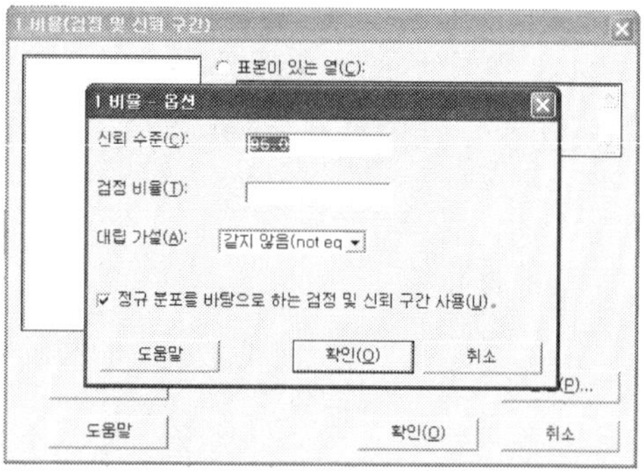

이제 계속하여 확인 버튼을 눌러주면 다음과 같은 결과를 얻는다.

1 비율에 대한 검정 및 CI

p = 0.5 대 p not = 0.5 의 검정

```
표본    X    N   표본 p          95% CI            Z-값   P-값
1     256  500  0.512000  (0.468186, 0.555814)  0.54   0.592
```

얻어진 결과로부터 구하고자 하는 신뢰구간은 (0.4681, 0.5558)로 얻어진다.

8.6 표본크기 결정

8.6.1 모평균 추정에 필요한 표본크기

전수조사를 하지 않고 표본조사를 실시하는 일반적인 이유는 대부분 자유롭게 사용할 수 있는 자원이 제한되어 있기 때문이라고 할 수 있다. 이러한 사실을 염두에 둔다면 더 작은 규모의 표본으로도 원하는 목적을 충분히 달성할 수 있음에도 불구하고 더 큰 규모의 표본을 취한다면 자원을 낭비하는 결과가 될 것이다. 자동차 배터리의 평균수명을 추정하는 경우를 예로 들어 보자. 만일 원하는 신뢰구간을 구하는데 필요한 표본이 40개의 배터리로 가능한 경우 이 보다 훨씬 더 많은 배터리(예를 들어 500개 정도)를 사용한다면 이는 돈과 시간을 낭비하게 되는 것이다. 이 경우 신뢰수준과 신뢰구간의 폭을 알고 있다면 원하는 결과를 얻기 위한 표본의 크기를 대략으로라도 구할 수 있다.

8.3절에서 $E = Z\sigma_{\bar{x}}$가 모평균 μ에 대한 최대 추정오차이며 또한 표본평균의 표준편차가 $\sigma/\sqrt{n}$이므로 모평균에 대한 최대추정오차는 다음과 같음을 알 수 있다.

$$E = z \cdot \frac{\sigma}{\sqrt{n}}$$

만일 신뢰수준과 모집단의 표준편차가 주어졌을 때 모평균에 대한 신뢰구간추정의 최대오차가 E가 되는 표본크기는 다음과 같이 주어진다.

$$n = \frac{z^2\sigma^2}{E^2}$$

만일 모집단의 표준편차 σ가 알려져 있지 않다면, 사전표본을 취하여 표본표준편차 s를 계산하여 σ 대신 사용할 수 있다. 그러나 이 경우 미리 정해놓은 최대오차보다 훨씬 크거나 또는 훨씬 적은 오차를 발생시킬 수 있는 표본크기가 정해질 수도 있음에 주의해야 한다. 즉, 표본표준편차와 모표준편차가 얼마나 근접하는지에 따라 상황이 달라진다.

8.6.2 모비율 추정에 필요한 표본크기

평균의 경우와 마찬가지로 모집단의 비율 p를 추정하기 위한 표본크기를 결정할 수 있다. 이렇게 결정된 표본크기를 이용한 추정량의 오차는 미리 결정된 최대오차를 초과하지 않게 된다. 원하는 결과를 얻게 되는 표본크기를 알게 되면 불필요할 정도로 큰 표본을 취하는 낭비를 피할 수 있다. 8.5절로부터 모비율의 구간추정으로 인한 최대오차 E는 다음과 같음을 알 수 있다.

$$E = z\sigma_{\hat{p}} = z \times \sqrt{\frac{p(1-p)}{n}}$$

따라서 신뢰수준 및 p의 값이 주어졌을 때 모비율 p에 대한 신뢰구간의 최대추정오차가 E가 되는 표본크기는 다음과 같다.

$$n = \frac{z^2 pq}{E^2}$$

신뢰수준, p 및 q의 값이 주어졌을 때 모비율에 대한 신뢰구간추정의 최대오차가 E가 되는 위 공식으로부터 표본크기 n을 계산하기 위해서는 p와 q의 값들을 알아야함을 알 수 있다. 그러나 p와 q의 값들은 알려져 있지 않음으로 이런 상황에서는 다음과 같은 방법들을 선택할 수 있다.

(i) p와 q의 값 모두 0.5를 사용하여 표본크기가 취할 수 있는 최대값을 정한다. 최대오차 E가 주어졌을 때 p와 q에 0.5를 사용한 경우와 다른 값들을 사용할 때를 비교하면 0.5를 사용했을 때 p와 q의 곱이 최대값 1/4을 갖기 때문에 이 경우의 표본크기 또한 가장 큰 값을 갖게 된다.

(ii) 비교적 적은 개수의 표본크기를 임의로 정하고 해당 표본크기만큼 표본을 추출하여 p와 q의 추정값 $\hat{p}$, $\hat{q}$을 계산한다. 이 추정값들을 p와 q의 값으로 사용하여 원하는 총 표본크기를 계산하고 여기서 앞서 추출한 표본크기를 빼서 추가적으로 더 필요한 표본갯수를 정하고 필요한 표본을 추출한다.

예제 8-8

예제 8-6의 정치인의 경우 추정오차가 0.02보다 적다고 95%확신하기 위해서는 표본크기를 어느 정도로 해야 하는가?

풀이

$\hat{p} = 0.53$, $z_{.025} = 1.96$, $E = 0.02$이므로 필요한 표본크기는 다음과 같다.

$$n = \hat{p}(1-\hat{p})\left[\frac{z_{\alpha/2}}{E}\right]^2 = (0.53)(0.47)(1.96/0.02)^2 = 2392.4$$

따라서 유권자중 2393명의 임의표본을 취해야 표본으로부터 계산된 $\hat{p}$의 값과 모집단의 p값의 차이가 0.02보다 작다고 95% 확신할 수 있게 된다. 여기서 만일 기존에 구한 500명의 유권자들을 계속 사용한다면 1893(=2393−500)명의 임의표본을 추가하면 된다. ■

예제 8-9

예제 8.8의 경우에서 표본으로부터의 사전정보를 얻을 수 없다면 추정오차가 0.02를 초과하지 않는다고 95%확신하기 위한 표본크기를 구하라.

풀이

표본으로부터의 사전정보가 없으므로 다음의 공식에 의해 필요한 표본크기를 구한다.

$$n = \frac{1}{4}\left[\frac{z_{\alpha/2}}{E}\right]^2 = (0.25)(1.96/0.02)^2 = 2401$$ ■

연습문제

① 다음 자료는 어떤 도시의 20세 남자 대학생들의 몸무게를 알아보기 위하여 $n=32$인 표본을 추출하여 얻은 자료이다.

55 74 63 58 65 78 86 68 79 77 65 64 78 74 59 85 76 66 67 74 69 89 65 64 70 71 82 78 74 69 66 65

$$(\bar{x} = 71.03,\ s = 8.29)$$

(1) 모집단의 모분산 σ^2이 $\sigma^2 = 64$로 주어져 있을 때 모집단의 모평균 μ에 대한 95% 신뢰구간을 구하여라.

(2) 모집단의 모분산 σ^2이 주어지지 않은 경우 모평균 μ에 대한 95% 신뢰구간을 구하여라.

② 어떤 전구 회사에서 새로운 방법으로 전구를 생산하여 이들 전구의 수명의 평균을 알아보고자 다음과 같이 15개의 표본을 추출하여 수명을 체크하였다.

5300 5250 6000 5030 6920 5730 6250 5230 5500 5870 6340 5340 5720 5930 5320

$$(\bar{x} = 5715,\ s = 515)$$

모집단의 분포가 정규분포를 따른다고 알려져 있을 때, 모평균 μ에 대한 95% 신뢰구간을 구하여라.

③ 어떤 질병을 치료하기 위해 새로 개발된 치료제의 치료율 p를 알아보기 위하여 1000명의 환자를 대상으로 치료제를 투여하여 이들 중 680명이 치료되었다는 자료를 얻었다.

(1) 이 자료로부터 치료제의 치료율 p에 대한 99% 신뢰구간을 구하여 보아라.

(2) 또한 치료율 p에 대한 90%, 95% 신뢰구간을 각각 구하여 보고 이들 결과와 위의 결과를 비교하여 보아라.

④ 임의표본으로부터 $\hat{p}=0.4$가 주어졌다. 95% 신뢰수준에서 표본크기가 각각 $n=100,\ 169,\ 225$일 때 추정오차의 최대허용값을 구하여라.

⑤ 다음의 각 경우에 대하여 모비율 p를 추정함에 있어 추정오차의 최대값이 각각 0.06, 0.04, 0.02를 넘지 않는다고 95% 확신하기 위해서 필요한 총 표본의 크기를 각각 구하여라. 또한

(1) 사전표본(preliminary sample)로부터 비율의 점추정값이 $\hat{p}=0.62$임이 알려졌다.

(2) 모비율 p는 $p \geq 0.7$라고 하는 사전 정보가 주어져 있다.

(3) 사전표본으로부터 주어진 점추정값 또는 아무런 사전 정보가 존재하지 않는다.

제9장

모평균과 모비율에 관한 가설 검정

9.1 두 가지 가설과 가설 검정

가설 검정에서 필요로 하는 기본적인 개념들의 이해를 돕기 위해 우선 현실적으로 통계적 **가설검정**이 필요한 예를 살펴보도록 하자.

어떠한 전구를 생산하는 공장에서는 판매량의 증가를 위해서 전구의 평균 수명을 더욱 길게 하는 것이 중요하다. 일반적으로 소비자들은 더 오래 지속적으로 사용할 수 있는 전구를 선호하기 때문이다. 그런데 이 공장에서 지금까지 적용해 오던 기존의 공정 방법으로 전구를 생산할 경우 전구 수명의 모평균 μ_0가 75(단위: 100시간)로 알려져 있다. 그런데 이 공장에서는 전구의 평균 수명을 더욱 길게 하기 위해서 연구개발팀에서 새로운 공정을 개발했다고 하자. 그렇다면 이제 현실적으로 중요한 문제는 과연 앞으로 기존의 공정을 모두 새로운 공정으로 바꾸어 제품을 생산할 것인가 아니면 기존의 공정을 고수할 것인가를 결정하는 문제일 것이다. 만약 새로운 공정이 기존의 공정에 비해서 우수하다면 새로운 공정을 적용할 것이고 그렇지 않다면 기존의 공정을 고수하게 될 것이다. 즉, 새로운 공정에 의한 전구 수명의 모평균을 μ라고 할 때, 새로운 공정에 의한 모평균 μ가 기존 공정에 의한 모평균 75보다 더 크다면($\mu > 75$) 새로운 공정을 적용해서 제품을 생산하게 될 것이고, 그렇지 않고 새로운 공정에 의한 모평균 μ가 기존의 공정 평균과 큰 차이가 없다면($\mu = 75$) 기존의 공정을 고수하게 될 것이다. 따라서 이와 같은 상황에서 다음과 같은 두 가지 사실은 모집단의 평균 수명 μ에 대한 아무런 정보가 없을 때는 모두 진실일 가능성을 지닌 사실, 즉 **가설**로서 우리는 이들 두 가설 중 어떠한 가설이 진실인지를 밝혀야 할 것이다.

가설 I : 새로운 공정에 의한 모평균 μ가 기존의 공정 평균과 큰 차이가 없다 ($\mu = 75$)

가설 II : 새로운 공정에 의한 모평균 μ가 기존의 공정 평균 75보다 더 크다 ($\mu > 75$)

그런데, 우리는 새로운 공정에 의한 모평균 μ를 직접 관측할 수 없으므로, 새로운 공정에 의해 시제품 $n = 25$개를 예비 생산하여 이들의 수명을 각각 측정하고 이들 자료로부터 표본 평균 $\overline{X}$를 구하여 만약 $\overline{X}$가 매우 큰 값으로 얻어진다면 가설 II을 받아들이게 될 것이고 그렇지 못한 경우 가설 I을 받아들이게 될 것이다.

이와 같이 가설검정을 실시하고자 하는 경우 두 가지 가설 중 한 가지 가설은 표본 자료로부터 주장하고자 하는 가설(이 경우는 가설 II)이며, 또 다른 한 가지는 주장하고자 하는 가설을 뒷받침 할만한 강한 증거가 없는 경우 이를 무효화 시키면서 받아들이게 되는 가설이다(가설 I). 전자의 가설을 **대립가설(alternative hypothesis)**이라 부르고 H_1으로 표기하며, 후자의 가설을 **귀무가설(null hypothesis)**이라 부르고 H_0로 표기한다.

대립가설(H_1)

해당 가설을 지지할 만한 강력한 증거가 있을 때에만 받아들이게 되는 가설로, 입증하여 주장하고자 하는 가설

귀무가설(H_0)

대립가설의 반대가설로 대립가설을 입증할 수 없을 때 대립가설을 무효화 시키면서 받아들이는 가설

따라서 위에서 예를 든 가설 검정에서는 다음과 같이 가설을 설정하여야 할 것이다.

귀무가설(H_0) : 새로운 공정에 의한 모평균 μ가 기존의 공정 평균과 큰 차이가 없다 ($\mu = 75$)

대립가설(H_1) : 새로운 공정에 의한 모평균 μ가 기존의 공정 평균 75보다 더 크다 ($\mu > 75$)

9.2 가설 검정의 원리

표본자료로부터 가설검정을 실시하여 귀무가설을 버리고 대립가설을 받아들이게 될 때, 귀무가설을 기각(reject)하고 대립가설을 채택(accept)한다고 표현한다. 위에서 예를 든 두 가지 가설에 대하여 가설 검정의 결과는 다음의 두 가지로 나타난다.

(i) H_0를 기각하고 H_1을 채택함

(ii) H_1을 채택할 수 없어서 H_0를 받아들임

우리는 새로운 공정에 의한 모평균 μ를 직접 관측할 수 없으므로, 새로운 공정에 의해 시제품 $n=25$개를 예비 생산하여 이들의 수명을 각각 측정하고 이들 자료로부터 표본 평균 $\overline{X}$를 구하여 만약 새로운 공정으로부터 얻어진 표본 평균 $\overline{X}$가 기존 공정의 모평균 75보다 매우 크게 나타난다면 이는 새로운 공정의 모평균 μ 역시 75보다 크다는 사실을 의미하고, 이는 곧 대립가설 H_1을 지지할 만한 강력한 증거라 할 수 있으므로 귀무가설 H_0를 기각하고 대립가설 H_1을 채택하게 될 것이다. 반면, 새로운 공정으로부터 얻어진 표본 평균 $\overline{X}$가 기존 공정의 모평균 75보다 매우 크게 나타나지 않는다면 이는 곧 대립가설 H_1을 지지할 만한 충분히 강력한 증거라 할 수 없으므로 H_1을 채택할 수 없어서 H_0를 받아들이게 될 것이다. 하지만, 우리는 항

상 모집단의 모수 μ를 직접 관측하는 것이 아니고 변동성을 지닌 표본 자료를 통하여 모수 μ에 관한 간접적인 정보를 얻게 되므로 오류의 가능성이 항상 존재한다. 즉, 실제로 새로운 공정의 모평균 μ가 75로 기존의 공정과 같음에도 불구하고(H_0가 옳음에도 불구하고) 새로운 공정으로부터 얻어진 표본 평균 $\overline{X}$가 우연히 75보다 매우 크게 나타나서 H_0를 기각하고 대립 가설 H_1을 채택하게 되는 오류를 범할 수 있으며, 마찬가지로 실제로 새로운 공정의 모평균 μ가 75보다 큼에도 불구하고(H_1이 옳음에도 불구하고) 새로운 공정으로부터 얻어진 표본 평균 $\overline{X}$가 우연히 75보다 매우 크게 나타나지 않아서 H_1을 채택할 수 없어서 H_0를 받아들이게 되는 오류를 범할 수 있다. 전자의 오류를 **제 1종 오류(type I error)**라 부르고 후자의 오류를 **제 2종 오류(type II error)**라 부르는데, 이를 정리하여 표로 만들면 다음과 같다.

검정의 결과 / 실제 상황	H_1을 채택할 수 없어서 H_0를 받아들임	H_0를 기각하고 H_1을 채택함
H_0가 맞음(H_1이 틀림)	옳은 결정	잘못된 결정(제 1 종 오류)
H_1이 맞음(H_0가 틀림)	잘못된 결정(제 2 종 오류)	옳은 결정

위에서 제시한 두 가지 오류 중 현실적인 면을 고려할 때 일반적으로 두 가지 오류 중 더욱 치명적인 오류는 제 1종 오류가 되므로 가설검정에서는 제 1종의 오류에 더 많은 주의를 기울이게 된다.

오류의 종류

제 1 종 오류 : 귀무가설(H_0)이 맞는데도 불구하고 귀무가설을 기각하고 대립가설(H_1)을 채택하게 되는 오류

제 2 종 오류 : 대립가설(H_1)이 맞는데도 불구하고 대립가설을 채택할 수 없어서 귀무가설(H_0)을 기각하지 못하고 받아들이게 되는 오류

따라서 좋은 가설검정법이란 이러한 오류의 확률을 최소화하면서 옳은 결정을 내릴 확률을 최대로 해 주는 검정법일 것이다. 하지만, 표본의 크기가 일정할 때는 제 1종의 오류의 확률을 줄이려고 하면 제 2종의 오류의 확률이 커지게 되고, 반대로 제 2종의 오류의 확률을 줄이려고 하면 제 1종의 오류의 확률이 증가하게 된다. 즉, 제 1종의 오류와 제 2종의 오류를 범할 확률을 동시에 최소로 해주는 검정방법은 존재하지 않음이 알려져 있다. 그렇다면 어떠한 가설 검정 방법을 택해야 할까? 하지만 앞서 설명한 바와 같이 가설 검정에서는 **일반적으로 제 1종 오류가 제 2종 오류에 비해 더욱 치명적인 오류가 되므로 우선적으로 제 1종 오류를 어느 정도까지 허용할 수 있는지 그 한계를 먼저 정하고 이러한 한계 내에서 제 2종의 오류를 최소화 하는 방법**을 찾는 것이 합리적인 방법일 것이다. 이와 같이 제 1종 오류를 범할 확률의 최대 허용 한계를 유의수준(significance level)이라 하고 이를 α로 표기한다.

> **유의수준(significance level) α**
> 제 1종 오류를 범할 확률의 최대 허용 한계

일반적으로 가설 검정에서 많이 사용되는 유의수준은 0.01, 0.05, 0.10 등의 값이다. 예를 들어 유의수준 $\alpha=0.05$의 검정법이란 제 1종 오류를 범할 확률을 최대 5%까지만 허용하는 검정법을 말한다.

그렇다면, 유의수준이 α로 주어져 있을 때 이러한 유의수준 α를 만족하는 검정법 중에서 최적의 검정법을 찾는 문제를 일반적으로 다루어 보자. 모집단의 분포가 $N(\mu, \sigma^2)$인 모집단으로부터 크기 n의 표본을 뽑아 이러한 표본 자료에 기초하여

(I) 다음과 같은 가설

$$H_0: \mu=\mu_0, \quad H_1: \mu>\mu_0$$

을 검정하고자 하는 경우 **검정통계량** $\overline{X}$를 이용한 **기각역**(귀무가설을 기각할 수 있는 표본자료의 영역)은 다음과 같이 주어지는데

$$R: \overline{X} \geq c$$

여기서 $\overline{X} \geq c$와 동치가 $\frac{\overline{X}-\mu_0}{\sigma/\sqrt{n}} \geq d$(여기서 $d=\frac{c-\mu_0}{\sigma/\sqrt{n}}$)이므로 검정통계량 $\overline{X}$를 이용한 검정법 $R: \overline{X} \geq c$에서 유의수준 α의 최적 검정법을 만족하는 c를 찾는 문제나 검정통계량 $Z=\frac{\overline{X}-\mu_0}{\sigma/\sqrt{n}}$를 이용한 검정법

$$R: \frac{\overline{X}-\mu_0}{\sigma/\sqrt{n}} \geq d$$

에서 유의수준 α의 최적 검정법을 만족하는 d를 찾는 문제나 동일한 문제이다. 즉, $\overline{X}$가 μ_0보다 배우 큰 값을 가질 때 H_0를 기각하므로 이는 곧 $\overline{X}$의 표준화된 통계량 값 $\frac{\overline{X}-\mu_0}{\sigma/\sqrt{n}}$이 매우 큰 양의 값을 가질 때 H_0를 기각하는 것과 같다. 그런데 제 2종 오류의 확률은 제 1종 오류의 확률($\mu=\mu_0$일 때 H_0를 기각할 확률)이 커질수록 줄어들게 되므로, 유의수준 α의 최적 검정법은 $\mu=\mu_0$일 때 H_0를 기각할 확률을 α가 되도록 만들어 주는 검정법이 되서

$$\gamma(\mu_0) = P_{\mu_0}\left(\frac{\overline{X}-\mu_0}{\sigma/\sqrt{n}} \geq d\right) = P(Z \geq d) = \alpha$$

가 되도록 d를 결정하면 되는데, H_0 하에서의 검정통계량 $Z=\frac{\overline{X}-\mu_0}{\sigma/\sqrt{n}}$의 분포가 표준정규분포이므로 $d=z_\alpha$로 주어져서, 결과적으로 유의수준 α의 최적 검정법은

$$R: \frac{\overline{X}-\mu_0}{\sigma/\sqrt{n}} \geq z_\alpha$$

로 얻어짐을 알 수 있다.

(II) 다음과 같은 가설

$$H_0 : \mu = \mu_0 , \quad H_1 : \mu < \mu_0$$

을 검정하고자 하는 경우 $\overline{X}$가 μ_0 보다 매우 작은 값을 가질 때 H_0를 기각하게 될 것이므로, H_0 하에서 표준화된 통계량 $Z = \dfrac{\overline{X} - \mu_0}{\sigma/\sqrt{n}}$를 이용한 기각역은

$$R : \frac{\overline{X} - \mu_0}{\sigma/\sqrt{n}} \le d$$

로 주어지고, 유의수준 α의 최적 검정법을 만족하는 d를 찾는 문제를 생각해보자. 이 경우에도 유의수준 α의 최적 검정법은 $\mu = \mu_0$일 때 H_0를 기각할 확률을 α가 되도록 만들어주는 검정법이므로,

$$\gamma(\mu_0) = P_{\mu_0}\left(\frac{\overline{X} - \mu_0}{\sigma/\sqrt{n}} \le d\right) = P(Z \le d) = \alpha$$

가 되도록 d를 결정하면 되는데, H_0하에서의 검정통계량 $Z = \dfrac{\overline{X} - \mu_0}{\sigma/\sqrt{n}}$의 분포가 표준정규분포이므로 $d = -z_\alpha$로 주어져서, 결과적으로 유의수준 α의 최적 검정법은

$$R : \frac{\overline{X} - \mu_0}{\sigma/\sqrt{n}} \le -z_\alpha$$

로 얻어짐을 알 수 있다.

(III) **다음과 같은 가설**

$$H_0: \mu = \mu_0, \quad H_1: \mu \neq \mu_0$$

을 검정하고자 하는 경우 $\overline{X}$가 μ_0 보다 매우 큰 값을 갖거나 매우 작은 값을 가질 때 H_0를 기각하게 될 것이므로, H_0 하에서 표준화된 통계량 $Z = \dfrac{\overline{X} - \mu_0}{\sigma/\sqrt{n}}$ 를 이용한 기각역은

$$R: \left| \frac{\overline{X} - \mu_0}{\sigma/\sqrt{n}} \right| \geq d$$

로 주어지고, 유의수준 α의 최적 검정법을 만족하는 d를 찾는 문제를 생각해보자. 이 경우에도 유의수준 α의 최적 검정법은 $\mu = \mu_0$일 때 H_0를 기각할 확률을 α가 되도록 만들어주는 검정법이므로,

$$\gamma(\mu_0) = P_{\mu_0}\left(\left| \frac{\overline{X} - \mu_0}{\sigma/\sqrt{n}} \right| \geq d \right) = P(|Z| \geq d) = \alpha$$

가 되도록 d를 결정하면 되는데, H_0하에서의 검정통계량 $Z = \dfrac{\overline{X} - \mu_0}{\sigma/\sqrt{n}}$의 분포가 표준정규분포이므로 $d = z_{\alpha/2}$로 주어져서, 결과적으로 유의수준 α의 최적 검정법은

$$R: \left| \frac{\overline{X} - \mu_0}{\sigma/\sqrt{n}} \right| \geq z_{\alpha/2}$$

로 얻어짐을 알 수 있다.

(III)의 경우처럼 검정통계량 Z가 크거나 작은 모든 경우에 기각하는 검정을 **양측검정**(two-sided test)이라 하고, (I)과 (II)의 경우처럼 검정통계량 Z가 클 때만 기각하거나 작을 때에만 기각하는 검정을 **단측검정**(one-sided test)이라고 한다. 앞으로의 논의

에서는 유의수준 α가 주어진 경우 항상 주어진 유의수준에서의 최적 검정법만을 고려하기로 하고 이를 간단히 유의수준 α의 검정법으로 부르기로 하겠다.

가설검정의 절차를 단계별로 나타내면 다음과 같다.

[1 단계]	귀무가설 H_0와 대립가설 H_1을 설정
[2 단계]	검정통계량 결정 및 그 관측 값 계산
[3 단계]	표본크기, 유의수준 α와 대립가설의 형태에 따라 기각역을 계산
[4 단계]	검정통계량과 기각역을 비교하여 판정(또는 p-값을 계산하여 유의수준 α와 비교하여 판정)

9.3 모집단의 모평균에 관한 가설 검정 : 표본 크기가 큰 경우

9.3.1 모평균 μ에 관한 가설 검정

앞에서 우리는 가설 검정의 원리를 설명하면서 모집단의 분포가 정규분포를 따르고 모분산 σ^2이 알려진 경우에 대해 살펴보았는데, 현실적으로 이와 같은 조건을 모두 만족시키는 경우는 매우 드물다. 따라서 본 논의에서는 보다 현실적인 면을 고려한 경우에 대해 가설 검정 방법을 살펴보도록 하겠다. 모평균이 μ이고 분산이 σ^2인 임의의 모집단으로부터 모집단의 모평균 μ에 관한 가설 검정을 위하여 크기 $n(n \geq 30)$인 임의 표본을 추출하였다고 하자.

(I) 다음과 같은 가설

$$H_0 : \mu = \mu_0 , \quad H_1 : \mu > \mu_0$$

을 검정하고자 하는 경우 앞에서 살펴본 바와 같이 $\overline{X}$의 표준화된 통계량을 이용하게 되는데, 이 경우 모표준편차 σ를 알지 못하므로, σ를 표본표준편차 s로 추정하여 구성한 $Z=\dfrac{\overline{X}-\mu_0}{s/\sqrt{n}}$를 이용한 기각역은

$$R:\frac{\overline{X}-\mu_0}{s/\sqrt{n}}\geq d$$

로 주어지고, 구하고자 하는 유의수준 α의 검정법은

$$\gamma(\mu_0)=P_{\mu_0}\left(\frac{\overline{X}-\mu_0}{s/\sqrt{n}}\geq d\right)=P(Z\geq d)=\alpha$$

를 만족시켜야 하고 H_0 하에서 검정통계량 $Z=\dfrac{\overline{X}-\mu_0}{s/\sqrt{n}}$의 분포는 표본크기가 큰 경우 중심극한 정리에 의해 근사적으로 표준정규분포를 이루므로 $(Z\backsim N(0,1))$, 구하고자 하는 d의 값은 $d=z_\alpha$로 주어진다. 따라서 유의수준 α의 검정법은

$$R:\frac{\overline{X}-\mu_0}{s/\sqrt{n}}\geq z_\alpha$$

로 주어진다.

(II) 다음과 같은 가설

$$H_0:\mu=\mu_0\,,\qquad H_1:\mu<\mu_0$$

을 검정하고자 하는 경우에도 마찬가지 논리에 의해 검정통계량 $Z=\dfrac{\overline{X}-\mu_0}{s/\sqrt{n}}$를 이용한 유의수준 α의 검정법은

$$R:\frac{\overline{X}-\mu_0}{s/\sqrt{n}}\leq -z_\alpha$$

로 주어진다.

(III) 마찬가지로, 다음과 같은 가설

$$H_0 : \mu = \mu_0 , \quad H_1 : \mu \neq \mu_0$$

을 검정하고자 하는 경우에는 검정통계량 $Z = \dfrac{\overline{X} - \mu_0}{s/\sqrt{n}}$를 이용한 유의수준 α의 검정법은

$$R : \left| \frac{\overline{X} - \mu_0}{s/\sqrt{n}} \right| \geq z_{\alpha/2}$$

로 주어진다.

이상에서 얻어진 결과들을 정리하면 다음과 같다.

모평균 μ에 대한 검정($n \geq 30$)

(i) 표본의 크기가 클 때 모평균 μ에 대한 가설 $H_0 : \mu = \mu_0$를 검정하기 위한 검정 통계량은 다음과 같다.

$$Z = \frac{\overline{X} - \mu_0}{s/\sqrt{n}}$$

(ii) H_0하에서 검정통계량 Z의 분포는 근사적으로 $N(0, 1)$을 따른다.

(iii) 각 대립가설에 대하여 유의수준 α를 갖는 검정법의 기각역은 다음과 같다.

$H_1 : \mu > \mu_0$ 일 때 $R : Z \geq z_\alpha$ (단측검정)

$H_1 : \mu < \mu_0$ 일 때 $R : Z \leq -z_\alpha$ (단측검정)

$H_1 : \mu \neq \mu_0$ 일 때 $R : |Z| \geq z_{\alpha/2}$ (양측검정)

단, 모집단의 표준편차 σ가 주어져 있을 때에는 s를 σ로 대체한다.

이와 같은 검정을 표준정규분포를 갖는 확률변수 Z를 붙여서 Z-검정(Z-test)이라고 부른다.

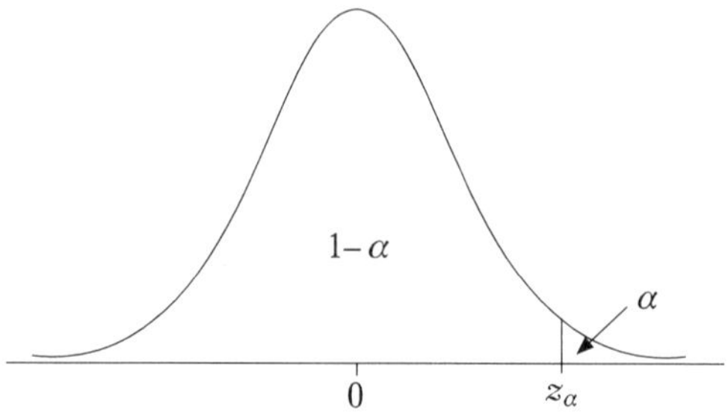

그림 9-1 단측검정(H_1 : $\mu > \mu_0$)

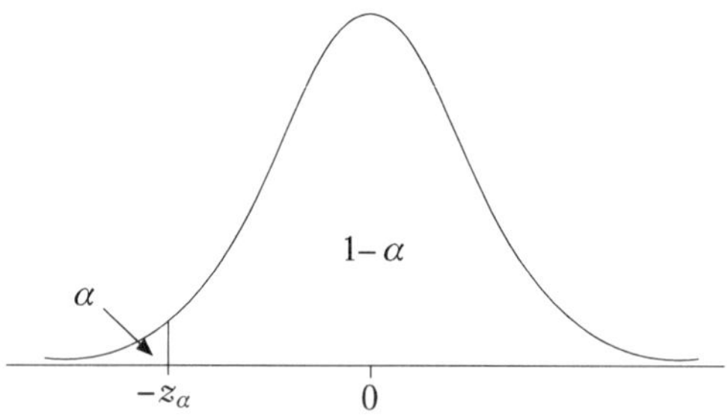

그림 9-2 단측검정(H_1 : $\mu < \mu_0$)

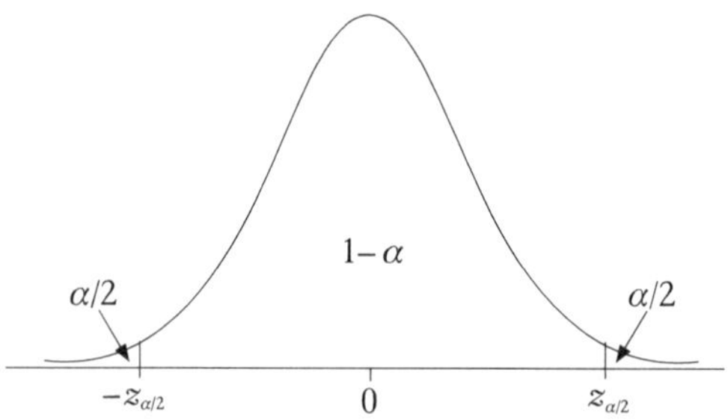

그림 9-3 양측검정(H_1 : $\mu \neq \mu_0$)

예제 9-1

어떤 타이어 제조회사에서 생산중인 타이어의 수명이 평균 37,000(Km)로 알려져 있다. 이 회사의 연구소에서 타이어의 수명을 연장시키기 위해서 새로운 공정을 개발하여 새로운 공정에 의해 시제품 $n=100$개를 생산하여 조사한 결과 100개의 평균 수명이 $\overline{x}=37,500$(Km) 이었고 표본표준편차가 $s=5,000$(Km) 이었다. 이러한 자료에 근거했을 때 새로 개발된 공정이 성공적이라고 할 수 있는지 유의수준 $\alpha=0.05$에서 검정하여라.

풀이

다음과 같이 단계별로 가설 검정을 실시하여 보도록 하자.

[1 단계] 가설 설정

위에서 기술한 가설 검정에서 검정하고자 하는 가설은 다음과 같이

$$H_0 : \mu = 37,000, \quad H_1 : \mu > 37,000$$

기술될 수 있다.

[2 단계] 검정통계량 및 그 분포

모집단의 모평균 μ에 관한 가설검정으로 표본 크기가 크고 모집단의 모표준편차 σ를 모르는 경우이므로 검정통계량은

$$Z = \frac{\overline{X} - 37,000}{s/\sqrt{100}}$$

로 주어지고, H_0하에서의 검정통계량의 분포는 근사적으로 $N(0, 1)$을 따른다.

[3 단계] 기각역의 결정

대립가설이 $H_1 : \mu > 37,000$로 주어진 경우의 기각역은

$$R : Z \geq z_{0.05} = 1.645$$

로 주어진다.

[4단계] 검정통계량의 관측치 계산 및 가설검정에 따른 결론

검정통계량 $Z = \dfrac{\overline{X} - 37{,}000}{s/\sqrt{100}}$에 표본자료로부터 얻어진 $\overline{x}$와 s를 대입하여 관측치를 계산하면 $z = \dfrac{37{,}500 - 37{,}000}{5{,}000/\sqrt{100}} = 1.0$으로 주어지고, 이 값은 위에서 제시된 기각역안에 포함되지 않으므로, H_0를 기각할 수 없다. 즉, **주어진 자료에 근거해서는 새로운 공정이 타이어의 평균 수명을 향상시킨다고 할 만한 충분한 근거가 없다**고 할 수 있다.

여기서 한 가지 주의해야 할 사실은, 앞서 두 가지 가설에 관해 설명하면서 강조했듯이, 이 경우 H_0를 기각할 수 없어서 H_0를 받아들이게 되는데 이는 새로운 공정이 기존의 공정과 확실하게 차이가 없다는 사실을 입증할 수 있어서 H_0를 받아들이는 것이 아니라 H_1을 지지할 만한 강한 증거를 발견하지 못했기 때문에 H_0를 받아들이는 것이므로, 위 가설검정의 결론을 "**주어진 자료에 근거해 볼 때, 새로운 공정이 과거의 공정과 비교해서 차이가 없다고 할 만한 확실한 근거가 있다**"라고 해석해서는 안 된다는 것이다.

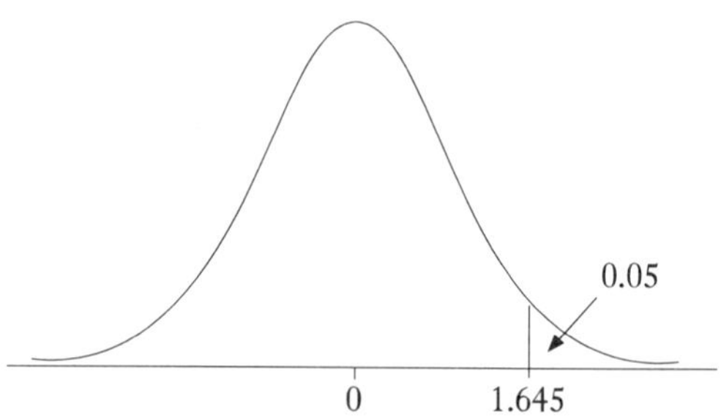

그림 9-4 $Z > z_\alpha$ 형태의 기각역

9.3.2 유의확률(Significance Probability)

앞에서 우리는 주어진 유의수준 α를 갖는 검정법의 기각역을 구하고 H_0의 기각여부를 판정하는 문제를 생각해 보았다. 본 논의에서는 유의수준 α가 주어졌을 때 미리 기각역을 따로 구하지 않고 H_0의 기각여부를 판정하거나, 혹은 유의수준이 명확하게 주어지지 않은 경우에 어떠한 방법으로 기각여부를 판정할 것인가 하는 문제를 다루어보도록 하겠다.

앞서 살펴본 예제 9-1에서 유의수준이 $\alpha=0.05$로 주어졌고 검정통계량의 관측값이 $z=1.0$으로 얻어져서 이는 [그림 9-4]에서 나타난 바와 같이 미리 구하여진 유의수준이 $\alpha=0.05$의 기각역에 속하지 않으므로 H_0를 기각할 수 없었다. 즉, 제 1종의 오류를 5%까지만 허용하기로 하는 경우는 얻어진 관측값 $z=1.0$만으로는 H_0를 기각할 만한 충분한 근거를 갖지 못한다는 의미가 된다. 그렇다면 얻어진 관측값 $z=1.0$만으로 H_0를 기각할 수 있으려면 유의수준 α가 어느 정도나 커져야 할까? H_0를 기각하기 위해서는 얻어진 관측값 $z=1.0$이 기각역에 포함되어야 할 것이므로 최소한 유의수준이 $\alpha=P(Z\geq 1.0)=0.1587$ 이상은 되어야 할 것이다. 이와 같이 주어진 검정통계량의 관측치로부터 H_0를 기각하게 하는 최소의 유의수준을 유의확률(significance probability) 혹은 p-값(p-value)라고 정의한다.

> **유의확률(significance probability) 혹은 p-값(p-value)**
> 주어진 검정통계량의 관측치로부터 H_0를 기각하게 하는 최소의 유의수준

이는 곧 얻어진 관측값 $z=1.0$만으로 H_0를 기각하는 경우, H_0가 옳은데도 불구하고 잘못해서 실수로 H_0를 기각하는 제 1종 오류의 확률을 최소한 15.87%까지나 허용할 수 있는 준비가 되었을 때에만 H_0를 기각할 수 있다는 의미가 된다. 따라서, 유의수준이 $\alpha=0.05$로 미리 주어진 경우 이는 H_0

가 옳은데도 불구하고 잘못해서 H_0를 기각하는 제 1종 오류의 확률을 최대 5%까지만 허용할 수 있다는 의미가 되므로 유의수준 $\alpha=0.05$에서는 H_0를 기각할 수 없는 것이다. 이와 같이 유의수준 α가 주어진 경우 기각역을 미리 구하지 않고 유의확률(p-값)을 구하여 이를 주어진 유의수준 α와 비교함으로써 귀무가설 H_0의 기각 여부를 판정할 수 있다. 즉, 유의확률(p-값)이 유의수준 α보다 크게 나타나는 경우는 주어진 검정통계량의 관측치가 유의수준 α의 기각역 바깥쪽에 있다는 의미가 되므로 H_0를 기각할 수 없으며, 반대로 유의확률(p-값)이 유의수준 α보다 작거나 같게 나타나는 경우는 주어진 검정통계량의 관측치가 유의수준 α의 기각역 안쪽에 있다는 의미가 되므로 H_0를 기각할 수 있는 것이다. 일반적으로 검정통계량의 관측값이 $Z=z$로 주어진 경우 기각역의 형태에 따라 유의확률 p-값을 구하는 공식을 정리하면 다음과 같다.

기각역의 형태에 따른 유의확률(p-값)을 구하는 식

$R: Z \geq d$	일 때	p-값 $= P(Z \geq z)$
$R: Z \leq d$	일 때	p-값 $= P(Z \leq z)$
$R: \lvert Z \rvert \geq d$	일 때	p-값 $= P(\lvert Z \rvert \geq \lvert z \rvert)$

앞서 살펴본 **예제 9-1**로 다시 돌아가서 시제품 $n=100$개를 생산하여 조사한 결과 100개의 평균 수명이 $\overline{x}=38{,}000$(Km)이었고 표본표준편차가 $s=5{,}000$(Km)이었다라고 해보자. 그러면 검정통계량의 관측값 z는 $z=2.0$으로 주어지고, 이 경우 유의확률 p-값은 다음과 같이

$$P(Z \geq 2.0)=0.0228$$

로 주어져서 유의수준 $\alpha=0.05$에서도 H_0를 기각할 수 있다. 그런데, 사실 이 경우에는 유의수준이 $\alpha=0.05$가 아니라 $\alpha=0.0228$로 낮게 주어지더라도 H_0를 기각할 수 있다. 즉 H_0를 기각하는 경우, H_0가 옳은데도 불구하고

잘못해서 실수로 H_0를 기각하는 제 1종 오류의 확률을 5%가 아니라 2.28%로 더욱 엄격하게 제한하더라도 H_0를 기각할 수 있다는 의미가 된다.

또한 예제 9-1에서 시제품 $n=100$개를 생산하여 조사한 결과 100개의 평균 수명이 $\overline{x}=38,250$(Km)이었고 표본표준편차가 $s=5,000$(Km)이었다라고 해보자. 그러면 검정통계량의 관측값 z는 $z=2.5$으로 주어지고, 이 경우 유의확률 p-값은 다음과 같이

$$P(Z \geq 2.5)=0.0062$$

로 주어져서, 이 경우에는 유의수준이 $\alpha=0.05$, $\alpha=0.01$로 주어지는 경우는 물론이거니와 유의수준이 $\alpha=0.0062$로 낮게 주어지더라도 H_0를 기각할 수 있다. 즉 이 경우 H_0를 기각하는 경우, H_0가 옳은데도 불구하고 잘못해서 실수로 H_0를 기각하는 제 1종 오류의 확률을 0.62%로 더욱 엄격하게 제한하더라도 H_0를 기각할 수 있다는 의미가 된다. 또한, 이 경우 H_0를 기각하는 경우 실수의 확률이 0.62%로, $\overline{x}=38,000$(Km)이고 표본표준편차가 $s=5,000$(Km)로 주어진 경우인 2.28%보다 더욱 작으므로, 똑같이 유의수준이 $\alpha=0.05$에서 H_0를 기각하더라도 앞의 경우보다 더욱 확실하게 H_0를 기각할 수 있다는 의미가 된다. 이와 같이 자료로부터 계산된 p-값은 H_0를 기각하고 H_1을 채택하는 근거의 측도로 사용되어질 수 있다.

예제 9-2

어느 도시에서 청소년기의 성장에 관한 연구를 하기 위해 중학교 3학년 학생 30명을 임의 추출하여 키를 측정한 결과 표본평균 $\overline{x}=160.72$, 표본표준편차는 $s=4.63$으로 주어졌다. 이 도시의 중학교 3학년 학생의 키가 다른 도시의 중학교 3학년 학생의 평균 키인 159cm와 차이가 있다고 할 수 있는지 판단하여라. 원 자료는 다음과 같다.

158.3 163.5 162.3 156.8 168.8 164.3 157.4 155.9 158.8 163.2 162.8 152.5 148.9 168.2 170.4 158.3 160.4 167.4 156.3 161.3 160.2 159.4 163.2 157.8 160.7 161.4 163.5 161.4 157.3 160.8

풀이

가설 검정을 위한 가설의 설정은 다음과 같다.

$$H_0 : \mu = 159, \qquad H_1 : \mu \neq 159$$

표본 크기가 크고 모집단의 모평균 μ에 관한 가설검정이므로 이용되는 검정통계량은

$$Z = \frac{\overline{X} - 159}{s/\sqrt{30}}$$

이고, H_0하에서 검정통계량의 분포는 근사적으로 $N(0, 1)$이므로, 대응되는 기각역은 $R : |Z| \geq z_{\alpha/2}$의 형태가 된다. 그런데, 유의수준 α가 주어져 있지 않으므로 검정통계량의 관측값에 대한 p-값을 구하여 보자. 위 검정통계량의 관측값은

$$z = \frac{\overline{x} - 159}{s/\sqrt{30}} = \frac{160.72 - 159}{4.63/\sqrt{30}} = 2.0347$$

로 주어지므로, 이에 대한 p-값을 구하면, 양측검정이므로

$$p-\text{값} = P(|Z| \geq |2.0347|) = 2 \times P(Z \geq 2.0347) = 2 \times 0.02095 = 0.0419$$

로 주어진다. p-값은 주어진 자료로부터 H_0를 기각하게 되는 최소한의 유의수준이므로, 유의수준이 최소한 0.0419 이상일 때에만 H_0를 기각할 수 있다. 그러나 보통 일반적으로 사용되는 유의수준이 0.01, 0.05 또는 0.10인 점을 고려하면 주어진 자료로부터 만약 유의수준이 0.01인 경우는 H_0를 기각하는 것은 바람직하지 않다. 하지만, 유의수준이 0.05 혹은 0.10에서는 H_0를 기각할 만한 충분한 근거가 있다고 할 수 있다.

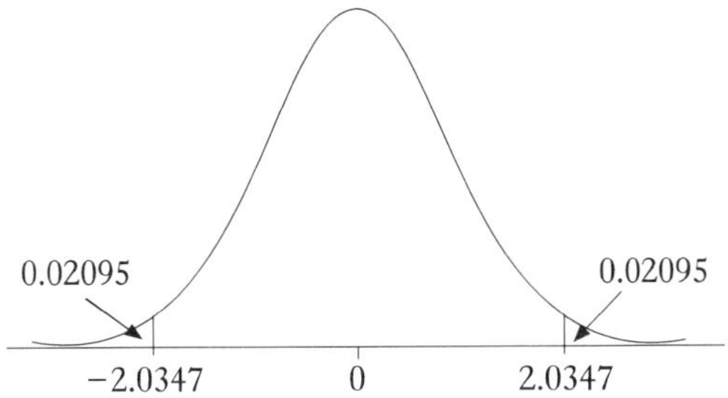

그림 9-5 양측검정에서 p-값 계산

미니텝 이용 우선 주어진 데이터로부터 표본들의 평균과 표준편차가 계산되어 있지 않은 경우 다음과 같이 전체 데이터를 모두 입력한 후 Height를 변수명으로 지정한다.

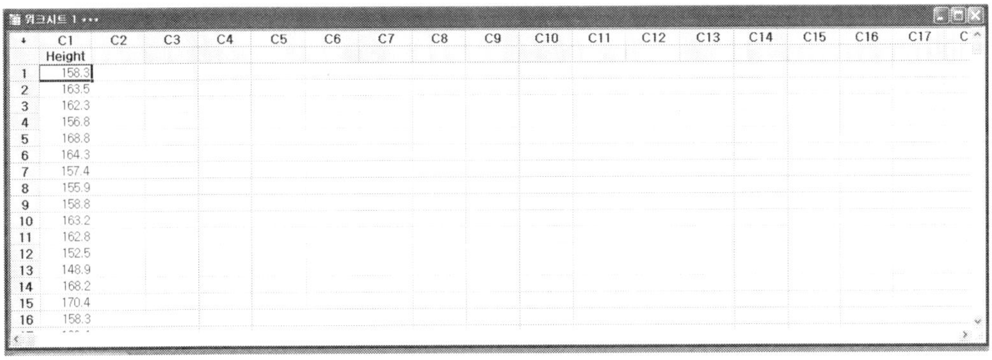

Z-검정을 미니탭에서 적용하기 위해서는 모집단의 표준편차를 알거나, 혹은 표본표부편차를 구하여 대입하는 절차가 필요한데, 위의 예제에서는 모집단의 표분편차가 주어져 있지 않으므로 표본표준편차를 대입하여 주어야 하는데, 이를 위하여 메뉴로부터 '**통계학 ⇨ 기초통계학 ⇨ 기술통계량표시**'를 선택한 후 Height의 기술통계량을 구하여 표본표준편차는 $s = 4.63$으로 주어짐을 확인한다. 이제 원하는 가설검정을 위하여 메뉴로부터 '**통계학 ⇨ 기초통계학 ⇨ 1-표본 Z**'를 선택하면 다음과 같은 대화상자가 나타나는데 표본자료가 주어진 경우이므로 '**표본이 있는 열**'을 선택한 후 'Height'를 입력하고, '**표준편차**'란에 '4.63'을 대입하고 '**검정평균**' 항목에 '159'를 각각 대입한다. 그리고 오른쪽 아래 '**옵션**'을 선택하면 '**1-표본 Z-옵션**' 대화상자가 뜨는데, '**대립가설**'란에 '**같지 않음**(not equal)'

을 선택한 후 차례로 확인버튼을 클릭하자. 여기서, 만약 대립가설이 $H_1 : \mu > \mu_0$ 라면 '**큼(greater than)**'을 선택하고, 대립가설이 $H_1 : \mu < \mu_0$ 라면 '**작음(less than)**'을 선택하도록 한다.

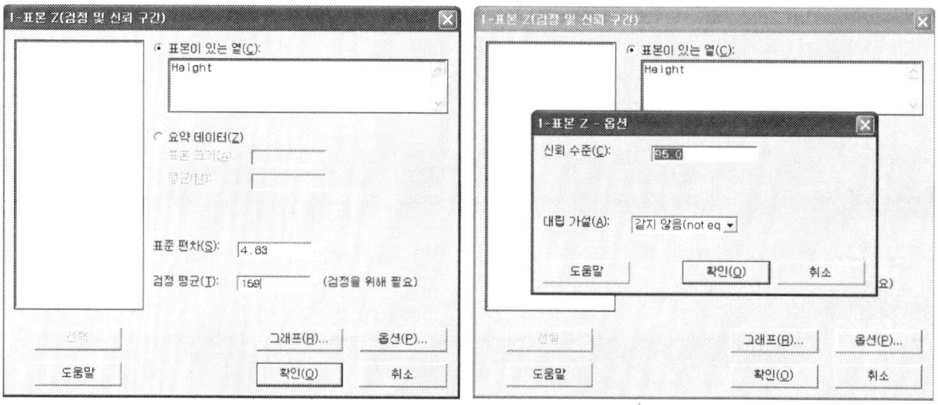

그러면 다음과 같은 결과가 얻어진다.

1-표본 Z: Height

```
mu = 159 대 not = 159의 검정
가정된 표준 편차 = 4.63

변수     N     평균  표준 편차  SE 평균        95% CI              Z      P
Height  30  160.717     4.633    0.845  (159.060, 162.373)  2.03  0.042
```

결과로부터 Z 통계량의 관측치가 2.03으로 주어지고, 유의확률(P-Value)가 0.042로 주어짐을 알 수 있다.

만약 데이터로부터 표본들의 평균과 표준편차가 이미 $\overline{x} = 160.72$, $s = 4.63$로 계산되어 있는 경우라면, 모든 데이터를 입력할 필요 없이, 메뉴로부터 '**통계학 ⇨ 기초통계학 ⇨ 1-표본 Z**'를 선택하면 다음과 같은 대화상자가 나타나는데, 여기서 '**요약데이터**'를 선택한 후 표본의 크기 30과 표본평균 160.72를 대입하고 나머지는 위에서 설명한 바와 동일하게 입력한 후 실행시키게 되면 동일한 결과를 얻을 수 있다.

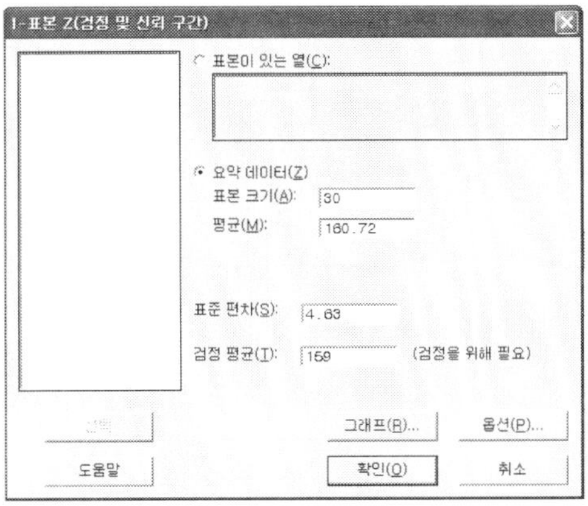

9.4 모집단의 모평균에 관한 가설 검정: 표본 크기가 작은 경우

앞 절에서는 모집단의 모평균에 대한 가설 검정에서 표본 크기가 큰 경우에 대해 다루었다. 표본 크기가 충분히 크지 않은 경우에는 검정통계량 $\overline{X}$의 표준화된 형태의 분포가 모집단의 분포에 따라 여러 형태로 다르게 나타난다. 따라서 표본 크기가 작은 경우에 대하여서는 모집단의 분포와 무관하게 적용할 수 있는 일반적인 검정방법을 유도할 수 없다. 이와 같이 모집단의 모분산 σ^2이 알려져 있지 않고 모집단으로부터 모집단의 모평균 μ에 관한 ($H_0 : \mu = \mu_0$) 가설검정을 하기 위해 추출한 표본 크기가 작은 경우 모집단에 대해서 정규모집단이라는 가정이 필요하다. 이러한 정규모집단 가정이 성립하는 경우, σ를 모르므로 다음과 같은 $\overline{X}$의 스튜던트화된 형태의 통계량을 검정통계량으로 사용하게 되며,

$$T = \frac{\overline{X} - \mu_0}{s/\sqrt{n}}$$

위에서 정의된 통계량 T는 H_0하에서 자유도가 $n-1$인 t-분포를 하게 된다는 사실을 이용하여 가설검정을 다음과 같이 실시하게 된다.

모평균 μ에 대한 검정(표본크기가 작을 때)

(i) 표본의 크기가 작을 때 모평균 μ에 대한 가설 $H_0 : \mu = \mu_0$를 검정하기 위한 검정 통계량은 다음과 같다.

$$T = \frac{\overline{X} - \mu_0}{s/\sqrt{n}}$$

(ii) H_0하에서 검정통계량 T의 분포는 $t(n-1)$을 따른다.

(iii) 각 대립가설에 대하여 유의수준 α를 갖는 검정법의 기각역은 다음과 같다.

$H_1 : \mu > \mu_0$ 일 때 $R : T \geq t_{\alpha}(n-1)$ (단측검정)
$H_1 : \mu < \mu_0$ 일 때 $R : T \leq -t_{\alpha}(n-1)$ (단측검정)
$H_1 : \mu \neq \mu_0$ 일 때 $R : |T| \geq t_{\alpha/2}(n-1)$ (양측검정)

위의 기각역들은 앞에서 다루었던 Z-검정에서 기각역을 얻게 되는 과정과 유사한 과정을 거쳐서 쉽게 얻을 수 있다. 이와 같이 검정 통계량이 t분포를 따르는 경우의 검정을 t-검정이라고 부른다.

예제 9-3

어떤 전구를 생산하는 공장에서 새로운 방법에 의해 생산된 전구의 수명시간의 분포는 정규분포를 따른다고 알려져 있다. 이 모집단으로부터 전구 $n = 9$개를 랜덤하게 추출하여 얻어진 표본평균과 표본표준편차가 각각 $\overline{x} = 5{,}200$(시간)과 $s = 155.08$(시간)으로 주어졌다고 한다. 이 결과로 생산자 측에서는 새로운 방법에 의해 생산된 전구들의 평균 수명시간 μ가 5,150시간보다 길다고 주장한다. 이러한 주장을 뒷받침할 수 있는 결과인지 유의수준 $\alpha = 0.05$로 검정하여라. 원 자료는 다음과 같다.

5050 5350 5280 4970 5120 5320 5430 5080 5200

풀이

[1 단계] 가설 설정

위에서 기술한 가설 검정에서 검정하고자 하는 가설은 다음과 같이

$$H_0 : \mu = 5,150, \qquad H_1 : \mu > 5,150$$

기술될 수 있다.

[2 단계] 검정통계량 및 그 분포

정규모집단의 모평균 μ에 관한 가설검정으로 표본 크기가 작고 모집단의 모표준편차 σ를 모르는 경우이므로 검정통계량은

$$T = \frac{\overline{X} - 5,150}{s/\sqrt{9}}$$

로 주어지고, H_0하에서의 검정통계량의 분포는 $t(8)$을 따른다.

[3 단계] 기각역의 결정

대립가설이 $H_1 : \mu > 5,150$으로 주어진 경우의 기각역은

$$R : T \geq t_{0.05}(8) = 1.860$$

로 주어진다.

[4 단계] 검정통계량의 관측치 계산 및 가설검정에 따른 결론

검정통계량 $T = \dfrac{\overline{X} - 5,150}{s/\sqrt{9}}$에 표본자료로부터 얻어진 $\overline{x}$와 s를 대입하여 관측치를 계산하면 $t = \dfrac{5,200 - 5,150}{155.08/\sqrt{9}} = 0.9672$으로 주어지고, 이 값은 위에서 제시된 기각역안에 포함되지 않으므로, H_0를 기각할 수 없다. 즉, 주어진 자료에 근거해서는 새로운 공정에 의한 전구의 평균 수명이 5,150시간 보다 크다고 할 만한 충분한 근거가 없다고 할 수 있다.

이러한 t-검정의 경우에도 단지 기각여부 뿐만 아니라 관측값으로부터 유의확률(p-값)을 계산하여 검정의 결론을 뒷받침하는 것이 바람직하다. 그러나 표준정규분포표와는 달리 t분포표에는 몇 개의 α 값에 대해서만 상위 α의 확률을 주는 값이 주어져 있기 때문에 정확한 p-값을 구하기 어렵다. 하지만 요즈음 많이 사용되는 대부분의 통계패키지의 경우 이러한 t-검정에 대하여서도 p-값을 제시해 주고 있다. ■

미니텝 이용 우선 주어진 데이터로부터 표본들의 평균과 표준편차가 계산되어 있지 않은 경우 다음과 같이 전체 데이터를 모두 입력한 후 Lifetime을 변수명으로 지정한다.

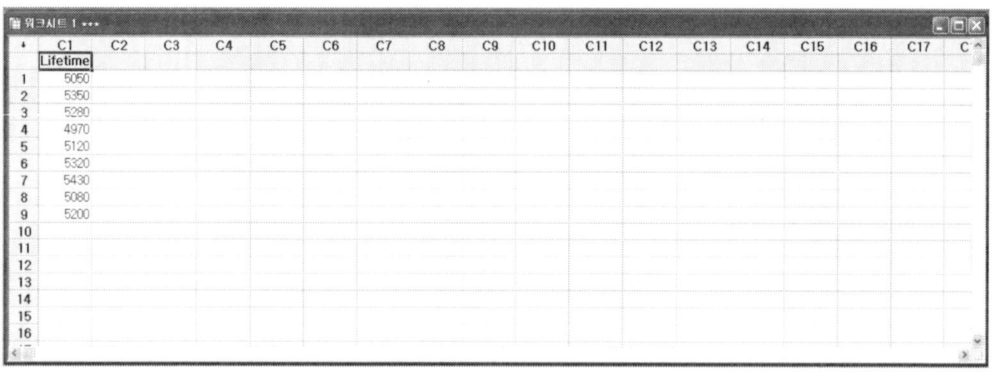

원하는 가설검정을 위하여 메뉴로부터 '**통계학** ⇨ **기초통계학** ⇨ **1-표본 t**'를 선택하면 다음과 같은 대화상자가 나타나는데 표본자료가 주어진 경우이므로 '**표본이 있는 열**'을 선택한 후 'Lifetime'을 입력하고, '**검정평균**' 항목에 '5150'를 대입한다. 그리고 오른쪽 아래 '**옵션**'을 선택하면 '**1-표본 t-옵션**' 대화상자가 뜨는데, '**대립가설**'란에 '**큼**(greater than)'을 선택하고 확인버튼을 연속하여 클릭하자.

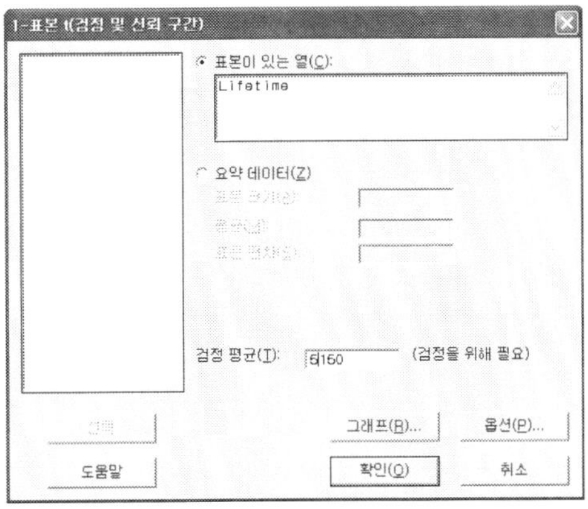

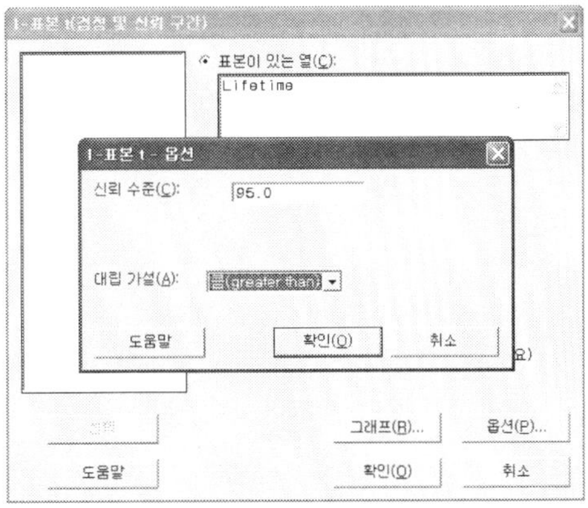

그러면 다음과 같은 결과가 얻어진다.

```
1-표본 T: Lifetime
mu = 5150 대 > 5150의 검정

변수      N    평균    표준 편차  SE 평균  95% 하한    T     P
Lifetime  9  5200.00    155.08    51.69   5103.87  0.97  0.181
```

결과로부터 T 통계량의 관측치가 0.97로 주어지고, 유의확률(P-Value)가 0.181로 주어져서 유의수준 $\alpha = 0.05$에서 H_0를 기각할 수 없음을 알 수 있다.

9.5 모집단의 모비율에 관한 가설 검정

지금까지는 모집단의 모평균 μ에 관한 가설 검정에 대해 다루었다. 이제 모집단으로부터 추출된 표본 크기 n이 큰 경우($n \geq 30$) 모집단의 모비율 p에 관한 가설 검정에 대해 알아보도록 하겠다.

모집단의 모비율 p에 관한($H_0 : p = p_0$) 가설 검정을 위해서는 기본적으로 모집단으로부터 얻어진 크기 n의 표본자료에 기초한 표본 비율 $\hat{p} = X/n$을 이용하게 될 것이다. 이 경우에도 직접 $\hat{p}$을 이용하지 않고, 모집단의 모평균에 관한 검정과 마찬가지로 다음과 같은 $\hat{p}$의 H_0 하에서의 표준화된 형태의 통계량

$$Z = \frac{p - p_0}{\sqrt{p_0(1-p_0)/n}}$$

를 사용하고, 표본 크기 n이 충분히 큰 경우 H_0하에서 위의 Z통계량의 분포가 근사적으로 표준정규분포 $N(0, 1)$을 따름을 이용하여 다음과 같이 각 대립가설에 대해 기각역을 얻을 수 있다.

모비율 p에 대한 검정(표본크기가 클 때)

(i) 표본의 크기가 클 때 모비율 p에 대한 가설 $H_0 : p = p_0$를 검정하기 위한 검정 통계량은 다음과 같다.

$$Z = \frac{\hat{p} - p_0}{\sqrt{p_0(1-p_0)/n}}$$

(ii) H_0하에서 검정통계량 Z의 분포는 근사적으로 $N(0, 1)$을 따른다.

(iii) 각 대립가설에 대하여 유의수준 α를 갖는 검정법의 기각역은 다음과 같다.

$H_1 : p > p_0$ 일 때 $R : Z \geq z_\alpha$ (단측검정)

$H_1 : p < p_0$ 일 때 $R : Z \leq -z_\alpha$ (단측검정)

$H_1 : p \neq p_0$ 일 때 $R : |Z| \geq z_{\alpha/2}$ (양측검정)

위의 기각역들은 앞에서 다루었던 모평균 μ에 관한 Z-검정에서 기각역을 얻게 되는 과정과 유사한 과정을 거쳐서 쉽게 얻을 수 있다.

예제 9-4

어떠한 도시의 사회조사단체에서 취업적령인 사람들 중 1,600명을 랜덤추출하여 조사한 결과 96명이 실업자였다. 조사된 자료에 의하면 이 도시의 실업률이 전국적인 실업률 7.8% 미만이라고 할 수 있는지 유의수준 $\alpha = 0.05$에서 검정하여라.

풀이

다음과 같이 단계별로 가설 검정을 실시하여 보도록 하자.

[1 단계] 가설 설정

위에서 기술한 가설 검정에서 검정하고자 하는 가설은 다음과 같이

$$H_0 : p = 0.078, \quad H_1 : p < 0.078$$

기술될 수 있다.

[2 단계] 검정통계량 및 그 분포

모집단의 모비율 p에 관한 가설검정으로 표본 크기가 크므로 검정통계량은

$$Z = \frac{\hat{p} - 0.078}{\sqrt{0.078(1-0.078)/1600}}$$

로 주어지고, H_0하에서의 검정통계량의 분포는 근사적으로 $N(0, 1)$을 따른다.

[3 단계] 기각역의 결정

대립가설이 $H_1 : p < 0.078$로 주어진 경우의 기각역은

$$R : Z \leq -z_{0.05} = -1.645$$

로 주어진다.

[4 단계] 검정통계량의 관측치 계산 및 가설검정에 따른 결론

검정통계량 $Z = \dfrac{\hat{p} - 0.078}{\sqrt{0.078(1-0.078)/1600}}$에 표본자료로부터 얻어진 $\hat{p} = 96/1600$를 대입하여 관측치를 계산하면 $z = -2.68$로 주어지고, 이 값은 위에서 제시된 기각역 안에 포함되므로, H_0를 기각할 수 있다. 즉, 주어진 자료에 근거해 볼 때 이 도시의 실업률은 유의수준 $\alpha = 0.05$에서 전국적인 실업률보다 낮다고 할 수 있다. ■

미니텝 이용 일반적으로 이러한 비율에 대한 가설검정에서는 조사된 개별적인 데이터에 기초하여 분석하기 보다는 위의 예에서 제시된 바와 같이 요약된 데이터에 기초하여 검정을 실시하는 경우가 많으므로, 이에 관하여 설명하기로 한다.

원하는 가설검정을 위하여 메뉴로부터 '**통계학 ⇨ 기초통계학 ⇨ 1 비율**'를 선택하면 아래와 같은 대화상자가 나타나는데 '**요약 데이터**'를 선택한 후 '**시행 횟수**'에는 '1600'을 입력하고, '**사건 발생 횟수**'에는 '96'을 입력한다. 만약 조사된 개별적인 1600개의 데이터가 사건이 발생한 경우 1, 그렇지 않은 경우 0으로 워크시트에 입력되어 있다면 '**표본이 있는 열**'을 선택한 후 표본 자료열을 입력하면 된다. 그리고 오른쪽 아래 '**옵션**'을 선택하면 '**1-비율-옵션**' 대화상자가 뜨는데, '**검정비율**'에 '0.078'을 입력하고 '**대립 가설**'에 '**작음(less than)**'을 입력한 후, '**정규분포를 바탕으로 하는 검정 및 신뢰구간 사용**'을 선택하여 준다.

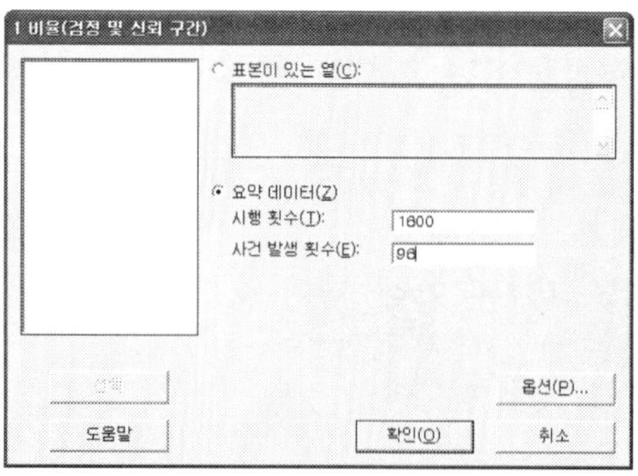

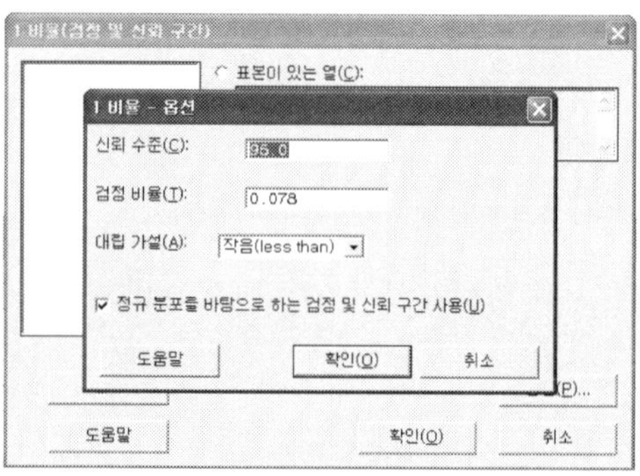

그리고 차례로 확인 버튼을 클릭해 주면 다음과 같은 결과를 얻는다.

1 비율에 대한 검정 및 CI

p = 0.078 대 p < 0.078 의 검정

표본	X	N	표본 p	95% 상한	Z-값	P-값
1	96	1600	0.060000	0.069766	-2.68	0.004

얻어진 결과로부터 Z 통계량의 관측치가 -2.68로 주어지고, 유의확률(P-Value)가 0.004로 주어져서 유의수준 $\alpha = 0.05$에서 H_0를 기각할 수 있음을 알 수 있다.

연습문제

1 다음 각 주장을 검정하기 위한 귀무가설(H_0)와 대립가설(H_1)을 설정하여 보아라.

(1) 어떤 제약 회사에서 생산되는 알약 1정당 특정 성분 평균 함량 μ는 약 포장지에 표시된 함량 25mg이 아니다.

(2) 어떤 도시의 노동인구의 실업률 p는 8% 미만이다.

(3) 어떤 전구 회사에서 생산되는 전구의 평균 수명 μ는 2000시간 이상이다.

2 다음과 같은 가설검정을 생각해보자.

$$\mu = 200 \text{ 대 } \mu > 200$$

(1) 만약 실제로 $\mu = 220$일 때 가설검정 결과 귀무가설을 기각하지 못하고 받아들이게 되면, 이때는 어떠한 종류의 오류를 범하게 되는가?

(2) 만약 실제로 $\mu = 200$일 때 가설검정 결과 귀무가설을 기각하고 대립가설을 채택하게 되면, 이때는 어떠한 종류의 오류를 범하게 되는가?

3 어떤 시멘트 회사에서 생산되는 시멘트 한 부대는 무게가 4kg이라고 표시되어 있다. 이러한 표시가 사실인지를 확인하기 위하여 34개의 시멘트 부대를 조사하여 무게를 조사한 자료가 아래에 주어져 있다.(단위 : kg)

3.87 3.62 4.11 4.32 4.01 3.98 3.86 4.32 4.12 3.90 3.78 4.08 4.06 3.67 3.78 3.89 4.13
4.04 4.34 4.21 3.79 3.75 4.21 4.07 4.03 3.98 3.66 3.83 4.21 4.24 4.21 4.06 3.89 3.83

$$(\bar{x} = 3.9956, \ s = 0.2000)$$

이 자료로부터 이 회사에서 생산되는 시멘트의 무게 표시가 잘못되었다고 할 수 있는가? 유의수준 $\alpha = 0.05$에서 검정하여 보아라.

④ 어떤 자동차 회사에서 새로 출시한 자동차의 1리터당 시내 평균 주행 거리가 16Km라고 한다. 그런데 이 차를 구입하여 사용하고 있는 소비자 모임에서는 이러한 자동차 회사의 광고는 과장된 것이라 주장하며, 실제로 동일 차종 36대에 대하여 주행실험을 하여 리터당 주행거리를 조사하여 다음 결과를 얻었다. (단위 : Km)

14.8 15.6 16.3 13.6 13.2 14.8 16.6 15.2 14.2 14.9 13.8 16.8 17.1 13.7 14.4 15.8 13.2 12.8 13.9 16.2 14.2 13.8 12.6 14.8 14.6 12.4 16.9 17.4 15.2 14.2 13.6 12.5 16.3 12.8 13.2 13.9

$$(\overline{x} = 14.592,\ s = 1.426)$$

이 자료에 의하여 판단했을 때, 실제로 자동차 회사의 광고가 과장되었다고 할 만한 근거가 있는지 유의수준 $\alpha = 0.05$로 검정하여 보아라.

⑤ 어떤 제약 회사에서 생산되는 알약 1정당 특정 성분의 평균 함량은 25mg이라고 포장지에 표시되어 있다. 이러한 표시가 사실인지를 알아보기 위하여 이 회사에서 생산되는 알약 15개를 조사하여 각 알약 당 특정 성분 함량을 조사한 결과가 다음과 같다.(단위 : mg)

23.2 24.1 25.6 22.6 23.8 21.3 26.5 21.4 22.3 27.1 24.8 23.2 20.9 21.1 20.1

$$(\overline{x} = 23.200,\ s = 2.120)$$

이 자료에 기초해서 판단했을 때, 포장지에 표기된 내용이 거짓이라고 할 만한 근거가 있는지 유의수준 $\alpha = 0.05$로 검정하여 보아라.

⑥ 어떤 전구회사에서는 최근에 새로운 생산기법을 도입하여 새로 개발한 전구의 평균 수명이 기존의 평균 수명인 1000시간보다도 증가되었다고 주장한다. 이러한 주장이 옳다고 할 수 있는지 알아보기 위하여 새로운 생산기법을 적용하여 생산한 전구 10개의 수명을 측정한 자료가 다음과 같다.(단위 : 시간)

1090 1120 970 1210 1180 1250 960 1230 1310 1020

$$(\overline{x} = 1134.0,\quad s = 121.9)$$

이 자료에 기초했을 때, 새로운 생산기법을 적용하여 생산한 전구의 평균 수명이 1000시간보다 증가되었다는 확실한 근거가 있는지 유의수준 $\alpha = 0.05$로 검정하여 보아라. 또한 유의수준 $\alpha = 0.01$에서는 어떠한 결론을 내릴 수 있는가?

⑦ 어떠한 생산 공정에서는 생산되는 제품의 불량률이 5%를 초과하면 공정에 이상이 있다고 판단하고 이상 요인을 찾아내어 불량 요인을 제거하기 위한 조치를 취하기로 하였다. 이 공정에서 일정 기간동안 생산된 제품 1000개를 검사하였더니 이들 중 70개가 불량이었다. 이 결과가 조사된 기간 동안 공정에 이상이 있다고 판단하기에 충분한 근거가 되는지 유의수준 $\alpha = 0.05$로 검정하여 보아라. 또한 유의수준 $\alpha = 0.01$에서는 어떠한 결론을 내릴 수 있는가?

⑧ 어떠한 항공사의 예약 취소율은 10%라고 한다. 그런데, 지난 추석 연휴기간동안 예약 취소 상황을 조사하였더니 2,530건의 예약 가운데 취소된 예약건은 174건으로 나타났다. 이 자료에 기초했을 때 추석 연휴 기간동안에는 예약취소율이 10%보다 현저히 낮다고 할 수 있는지 유의수준 $\alpha = 0.05$로 검정하여 보아라. 또한 유의수준 $\alpha = 0.01$에서는 어떠한 결론을 내릴 수 있는가?

CHAPTER

제10장

추정과 가설검정: 두 모집단의 비교

10.1 서 론

앞의 8장과 9장에서는 하나의 모집단의 모평균 μ나 모비율 p의 추론에 관하여 알아보았다. 이제 제10장에서는 앞에서의 토의를 확장하여 두 모집단의 모평균의 차이나 모비율의 차이에 관한 추론문제를 다루고자 한다. 예를 들면 어떠한 질병을 치료하기 위한 두 가지 종류의 치료약의 효과를 비교한다든지, 두 도시의 고등학교 3학년 학생들의 학력을 비교하고자 한다든지 하는 경우가 이와 같은 경우에 해당된다. 두 모집단의 비교를 위한 추론과정은 자료를 어떠한 절차에 따라 수집하느냐에 따라 추론 방법이 달라지는데, 이 장에서는 각 경우에 대해 두 모집단의 비교를 위한 추론과정을 다루고자 한다. 이를 위해 우선 다음의 두 가지 예제를 통하여 두 모집단의 비교를 위해 추출된 표본을 크게 독립인 표본과 독립이 아닌 짝 지워진(paired) 표본으로 구분하여 정의하도록 하자.

예제 10-1

지역 환경에 따라 학력에 차이가 있는지 알아보고자 A, B 두 도시의 고등학교 3학년 학생들 중 각각 150명과 200명을 독립적으로 랜덤추출하여 동일한 시험을 실시한다. 이렇게 얻어진 시험 성적을 비교함으로써 두 도시 학생의 학력을 비교할 수 있다.

예제 10-2

새로운 강의 방식이 초등학교 6학년 학생들의 학습능력을 향상시키는지 알아보고자 한다. 각 학생들의 학습능력에는 상당한 차이가 있으므로, 학습능력이 비슷한 학생끼리 2명씩 한조를 이루게 하여 실험대상으로 30개의 조를 랜덤하게 택한다. 각 조에서 한명씩 랜덤하게 선택하여 새로운 강의방식을 적용시키고 나머지 한 명은 기존의 강의방식을 적용시킨다. 이와 같은 방식으로 강의를 진행한 후 동일한 시험을 실시하여 시험의 성적을 비교함으로써 새로운 강의방식의 효과를 알아볼 수 있다.

위의 예제 10-1에서 한 도시의 모든 고등학교 3학년 학생들이 시험을 치렀을 때의 시험 성적은 하나의 모집단을 형성하게 되며, 실제 실험대상으로 뽑힌 150명과 200명의 성적은 이 두 모집단으로부터의 확률표본으로 생각할 수 있다. 특히 여기에서 주목할 사실은 두 확률표본이 두 모집단으로부터 각각 독립적으로 관측되었다는 것이다. 이와 같이 각 표본이 각 모집단으로부터의 확률표본이며, 각각 독립적으로 관측되었을 때 이를 **독립표본(independent sample)**이라 한다.

한편, 예제 10-2에서 강의방식과 같이 각 실험단위에 특정한 조건을 가하는 것을 처리(treatment)라고 한다. 특히, 이 경우와 같이 실험단위들을 동질적인 쌍으로 택하여, 각 쌍에서 랜덤하게 한 실험단위에는 처리 1을 적용시키고 나머지 실험단위에는 처리 2를 적용시켜 얻은 관측값을 **짝 지워진 표본(paired sample)** 혹은 **대응표본(matched sample)**이라 한다. 예제 10-2에서도 모든 초등학교 6학년 학생들이 새로운 강의방식으로 교육받았을 때의 시험성적과 기존의 강의방식으로 교육받았을 때의 시험성적이 각각 하나의 모집단을 형성한다고 생각할 수 있으며, 짝 지워진 표본 역시 이 두 모집단의 비교에 이용된다. 그런데 한 가지 주목할 사실은 이와 같은 짝 지워진 표본의 경우 두 모집단으로부터 얻어진 표본은 독립표본이 아니라는 점이다. 예를 들어 표본으로 뽑힌 30개 조 중 두 번째 조의 두 명의 학생들이 학업성적이 매우 우수한 학생들이라면 두 명 중 기존의 강의방식을 적용받은 학생의 시험성적이 기존의 강의방식을 적용받은 다른 29명의 학생들에 비해 매우 높을 것이며, 마찬가지로 두 명 중 새로운 강의방식을 적용받은 학생의 시험성적 또한 새로운 강의방식을 적용받은 다른 29명의 학생들에 비해서도 매우 높을 것이다. 또한 표본으로 뽑힌 30개 조 중 세 번째 조의 두 명의 학생들이 학업성적이 매우 저조한 학생들이라면 두 명 중 기존의 강의방식을 적용받은 학생의 시험성적이 기존의 강의방식을 적용받은 다른 29명의 학생들에 비해 매우 낮을 것이며, 마찬가지로 두 명 중 새로운 강의방식을 적용받은 학생의 시험성적 또한 새로운 강의방식을 적용받은 다른 29명의 학생들에 비해서도 매우 낮을 것이다. 이와 같이 두 모집단으로부터 얻어진 각 쌍으로 이루어진 표본은 완전 독립인 표본이 아니라 상호 종속적임(dependent)을 알 수 있다. 이와 같이 두 모집단의 비교를 위한 추론과정은 얻어진 자료가 완전한 독립표본인지 혹은 짝 지워진 표본인지에 따라 추론 방법이 달라지는데, 제 10장에서는 각 경우들에 대해 자세하게 알아보고자 한다.

10.2 두 개의 독립표본 : 표본의 크기가 큰 경우

이 절에서는 앞의 예제 10-1의 경우처럼 두 개의 독립표본으로부터 두 모집단, 혹은 두 가지 처리효과를 비교하는 통계추론의 방법을 알아보기로 한다. 관심의 대상이 되는 두 모집단을 각각 모집단 1, 모집단 2로 나타내기로 하고 이들로부터 표본크기가 각각 30 이상으로 큰 두 개의 독립표본을 추출하였다고 하자. 두 모집단으로부터 추출된 표본과 그로부터 계산되는 통계량을 정리하면 다음과 같다.

$X_1, X_2, \cdots, X_{n_1}$: 평균이 μ_1이고 표준편차가 σ_1인 모집단 1로부터 추출된 표본

$$\overline{X} = \frac{1}{n_1}\sum_{i=1}^{n_1} X_i,\ s_1^2 = \frac{1}{n_1 - 1}\sum_{i=1}^{n_1}(X_i - \overline{X})^2$$

$Y_1, Y_2, \cdots, Y_{n_2}$: 평균이 μ_2이고 표준편차가 σ_2인 모집단 2로부터 추출된 표본

$$\overline{Y} = \frac{1}{n_2}\sum_{i=1}^{n_2} Y_i,\ s_2^2 = \frac{1}{n_2 - 1}\sum_{i=1}^{n_2}(Y_i - \overline{Y})^2$$

이러한 자료에 기초하여 우선 모집단의 모평균의 차이 $\mu_1 - \mu_2$에 관한 추정에 대해 알아보도록 하자. 두 모집단의 모평균의 차이 $\mu_1 - \mu_2$에 관한 점 추정량은 각각의 점 추정량의 차이인 $\overline{X} - \overline{Y}$가 됨을 직관적으로 이해할 수 있다. 이제 $\mu_1 - \mu_2$에 관한 신뢰구간 추정을 위해서 $\overline{X} - \overline{Y}$의 표준화된 형태의 분포가 필요하다. 표본의 크기 n_1과 n_2가 각각 30 이상으로 큰 경우 $\overline{X}$와 $\overline{Y}$의 분포는 중심극한정리에 의해 각각 근사적으로

$$\overline{X} \sim N\left(\mu_1,\ \frac{\sigma_1^2}{n_1}\right),\quad \overline{Y} \sim N\left(\mu_2,\ \frac{\sigma_2^2}{n_2}\right)$$

이 성립하며, 서로 독립인 두 정규분포를 따르는 확률변수의 합이나 차 역시 정규분포를 따르므로

$$\overline{X} - \overline{Y} \sim N\left(\mu_1 - \mu_2,\ \frac{\sigma_1^2}{n_1} + \frac{\sigma_2^2}{n_2}\right)$$

이 근사적으로 성립한다. 여기서 정규분포의 평균과 분산은 각각

$$E(\overline{X}-\overline{Y}) = E(\overline{X}) - E(\overline{Y}) = \mu_1 - \mu_2$$

와

$$Var(\overline{X}-\overline{Y}) = Var(\overline{X}) + Var(\overline{Y}) = \frac{\sigma_1^2}{n_1} + \frac{\sigma_2^2}{n_2}$$

에 의해 얻어진다. 따라서 $\overline{X}-\overline{Y}$의 표준화된 형태의 분포는

$$Z = \frac{(\overline{X}-\overline{Y}) - (\mu_1 - \mu_2)}{\sqrt{\dfrac{\sigma_1^2}{n_1} + \dfrac{\sigma_2^2}{n_2}}} \sim N(0,\ 1)$$

이 근사적으로 성립하며, 여기서 모분산을 모르는 경우 각각을 표본분산으로 대체하여도 다음과 같이 근사적으로

$$Z = \frac{(\overline{X}-\overline{Y}) - (\mu_1 - \mu_2)}{\sqrt{\dfrac{s_1^2}{n_1} + \dfrac{s_2^2}{n_2}}} \sim N(0, 1)$$

이 성립한다. 따라서 이러한 분포를 바탕으로 제 8장에서와 같은 방법을 적용하여 얻게 되는 신뢰구간은 다음과 같이 주어진다.

모평균의 차이 $(\mu_1 - \mu_2)$에 대한 신뢰구간(표본의 크기가 클 때)

표본의 크기 n_1과 n_2가 모두 30 이상으로 클 때 $(\mu_1 - \mu_2)$에 대한 $100(1-\alpha)\%$ 신뢰구간은

$$(\overline{X}-\overline{Y}) \pm z_{\alpha/2}\sqrt{\frac{s_1^2}{n_1} + \frac{s_2^2}{n_2}}$$

으로 주어진다.

예제 10-3

전구를 생산하는 두 기업에서 각각 A상표 전구와 B상표 전구를 생산하고 있다. 두 가지 전구의 평균 수명을 각각 μ_1과 μ_2라 할 때 이들의 차이 $\mu_1 - \mu_2$에 관한 추정을 위해 A상표 전구 50개, B상표 전구 100개를 각각의 기업으로부터 추출하여 조사한 결과 표본평균이 각각 453시간과 401시간으로 나타났으며 표본표준편차가 각각 80시간과 60시간으로 얻어졌다. 이 자료로부터 $\mu_1 - \mu_2$에 관한 95% 신뢰구간을 구하라.

풀이

자료를 정리하면

A 상표 전구 : $n_1 = 50,\ \bar{x} = 453,\ s_1 = 80$
B 상표 전구 : $n_2 = 100,\ \bar{y} = 401,\ s_2 = 60$

와 같다. 따라서 95% 신뢰구간은 $z_{0.025} = 1.96$을 이용하여 다음과 같이 구할 수 있다.

$$
\begin{aligned}
(\overline{X} - \overline{Y}) \pm z_{0.025}\sqrt{\frac{s_1^2}{n_1} + \frac{s_2^2}{n_2}} \\
&= (453 - 401) \pm 1.96 \times \sqrt{\frac{80^2}{50} + \frac{60^2}{100}} \\
&= 52 \pm 25.1 \text{ 혹은 } (26.9,\ 77.1)
\end{aligned}
$$

■

이제 두 모평균의 차 $\mu_1 - \mu_2$에 관한 가설검정에 대해 알아보도록 하자. 모집단 모평균의 차이에 관한($H_0 : \mu_1 - \mu_2 = \delta_0$)의 가설 검정을 위해서는 기본적으로 두 모집단으로부터 얻어진 크기 n_1과 n_2의 표본자료에 기초한 표본 평균의 차이 $\overline{X} - \overline{Y}$를 이용하게 될 것이다. 이 경우에도 직접 $\overline{X} - \overline{Y}$를 이용하지 않고, 모집단의 모평균에 관한 검정과 마찬가지로 다음과 같은 $\overline{X} - \overline{Y}$의 H_0하에서의 표준화된 형태의 통계량

$$Z = \frac{(\overline{X} - \overline{Y}) - \delta_0}{\sqrt{\frac{s_1^2}{n_1} + \frac{s_2^2}{n_2}}}$$

를 사용하고, 표본 크기 n_1과 n_2가 충분히 큰 경우 H_0하에서 위의 Z통계량의 분포가 근사적으로 표준정규분포 $N(0, 1)$을 따름을 이용하여 다음과 같이 각 대립가설에 대해 기각역을 얻을 수 있다.

모평균의 차 $\mu_1 - \mu_2$에 대한 검정(표본크기가 클 때)

(i) 표본의 크기 n_1과 n_2가 모두 30 이상으로 클 때 모평균의 차 $\mu_1 - \mu_2$에 대한 가설 $H_0 : \mu_1 - \mu_2 = \delta_0$를 검정하기 위한 검정 통계량은 다음과 같다.

$$Z = \frac{(\overline{X} - \overline{Y}) - \delta_0}{\sqrt{\frac{s_1^2}{n_1} + \frac{s_2^2}{n_2}}}$$

(ii) H_0하에서 검정통계량 Z의 분포는 근사적으로 $N(0, 1)$을 따른다.

(iii) 각 대립가설에 대하여 유의수준 α를 갖는 검정법의 기각역은 다음과 같다.

$H_1 : \mu_1 - \mu_2 > \delta_0$ 일 때 $R : Z \geq z_\alpha$ (단측검정)

$H_1 : \mu_1 - \mu_2 < \delta_0$ 일 때 $R : Z \leq -z_\alpha$ (단측검정)

$H_1 : \mu_1 - \mu_2 \neq \delta_0$ 일 때 $R : |Z| \geq z_{\alpha/2}$ (양측검정)

예제 10-4

위의 예제 10-3에서 두 가지 전구의 평균 수명에 차이가 있다고 할 수 있는지 유의수준 1%로 검정하여라.

풀이

다음과 같이 단계별로 가설 검정을 실시하여 보도록 하자.

[1 단계] 가설 설정

위에서 기술한 가설 검정에서 검정하고자 하는 가설은 다음과 같이

$$H_0 : \mu_1 - \mu_2 = 0, \quad H_1 : \mu_1 - \mu_2 \neq 0$$

기술될 수 있다.

[2 단계] 검정통계량 및 그 분포

두 모집단의 모평균 차 $\mu_1 - \mu_2$에 관한 가설검정으로 표본 크기가 크므로 검정통계량은

$$Z = \frac{(\overline{X} - \overline{Y})}{\sqrt{\frac{s_1^2}{50} + \frac{s_2^2}{100}}}$$

로 주어지고, H_0하에서의 검정통계량의 분포는 근사적으로 $N(0, 1)$을 따른다.

[3 단계] 기각역의 결정

대립가설이 $H_1 : \mu_1 - \mu_2 \neq \delta_0$로 주어진 경우의 기각역은

$$R : |Z| \geq z_{0.005} = 2.575$$

로 주어진다.

[4 단계] 검정통계량의 관측치 계산 및 가설검정에 따른 결론

검정통계량 $Z = \frac{(\overline{X} - \overline{Y})}{\sqrt{\frac{s_1^2}{50} + \frac{s_2^2}{100}}}$에 표본자료로부터 얻어진 $\overline{x} = 453$, $s_1 = 80$와 $\overline{y} = 401$, $s_2 = 60$를 각각 대입하여 관측치를 계산하면 $z = 4.06$로 주어지

고, 이 값은 위에서 제시된 기각역안에 포함되므로, H_0를 기각할 수 있다. 즉, 주어진 자료에 근거해 볼 때 이 두 가지 전구의 평균 수명은 유의수준 $\alpha = 0.01$에서 차이가 있다고 할 수 있다. ■

10.3 두 개의 독립표본 : 표본의 크기가 작고 모분산이 동일한 경우

앞 절에서는 두 모집단의 모평균 차이에 관한 추론 문제에서 두 모집단으로부터 독립적으로 추출된 표본의 크기가 모두 큰 경우에 대해 생각해 보았다. 이제 동일한 상황에서 두 모집단으로부터 독립적으로 추출된 표본의 크기가 모두 크지 않은 경우에 대해 알아보도록 하자. 우선 이 절에서는 두 모집단의 모분산이 동일한 경우에 대해 다루고 다음 절에서 두 모집단의 모분산이 다른 경우에 대해 알아보도록 하겠다. 이 절에서 다루게 되는 추론 방법이 유효하기 위해서는 다음과 같은 가정이 만족되어야 한다.

통계적 추론을 위해 필요한 가정

(i) 두 모집단의 분포가 각각 $N(\mu_1, \sigma_1^2)$과 $N(\mu_2, \sigma_2^2)$인 정규분포를 따른다.

(ii) 두 모집난으로부터 추출된 표본크기 n_1과 n_2가 모두 작고 두 표본은 독립표본이다.

(iii) 두 모집단의 모표준편차 σ_1과 σ_2는 알려져 있지 않지만 동일하다 $(\sigma_1 = \sigma_2 = \sigma)$.

앞 절에서와 마찬가지로, 두 모집단의 모평균의 차이 $\mu_1 - \mu_2$에 관한 점 추정량은 각각의 점 추정량의 차이인 $\overline{X} - \overline{Y}$가 되며 신뢰구간 추정을 위해서 $\overline{X} - \overline{Y}$의 표준화된 형태의 분포가 필요한데 이 경우 $\overline{X}$와 $\overline{Y}$의 분포가 각각 정규분포를 따르며 두

모집단의 모분산이 모두 σ^2으로 동일하므로,

$$\overline{X} - \overline{Y} \backsim N\left(\mu_1 - \mu_2,\ \sigma^2\left(\frac{1}{n_1} + \frac{1}{n_2}\right)\right)$$

즉,

$$\frac{(\overline{X} - \overline{Y}) - (\mu_1 - \mu_2)}{\sigma\sqrt{\dfrac{1}{n_1} + \dfrac{1}{n_2}}} \backsim N(0,\ 1)$$

이 성립한다. 여기서 공통 모분산인 σ^2을 아는 경우에는 정규분포를 이용한 추론을 할 수 있지만 이를 알지 못하므로 σ^2을 추정하여야 한다. 그런데 두 모집단의 분산이 모두 σ^2이므로 첫 번째 모집단으로부터의 표본자료 $X_1,\ X_2,\ \cdots,\ X_{n_1}$에 기초한 s_1^2과 두 번째 모집단으로부터의 표본자료 $Y_1,\ Y_2,\ \cdots,\ Y_{n_2}$에 기초한 s_2^2의 두 가지 모두 σ^2에 대한 추정량이 된다. 따라서 이들 두 가지를 종합한 하나의 추정량을 생각할 필요가 있는데, 각각의 자유도를 가중치로 한 다음과 같은 가중평균을 합동추정량(pooled estimator)으로 사용하게 된다.

공통분산 σ^2의 합동추정량

$$s_p^2 = \frac{(n_1 - 1)s_1^2 + (n_2 - 1)s_2^2}{n_1 + n_2 - 2} = \frac{\sum_{i=1}^{n_1}(X_i - \overline{X})^2 + \sum_{i=1}^{n_2}(Y_i - \overline{Y})^2}{n_1 + n_2 - 2}$$

위의 합동추정량을 $\overline{X} - \overline{Y}$의 표준화된 형태에서 σ^2 대신에 대입하여 주게 되면 표준화된 형태의 분포는 다음과 같이 자유도가 $n_1 + n_2 - 2$인 t분포를 따르게 된다.

$$\frac{(\overline{X}-\overline{Y})-(\mu_1-\mu_2)}{s_p\sqrt{\dfrac{1}{n_1}+\dfrac{1}{n_2}}} \sim t(n_1+n_2-2)$$

이러한 사실에 기초하여 $(\mu_1-\mu_2)$에 관한 신뢰구간을 구하면 다음과 같다.

모평균차이 $(\mu_1-\mu_2)$에 관한 신뢰구간(표본수가 작고 공통분산인 경우)

두 모집단이 모두 정규분포를 따르고 두 모집단의 모분산이 같을 때 $(\mu_1-\mu_2)$에 관한 $100(1-\alpha)\%$ 신뢰구간은

$$(\overline{X}-\overline{Y}) \pm t_{\alpha/2}(n_1+n_2-2) \times s_p\sqrt{\frac{1}{n_1}+\frac{1}{n_2}}$$

로 주어진다.

예제 10-5

어떤 시민단체에서 A, B 두 회사에서 생산되는 450g 짜리 병 커피의 병당 평균 카페인 함량의 차이를 조사하고자 한다. 이를 위해 A 회사에서 생산되는 병 커피 15병을 뽑아 각 병에 포함된 카페인 함량을 조사하였더니 평균 80(mg), 표본표준편차가 5.03(mg)으로 나타났다. 한편 B 회사에서 생산되는 병 커피 12병을 추출하여 조사하였더니 평균 77(mg), 표본표준편차가 6.11(mg)으로 나타났다. 각 A, B 두 회사에서 생산되는 병 커피에 포함된 카페인 함량이 정규분포를 따르며 모분산이 같다는 가정 하에 A, B 두 회사에서 생산되는 병 커피의 병당 평균 카페인 함량의 차이에 대한 95% 신뢰구간을 구하여라. 원 자료는 다음과 같다.

A 회사 : 74 83 86 77 75 71 89 85 76 81 79 84 77 83 80
B 회사 : 72 84 68 73 83 70 85 81 76 78 71 83

풀이

주어진 자료를 정리하여 보면,

$$\begin{aligned} &\text{A 회사}: n_1 = 15,\ \overline{x} = 80,\ s_1 = 5.03 \\ &\text{B 회사}: n_2 = 12,\ \overline{y} = 77,\ s_2 = 6.11 \end{aligned}$$

이며, 이로부터 우선 σ에 대한 합동추정량을 구해보면

$$\begin{aligned} s_p &= \sqrt{\frac{(n_1-1)s_1^2 + (n_2-1)s_2^2}{n_1+n_2-2}} \\ &= \sqrt{\frac{(15-1)5.03^2 + (12-1)6.11^2}{15+12-2}} = 5.53124 \end{aligned}$$

으로 주어진다. 위에 제시된 신뢰구간을 구하는데 있어서 $(\overline{x}-\overline{y}) = 3$, t 분포의 자유도는 $n_1+n_2-2 = 25$이고 $t_{0.025}(25) = 2.060$으로 주어지므로, 구하고자 하는 신뢰구간은

$$3 \pm 2.060 \times (5.53124)\sqrt{\frac{1}{15}+\frac{1}{12}} = (-1.41,\ 7.41)$$

으로 주어짐을 알 수 있다. ■

미니텝 이용 우선 주어진 데이터로부터 표본들의 평균과 표준편차가 계산되어 있지 않은 경우 다음과 같이 전체 데이터를 모두 입력한 후 각각 변수명을 지정한다.

	C1	C2
	A	B
1	74	72
2	83	84
3	86	68
4	77	73
5	75	83
6	71	70
7	89	85
8	85	81
9	76	76
10	81	78
11	79	71
12	84	83
13	77	
14	83	
15	80	

원하는 신뢰구간 추정을 위하여 메뉴로부터 '**통계학 ⇨ 기초통계학 ⇨ 2-표본 t**'를 선택하면 아래와 같은 대화상자가 나타나는데 두 모집단으로부터 얻어진 표본자료가 각각 서로 다른 두 개의 열에 주어진 경우이므로 '**서로 다른 열에 표본이 있는 경우**'를 선택한 후 '**첫 번째 표본**'에 'A'를 입력하고, '**첫 번째 표본**'에 'B'를 입력한 후, 모분산이 같은 경우이므로 '**등분산 가정**'을 선택한다. 그리고 오른쪽 아래 '**옵션**'을 선택하면 '**2-표본 t-옵션**' 대화상자가 뜨는데, 신뢰구간을 구하는 경우이므로 '**신뢰수준**'란에 신뢰도 '0.95'를 입력하고 확인버튼을 연속하여 클릭하자.

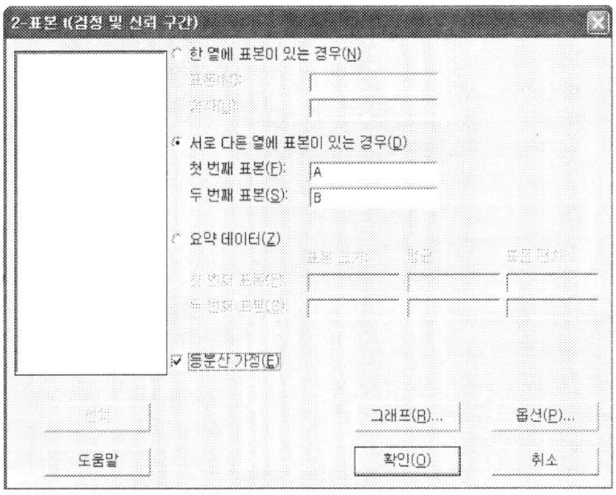

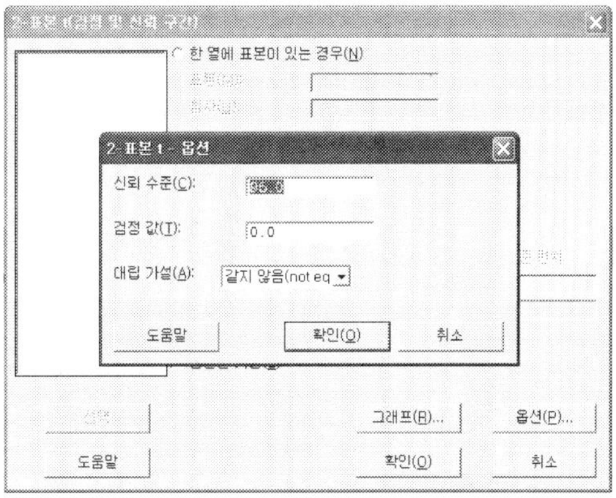

그러면 다음과 같은 결과가 얻어진다.

2-표본 T 검정 및 CI: A, B

```
A 대 B의 두 표본 T

               표준
   N   평균    편차  SE 평균
A  15  80.00  5.00     1.3
B  12  77.00  6.11     1.8


차분 = mu (A) - mu (B)
차분 추정치:  3.00000
차분의 95% CI:  (-1.40953, 7.40953)
차이 = 0 의 T 검정 (대 not =): T-값 = 1.40  P-값 = 0.173  DF = 25
둘 다 합동 표준 편차 5.5281을(를) 사용합니다.
```

이로부터 구하고자 하는 신뢰구간은 $(-1.40963, 7.0953)$으로 주어짐을 알 수 있다.

이제 두 모평균의 차 $\mu_1-\mu_2$에 관한 가설검정에 대해 알아보도록 하자. 모집단의 모평균 차이에 관한($H_0 : \mu_1-\mu_2=\delta_0$)의 가설 검정을 위해서는 앞에서와 마찬가지로 두 모집단으로부터 얻어진 크기 n_1과 n_2의 표본자료에 기초한 표본 평균의 차이 $\overline{X}-\overline{Y}$의 H_0하에서의 표준화된 형태의 통계량

$$T=\frac{(\overline{X}-\overline{Y})-\delta_0}{s_p\sqrt{\dfrac{1}{n_1}+\dfrac{1}{n_2}}}$$

를 사용하고, 앞서 기술된 가정이 만족되는 경우 H_0하에서 위의 T 통계량의 분포가 자유도가 n_1+n_2-2인 t분포를 따르게 됨을 이용하여 다음과 같이 각 대립가설에 대해 기각역을 얻을 수 있다.

모평균의 차 $\mu_1-\mu_2$에 대한 검정(표본 수가 작고 공통분산인 경우)

(i) 두 모집단이 모두 정규분포를 따르고 두 모분산이 같을 때 모평균의 차 $\mu_1-\mu_2$에 대한 가설 $H_0 : \mu_1-\mu_2=\delta_0$를 검정하기 위한 검정 통계량은 다음과 같다.

$$T=\frac{(\overline{X}-\overline{Y})-\delta_0}{s_p\sqrt{\dfrac{1}{n_1}+\dfrac{1}{n_2}}}$$

(ii) H_0하에서 검정통계량 T의 분포는 $t(n_1+n_2-2)$를 따른다.

(iii) 각 대립가설에 대하여 유의수준 α를 갖는 검정법의 기각역은 다음과 같다.

$H_1 : \mu_1-\mu_2>\delta_0$ 일 때 $R : T\geq t_\alpha(n_1+n_2-2)$ (단측검정)

$H_1 : \mu_1-\mu_2<\delta_0$ 일 때 $R : T\leq -t_\alpha(n_1+n_2-2)$ (단측검정)

$H_1 : \mu_1-\mu_2\neq\delta_0$ 일 때 $R : |T|\geq t_{\alpha/2}(n_1+n_2-2)$ (양측검정)

예제 10-6

A, B 두 회사에서 생산되는 다이어트 콜라의 캔 1개당 칼로리에 차이가 있는지 알아보기 위해 A 회사 제품 중 14개 캔을 추출하여 조사한 결과 캔 당 평균 칼로리는 23(cal), 표본표준편차는 3.01(cal)으로 나타났으며, B 회사 제품 중 16개 캔을 추출하여 조사한 결과 캔 당 평균 칼로리는 25(cal), 표본표준편차는 4.07(cal)로 나타났다. 캔 당 칼로리 양의 분포는 두 회사 모두 정규분포를 따르며 분산은 동일하다는 가정 하에 유의수준 1%에서 두 회사 제품의 캔 1개당 칼로리에 차이가 있는지 검정하여라. 원 자료는 다음과 같다.

A 회사 : 18 23 25 28 22 20 26 25 27 21 24 19 23
B 회사 : 28 20 22 27 31 25 27 31 23 20 30 25 28 22 18

풀이

얻어진 자료를 정리하여 보면,

$$\text{A 회사} : n_1 = 14,\ \bar{x} = 23,\ s_1 = 3.01$$
$$\text{B 회사} : n_2 = 16,\ \bar{y} = 25,\ s_2 = 4.07$$

이며 이에 기초해서 다음과 같이 단계별로 가설 검정을 실시하여 보도록 하자.

[1 단계] 가설 설정

위에서 기술한 가설 검정에서 검정하고자 하는 가설은 다음과 같이

$$H_0 : \mu_1 - \mu_2 = 0, \quad H_1 : \mu_1 - \mu_2 \neq 0$$

기술될 수 있다.

[2 단계] 검정통계량 및 그 분포

두 정규 모집단의 모평균 차 $\mu_1 - \mu_2$에 관한 가설검정으로 표본크기가 작고 공통분산의 경우이므로

$$T = \frac{(\overline{X} - \overline{Y})}{s_p\sqrt{\frac{1}{14} + \frac{1}{16}}}$$

로 주어지고, H_0하에서의 검정통계량의 분포는 $t(28)$을 따른다.

[3 단계] 기각역의 결정

대립가설이 $H_1 : \mu_1 - \mu_2 \neq \delta_0$로 주어진 경우의 기각역은

$$R : |T| \geq t_{0.005}(28) = 2.763$$

로 주어진다.

[4 단계] 검정통계량의 관측치 계산 및 가설검정에 따른 결론

검정통계량 $T = \dfrac{(\overline{X} - \overline{Y})}{s_p\sqrt{\frac{1}{14} + \frac{1}{16}}}$에 표본자료로부터 얻어진 $\overline{x} = 23$, $\overline{y} = 25$와

$$s_p = \sqrt{\frac{(n_1 - 1)s_1^2 + (n_2 - 1)s_2^2}{n_1 + n_2 - 2}}$$
$$= \sqrt{\frac{(14-1)3.01^2 + (16-1)4.07^2}{14 + 16 - 2}} = 3.6167013$$

를 각각 대입하여 관측치를 계산하면 $t = -1.511056$로 주어지고, 이 값은 위에서 제시된 기각역 안에 포함되지 않으므로, H_0를 기각할 수 없다. 즉, 주어진 자료에 근거해 볼 때 유의수준 $\alpha = 0.01$에서 이 두 회사에서 생산되는 다이어트 콜라의 캔 1개당 칼로리에 차이가 있다고 할 만한 근거는 없다. ■

미니텝 이용 우선 주어진 데이터로부터 표본들의 평균과 표준편차가 계산되어 있지 않은 경우 다음과 같이 전체 데이터를 모두 입력한 후 각각 변수명을 지정한다.

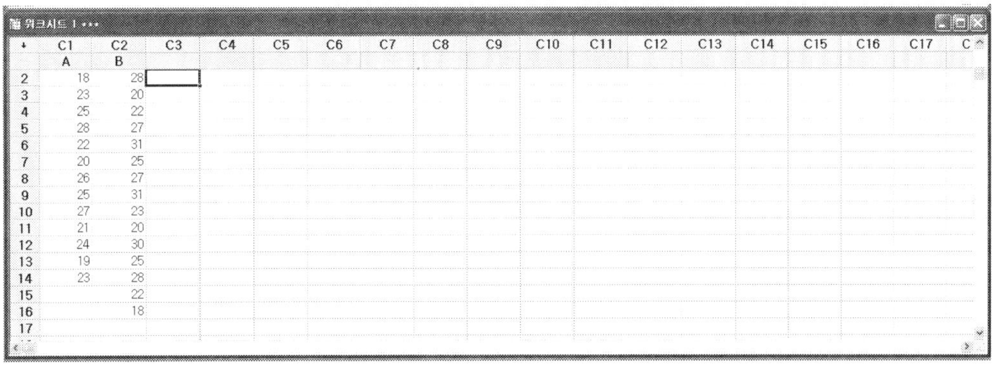

원하는 가설 검정을 위하여 메뉴로부터 '**통계학 ⇨ 기초통계학 ⇨ 2-표본 t**'를 선택하면 아래와 같은 대화상자가 나타나는데 두 모집단으로부터 얻어진 표본자료가 각각 서로 다른 두 개의 열에 주어진 경우이므로 '**서로 다른 열에 표본이 있는 경우**'를 선택한 후 '**첫 번째 표본**'에 'A'를 입력하고, '**두 번째 표본**'에 'B'를 입력한 후, 모분산이 같은 경우이므로 '**등분산 가정**'을 선택한다. 그리고 오른쪽 아래 '**옵션**'을 선택하면 '**2-표본 t-옵션**' 대화상자가 뜨는데, '**검정 값**'에는 모평균 차이가 0인지 아닌지 알아보는 검정이므로 '0'을 대입하고, '**대립가설**'에는 '**같지 않음**(not equal)'을 입력한다.

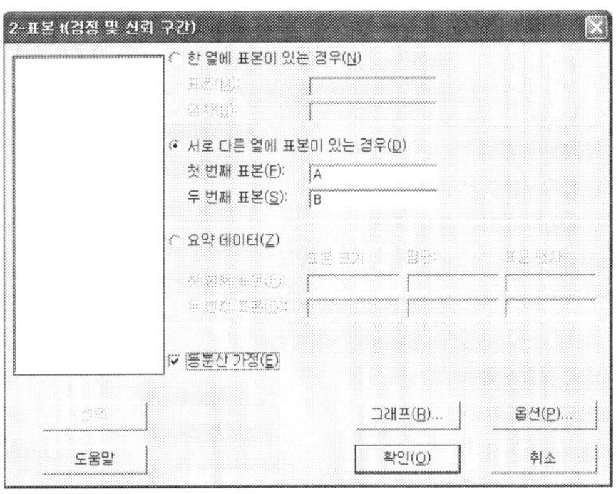

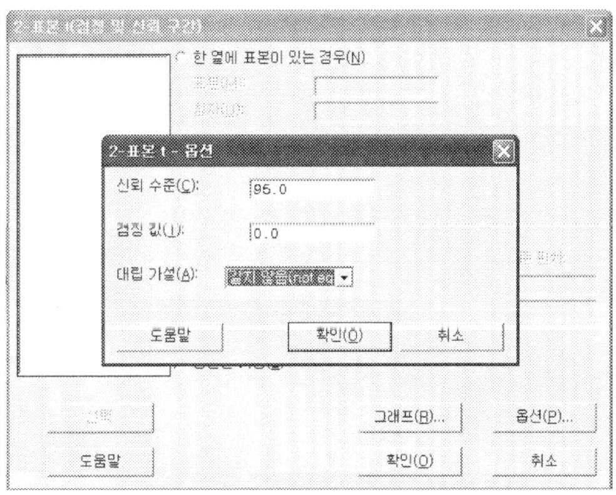

이제 확인버튼을 연속하여 클릭하면 다음과 같은 결과가 얻어진다.

```
2-표본 T 검정 및 CI: A, B

A 대 B의 두 표본 T

               표준
    N   평균   편차  SE 평균
A  14  23.00  3.01     0.81
B  16  25.00  4.07      1.0


차분 = mu (A) - mu (B)
차분 추정치:  -2.00000
차분의 95% CI:  (-4.71028, 0.71028)
차이 = 0 의 T 검정 (대 not =): T-값 = -1.51  P-값 = 0.142  DF = 28
둘 다 합동 표준 편차 3.6154을(를) 사용합니다.
```

얻어진 결과로부터 T 통계량의 관측치가 -1.51로 주어지고, 유의확률(P-Value)가 0.142로 주어져서 유의수준 $\alpha = 0.01$에서 H_0를 기각할 수 없음을 알 수 있다.

10.4 두 개의 독립표본 : 표본의 크기가 작고 모분산이 다른 경우

10.3절에서는 정규분포를 따르는 두 모집단의 모분산이 알려져 있지 않지만 같은 경우에 대하여 t분포를 이용한 추론 방법에 대하여 알아보았다. 이 절에서는 10.3절과 동일한 상황 하에서 단지 두 모집단의 분산이 다른 경우의 추론방법에 대하여 알아보도록 하겠다. 이때에는 물론 다음과 같은 $\overline{X} - \overline{Y}$의 표준화된 형태의 분포를 생각해야 할 것이다.

$$\frac{(\overline{X} - \overline{Y}) - (\mu_1 - \mu_2)}{\sqrt{\dfrac{s_1^2}{n_1} + \dfrac{s_2^2}{n_2}}}$$

앞에서 살펴보았듯이 위의 표준화된 형태의 통계량은 표본크기 n_1과 n_2가 모두 큰 경우 모집단의 분포와 상관없이 근사적으로 표준정규분포를 따르게 된다. 하지만, 모집단이 정규분포를 따르며 표본크기 n_1과 n_2이 크지 않은 경우 이는 근사적으로

$$T = \frac{(\overline{X} - \overline{Y}) - (\mu_1 - \mu_2)}{\sqrt{\frac{s_1^2}{n_1} + \frac{s_2^2}{n_2}}} \backsim t(df)$$

와 같은 t 분포를 따름이 알려져 있다. 여기서 t 분포의 자유도 df 는 다음 식에 의하여 계산된다.

$$df = \frac{(s_1^2/n_1 + s_2^2/n_2)^2}{\frac{(s_1^2/n_1)^2}{n_1 - 1} + \frac{(s_2^2/n_2)^2}{n_2 - 1}}$$

여기서 계산된 df 값이 정수가 아닌 경우에는 계산된 값보다 크지 않은 최대의 정수를 사용한다. 이러한 사실을 이용하여 $(\mu_1 - \mu_2)$에 관한 신뢰구간을 구하면 다음과 같다.

모평균차이 $(\mu_1 - \mu_2)$에 관한 신뢰구간(표본수가 작고 모분산이 다른 경우)

두 모집단이 모두 정규분포를 따르고 두 모집단의 모분산이 다를 때 $(\mu_1 - \mu_2)$에 관한 $100(1-\alpha)\%$ 신뢰구간은

$$(\overline{X} - \overline{Y}) \pm t_{\alpha/2}(df) \times \sqrt{\frac{s_1^2}{n_1} + \frac{s_2^2}{n_2}}$$

로 주어진다.

예제 10-7

앞의 예제 10-5와 같은 상황에서 동일한 자료가 얻어졌을 때 각 A, B 두 회사에서 생산되는 병 커피에 포함된 카페인 함량이 정규분포를 따르며 모분산이 다르다는 가정 하에 A, B 두 회사에서 생산되는 병 커피의 병당 평균 카페인 함량의 차이에 대한 95% 신뢰구간을 구하여라.

풀이

자료를 다시 정리하면

$$\text{A 회사} : n_1 = 15,\ \overline{x} = 80,\ s_1 = 5.03$$
$$\text{B 회사} : n_2 = 12,\ \overline{y} = 77,\ s_2 = 6.11$$

이며, 이로부터 우선 t 분포의 자유도 df를 계산하면

$$df = \frac{(s_1^2/n_1 + s_2^2/n_2)^2}{\dfrac{(s_1^2/n_1)^2}{n_1-1} + \dfrac{(s_2^2/n_2)^2}{n_2-1}} = \frac{(5.03^2/15 + 6.11^2/12)^2}{\dfrac{(5.03^2/15)^2}{15-1} + \dfrac{(6.11^2/12)^2}{12-1}}$$
$$= 21.25 \approx 21$$

으로 계산되어지며, $t_{0.025}(21) = 2.080$으로 주어져서 구하고자 하는 신뢰구간은

$$3 \pm 2.080 \sqrt{\frac{5.03^2}{15} + \frac{6.11^2}{12}} = 3 \pm 4.556 = (-1.556,\ 7.556)$$

로 주어짐을 알 수 있다. ■

미니텝 이용 이번에는 주어진 데이터로부터 표본들의 평균과 표준편차가 계산되어 있다고 가정하고 전체 데이터를 모두 입력하지 않고 메뉴로부터 '**통계학 ⇨ 기초통계학 ⇨ 2-표본 t**'를 선택한 후 아래와 같은 대화상자가 나타나면 '**요약 데이터**'를 클릭한 후 각 표본자료들을 차례로 입력한 후, '**등분산 가정**'은 선택하지 않는다. 오른쪽 아래 '**옵션**'을 선택하면 '**2-표본 t-옵션**' 대화상자가 뜨는데, 신뢰구간을 구하는 경우이므로 '**신뢰수준**'란에 신뢰도 '**0.95**'를 입력하고 확인버튼을 연속하여 클릭하자.

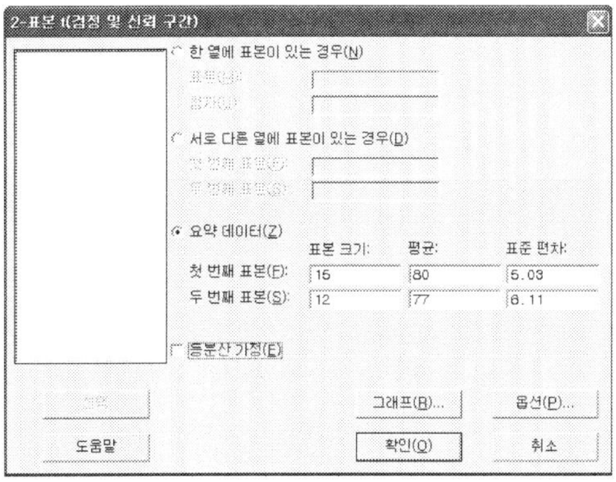

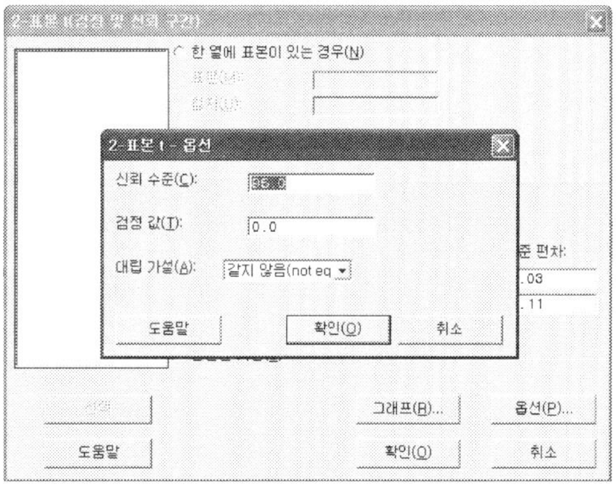

그러면 다음과 같은 결과가 얻어진다.

2-표본 T 검정 및 CI

```
                표준
표본   N   평균  편차  SE 평균
1     15  80.00  5.03      1.3
2     12  77.00  6.11      1.8

차분 = mu (1) - mu (2)
차분 추정치:  3.00000
차분의 95% CI:  ( 1.55513, 7.55513)
차이 = 0 의 T 검정 (대 not =): T-값 = 1.37  P-값 = 0.185  DF = 21
```

이로부터 구하고자 하는 신뢰구간은 $(-1.55513,\ 7.55513)$으로 주어짐을 알 수 있다.

또한 마찬가지로 모집단의 모평균의 차이에 관한$(H_0 : \mu_1 - \mu_2 = \delta_0)$의 가설 검정에서의 검정통계량 및 기각역은 다음과 같이 주어진다.

모평균의 차 $\mu_1 - \mu_2$에 대한 검정(표본 수가 작고 모분산이 다른 경우)

(i) 두 모집단이 모두 정규분포를 따르고 두 모분산이 다를 때 모평균의 차 $\mu_1 - \mu_2$에 대한 가설 $H_0 : \mu_1 - \mu_2 = \delta_0$를 검정하기 위한 검정 통계량은 다음과 같다.

$$T = \frac{(\overline{X} - \overline{Y}) - \delta_0}{\sqrt{\dfrac{s_1^2}{n_1} + \dfrac{s_2^2}{n_2}}}$$

(ii) H_0하에서 검정통계량 T의 분포는 근사적으로 $t(df)$를 따른다.

(iii) 각 대립가설에 대하여 유의수준 α를 갖는 검정법의 기각역은 다음과 같다.

$H_1 : \mu_1 - \mu_2 > \delta_0$ 일 때 $R : T \geq t_\alpha(df)$ (단측검정)

$H_1 : \mu_1 - \mu_2 < \delta_0$ 일 때 $R : T \leq -t_\alpha(df)$ (단측검정)

$H_1 : \mu_1 - \mu_2 \neq \delta_0$ 일 때 $R : |T| \geq t_{\alpha/2}(df)$ (양측검정)

예제 10-8

앞의 예제 10-6과 같은 상황에서 동일한 자료가 얻어졌을 때 각 A, B 두 회사에서 생산된 다이어트 콜라의 캔 당 칼로리 양의 분포는 두 회사 모두 정규분포를 따르며 모분산이 다르다는 가정 하에 유의수준 1%에서 두 회사 제품의 캔 1개당 칼로리에 차이가 있는지 검정하여라.

풀이

얻어진 자료를 다시 정리하여보면,

A 회사 : $n_1 = 14,\ \overline{x} = 23,\ s_1 = 3.01$

B 회사 : $n_2 = 16,\ \overline{y} = 25,\ s_2 = 4.07$

이며 이에 기초해서 다음과 같이 단계별로 가설 검정을 실시하여 보도록 하자.

[1 단계] 가설 설정

위에서 기술한 가설 검정에서 검정하고자 하는 가설은 다음과 같이

$$H_0 : \mu_1 - \mu_2 = 0, \quad H_1 : \mu_1 - \mu_2 \neq 0$$

기술될 수 있다.

[2 단계] 검정통계량 및 그 분포

두 정규 모집단의 모평균 차 $\mu_1 - \mu_2$에 관한 가설검정으로 표본크기가 작고 모분산이 다른 경우이므로

$$T = \frac{(\overline{X} - \overline{Y})}{\sqrt{\frac{s_1^2}{14} + \frac{s_2^2}{16}}}$$

로 주어지고, 앞에서 정의한 df를 계산하면

$$df = \frac{(s_1^2/n_1 + s_2^2/n_2)^2}{\frac{(s_1^2/n_1)^2}{n_1 - 1} + \frac{(s_2^2/n_2)^2}{n_2 - 1}} = \frac{(3.01^2/14 + 4.07^2/16)^2}{\frac{(3.01^2/14)^2}{14-1} + \frac{(4.07^2/16)^2}{16-1}}$$

$$= 27.30 \approx 27$$

로 주어지므로, H_0하에서의 검정통계량의 분포는 근사적으로 $t(27)$을 따른다.

[3 단계] 기각역의 결정

대립가설이 $H_1 : \mu_1 - \mu_2 \neq \delta_0$로 주어진 경우의 기각역은

$$R : |T| \geq t_{0.005}(27) = 2.771$$

로 주어진다.

[4 단계] 검정통계량의 관측치 계산 및 가설검정에 따른 결론

검정통계량 $T = \dfrac{(\overline{X} - \overline{Y})}{\sqrt{\dfrac{s_1^2}{14} + \dfrac{s_2^2}{16}}}$ 에 표본자료로부터 얻어진 $\overline{x} = 23$, $s_1 = 3$와 $\overline{y} = 25$, $s_2 = 4$를 각각 대입하여 관측치를 계산하면 $t = -1.542$으로 주어지고, 이 값은 위에서 제시된 기각역 안에 포함되지 않으므로, H_0를 기각할 수 없다. 즉, 주어진 자료에 근거해 볼 때 유의수준 $\alpha = 0.01$에서 이 두 회사에서 생산되는 다이어트 콜라의 캔 1개당 칼로리에 차이가 있다고 할 만한 근거는 없다. ■

미니텝 이용 이 문제에서도 주어진 데이터로부터 표본들의 평균과 표준편차가 계산되어 있다고 가정하고 전체 데이터를 모두 입력하지 않고 메뉴로부터 **'통계학 ⇨ 기초통계학 ⇨ 2-표본 t'**를 선택한 후 아래와 같은 대화상자가 나타나면 **'요약 데이터'**를 클릭한 후 각 표본자료들을 차례로 입력한 후, **'등분산 가정'**은 선택하지 않는다. 오른쪽 아래 **'옵션'**을 선택하면 **'2-표본 t-옵션'** 대화상자가 뜨는데, 모평균 차이가 0인지 아닌지 하는 가설검정을 하는 경우이므로 **'검정 값'**에는 '0'을 대입하고, **'대립가설'**에는 **'같지 않음(not equal)'**을 입력한다.

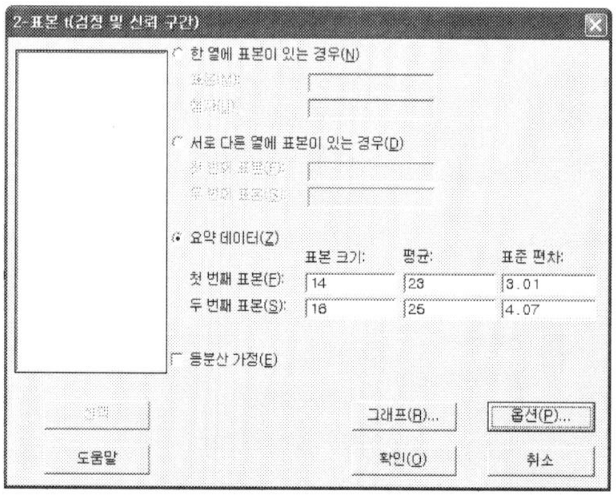

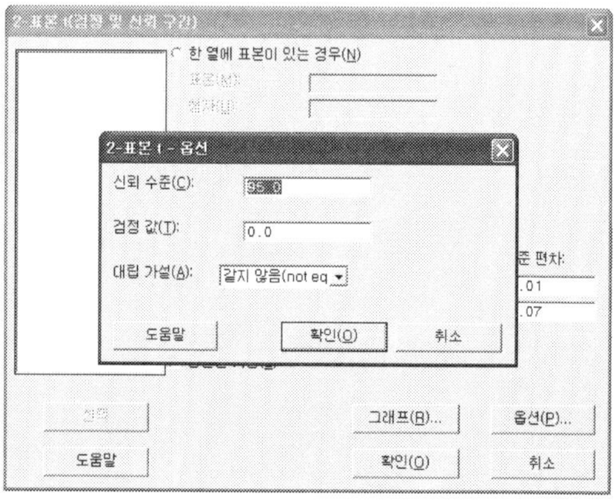

이제 확인버튼을 연속하여 클릭하면 다음과 같은 결과가 얻어진다.

2-표본 T 검정 및 CI

표본	N	평균	표준 편차	SE 평균
1	14	23.00	3.01	0.80
2	16	25.00	4.07	1.0

```
차분 = mu (1) - mu (2)
차분 추정치:  -2.00000
차분의 95% CI:  (-4.66142, 0.66142)
차이 = 0 의 T 검정 (대 not =): T-값 = -1.54  P-값 = 0.135  DF = 27
```

얻어진 결과로부터 T 통계량의 관측치가 -1.54로 주어지고, 유의확률(P-Value)가 0.135로 주어져서 유의수준 $\alpha = 0.01$에서 H_0를 기각할 수 없음을 알 수 있다.

10.5 두 모집단의 모평균 차이에 대한 추론: 짝 지워진 표본의 경우

지금까지 우리는 두 모집단의 모평균 차이에 관한 추론에서 두 모집단으로부터 추출된 표본이 독립표본인 경우에 대해서 추론 방법에 대해 알아보았다. 이 절에서는 두 모집단의 모평균 차이에 대한 추론에서 **짝 지워진 표본**의 경우에 대해 알아보고자 한다.

만약 두 모집단의 비교에 관한 추론에서 각각의 모집단으로부터 확률표본을 얻기 위해 사용하게 되는 실험단위들이 동질적이라면 순수한 처리효과의 차이가 곧 반응측정값의 차이로 나타나므로 매우 바람직하다고 할 수 있다. 그러나 많은 경우 이러한 동질성의 조건을 만족시킬 수 없으며, 반응에 영향을 주는 요인들을 실험자가 조절할 수 없게 되어 반응측정값의 변동이 심하게 되고, 따라서 실제 처리효과간의 차이를 알기 어렵게 된다. 예를 들어, 두 종류의 진통제의 효과를 비교하고자 할 때 나이, 성별, 통증의 정도 등이 같은 환자들을 많이 확보할 수 있다면 이들을 두 그룹으로 나눈 뒤 각각의 그룹에 서로 다른 진통제를 투여한 후 두 진통이 사라지기까지 걸리는 시간을 기록해서 두 진통제의 효과를 비교할 수 있을 것이다. 이 경우는 두 모집단으로부터 얻어진 확률표본이 독립표본인 경우이므로 앞에서 살펴본 독립표본에 대한 추론방법을 적용할 수 있을 것이다. 하지만 이와 같이 두 진통제를 비교하고자 할 때 나이, 성별, 통증의 정도 등이 같은 환자들을 많이 확보하는 것이 현실적으로 어렵고 이러한 환자들의 개인차이가 매우 심한 것이 일반적이다. 따라서 이러한 동질성이 보장되지 않는 실험단위에 대하여서는 각 실험단위에 대해 두 가지 진통제를 모두 투여한 후 각 실험단위로부터 얻어진 효과의 차이들을 종합함으로써 두 진통제의 효과를 비교할 수 있을 것이다. 이와 같이 동질적인 실험단위들끼리 짝을 지워서 각 쌍에서 하나의 실험단위를 임의로 선택해서 처리 1을 시행하고, 나머지 실험단위에는 처리 2를 시행하여 각 쌍에서 이들을 비교하는 방법을 **짝 비교**(matched pair comparison) 또는 **대응비교**(paired comparison)이라고 한다.

> **대응비교 :**
> 각 쌍 내의 두 실험단위는 동질적이 되도록 하며, 각 쌍에서 한 실험단위를 랜덤하게 선택하여 처리 1을 적용하고 나머지 한 실험단위에 처리 2를 적용한다.

이와 같이 대응비교를 하는 경우에 각 실험단위들의 반응 값들을 다음과 같이

(반응값) = (각 조내의 조별 차이 요인) + (처리효과) + (유연성에 의한 효과)

복합적인 요인들로 구성되어 있다. 따라서 각 조의 두 실험단위들에 대한 반응측정값들의 차이를 택함으로써 두 실험단위에 공통적으로 나타나는 조 내의 요인을 제거할 수 있고 이 차는 처리효과간의 차이와 우연성에 의한 관측값으로 생각할 수 있다. 따라서 이러한 대응비교에서 자료의 구조를 다음과 같이 나타낼 수 있다. 여기서 X, Y는 각각 처리 1, 처리 2에 의한 반응 측정값을 뜻한다.

대응비교에서의 자료 구조

쌍	처리 1	처리 2	차이
1	X_1	Y_1	$D_1 = X_1 - Y_1$
2	X_2	Y_2	$D_2 = X_2 - Y_2$
·	·	·	·
·	·	·	·
·	·	·	·
n	X_n	Y_n	$D_n = X_n - Y_n$

통계적 추론에 사용되는 차이 D_1, D_2, $\cdots$, D_n의 표본평균과 분산은 다음과 같다.

$$\overline{D} = \frac{1}{n}\sum_{i=1}^{n} D_i, \quad s_D^2 = \frac{\sum_{i=1}^{n}(D_i - \overline{D})^2}{n-1}$$

위에서 각 쌍 (X_i, Y_i)들은 서로 독립이나, i번째 쌍내의 X_i와 Y_i는 흔히 종속인 경우가 많다. 이는 X_i와 Y_i가 동질적인 실험단위에 대한 반응측정값이기 때문이다. 실제로, X_i와 Y_i가 동시에 모두 큰 값이나 모두 작은 값으로 나타날 때, 즉 X_i와 Y_i가 높은 상관관계를 갖게 될 때 대응비교가 효율적인 방법이 된다.

대응표본에서 $D_i = X_i - Y_i (i = 1, 2, \cdots, n)$는 각 조 내의 조별 차이 요인을 제거하며 $D_1, D_2, \cdots, D_n$은 평균과 분산이 각각

$$E(D_i) = E(X_i - Y_i) = E(X_i) - E(Y_i) \equiv \delta$$
$$Var(D_i) = Var(X_i - Y_i) \equiv \sigma_D^2$$

인 모집단에서의 확률표본이라고 간주할 수 있다. 따라서 이들을 이용하면 두 모집단의 모평균의 차인 $\delta = E(X_i) - E(Y_i)$에 관한 추론을 할 수 있다. 만약 D_i들의 분포에 대해 다음과 같은 가정이 만족된다면

$$D_i \sim N(\delta, \sigma_D^2), \; i=1, 2, \cdots, n$$

즉, D_i 들의 분포가 정규분포를 따른다면 두 모집단의 모평균의 차인 $\delta = E(X_i) - E(Y_i)$에 관한 추론은 앞에서 제 8장과 제 9장에서 다룬 하나의 정규모집단으로부터 얻어진 하나의 확률표본에 기초한 모집단의 모평균에 관한 추론의 문제로 귀결되어진다. 따라서 추론의 방법적인 면에서는 전혀 새로운 내용이 없다.

모평균차이 δ에 관한 추론 : 대응비교

두 반응값의 차이 $D_i = X_i - Y_i, \; i=1, 2, \cdots, n$은 $N(\delta, \sigma_D^2)$으로부터 추출된 확률표본이라고 가정하자.

(i) $\delta = E(X_i) - E(Y_i)$에 대한 $100(1-\alpha)\%$ 신뢰구간은 다음과 같이 구할 수 있다.

$$\overline{D} \pm t_{\alpha/2}(n-1) \times s_D / \sqrt{n}$$

(ii) 귀무가설 $H_0 : \delta = \delta_0$에 대한 검정통계량은

$$T = \frac{\overline{D} - \delta_0}{s_D / \sqrt{n}}$$

이고, H_0하에서 자유도가 $n-1$인 t분포를 따른다.

예제 10-9

특정한 다이어트 방법이 심장의 수축혈압에 끼치는 영향을 조사하기 위해 7명의 성인을 추출하여 다이어트 방법을 적용하기 전 심장의 수축혈압을 측정한 후 이들에게 특정한 다이어트 방법을 3개월간 적용한 후 다시 수축혈압을 측

정하였다.

적용 전	210	180	195	220	231	199	224
적용 후	193	196	186	223	220	183	233

다이어트 방법 적용 전후의 수축혈압 강하(reduction) 크기의 평균을 δ라고 할 때 δ에 대한 95% 신뢰구간을 구하여라.

풀이

짝 지워진 자료를 이용한 대응비교에 해당하므로 우선 다음과 같이 각 쌍으로부터 얻어진 자료들의 차이를 구해야 한다.

적용 전(x_i)	210	190	195	220	231	199	224
적용 후(y_i)	193	196	186	223	220	183	233
차 이(d_i)	17	−6	9	−3	11	16	−9
차이제곱(d_i^2)	289	36	81	9	121	256	81

$$\sum_{i=1}^{7} d_i = 35, \quad \sum_{i=1}^{7} d_i^2 = 873$$

위의 자료로부터 d_i들의 표본평균 $\bar{d}$와 표본표준편차 s_D를 계산하면,

$$\bar{d} = \frac{\sum_{i=1}^{7} d_i}{7} = \frac{3.5}{7} = 5.00$$

$$s_D = \sqrt{\frac{\sum_{i=1}^{7}(d_i - \bar{d})^2}{n-1}} = \sqrt{\frac{\sum d_i^2 - (\sum d_i)^2/n}{n-1}} = \sqrt{\frac{873 - \frac{(35)^2}{7}}{7-1}}$$
$$= 10.78579312$$

로 얻어지며, $t_{\alpha/2}(n-1) = t_{0.025}(6) = 2.447$로 주어지므로 구하고자 하는

신뢰구간은

$$5.00 \pm 2.447 \times (10.78579312 / \sqrt{7}) = 5.00 \pm 9.98 = (-4.98,\ 14.98)$$

로 주어진다. ■

미니텝 이용 우선 주어진 데이터로부터 표본들의 평균과 표준편차가 계산되어 있지 않은 경우 다음과 같이 전체 데이터를 모두 입력한 후 각각 변수명을 지정한다.

	C1	C2
	Before	After
1	210	193
2	180	196
3	195	186
4	220	223
5	231	220
6	199	183
7	224	233

원하는 신뢰구간 추정을 위하여 메뉴로부터 '**통계학 ⇨ 기초통계학 ⇨ 쌍체 t**'를 선택하면 다음과 같은 대화상자가 나타나는데 두 가지 처리로부터 얻어진 표본자료가 각각 서로 다른 두 개의 열에 주어진 경우이므로 '**표본이 있는 열**'을 선택한 후 '**첫 번째 표본**'에 'Before'를 입력하고, '**두 번째 표본**'에 'After'를 입력한 후, 오른쪽 아래 '**옵션**'을 선택하면 '**쌍체 t - 옵션**' 대화상자가 뜨는데, 95% 신뢰구간을 구하므로 '**신뢰 수준**'에는 '0.95'를 입력하고 확인 버튼을 계속하여 클릭하자.

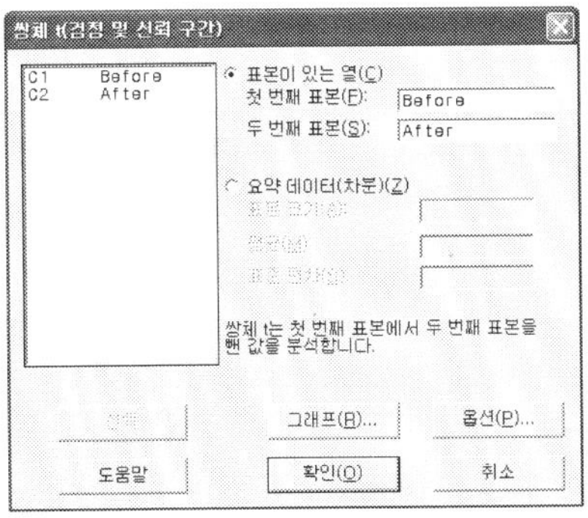
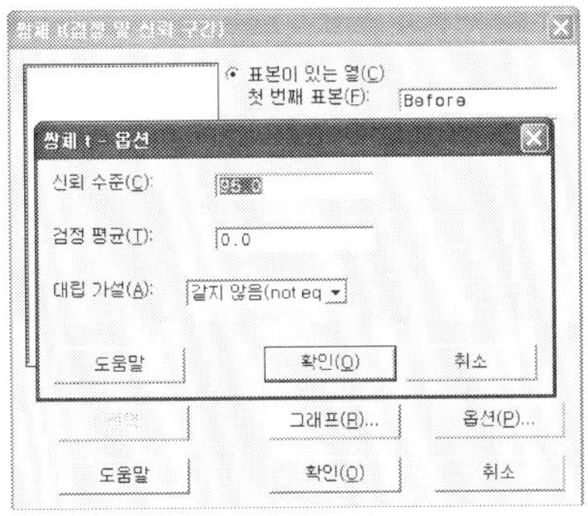

그러면 다음과 같은 결과가 얻어진다.

쌍체 T 검정 및 CI: Before, After

```
Before - After에 대한 쌍체 T

        N     평균  표준 편차  SE 평균
Before  7  209.857     15.721    5.942
After   7  204.857     20.012    7.564
차분    7  5.00000   10.78579  4.07665


평균 차분의 95% CI: (-4.97519, 14.97519)
평균 차분의 T 검정 = 0 (대 not = 0): T-값 = 1.23  P-값 = 0.266
```

이로부터 구하고자 하는 신뢰구간은 $(-4.97519,\ 14.97519)$으로 주어짐을 알 수 있다.

예제 10-10

예제 10-9에서 얻어진 자료에 기초해 볼 때 특정한 다이어트 방법이 심장의 수축혈압 평균을 떨어뜨리는 효과가 있는지 유의수준 1%에서 검정하여라.

풀이

다음과 같이 단계별로 가설 검정을 실시하여 보도록 하자.

[1 단계] 가설 설정

모평균의 차를 $\delta = E(X_i) - E(Y_i)$로 나타내면 위에서 기술한 가설 검정에서 검정하고자 하는 가설은 다음과 같이

$$H_0 : \delta = 0, \quad H_1 : \delta > 0$$

기술될 수 있다.

[2 단계] 검정통계량 및 그 분포

짝 지워진 표본으로부터의 모평균 차 δ에 관한 가설검정이므로 검정통계량은

$$T = \frac{\overline{D}}{s_D / \sqrt{7}}$$

로 주어지고, H_0하에서의 검정통계량의 분포는 $t(6)$을 따른다.

[3 단계] 기각역의 결정

대립가설이 $H_1 : \delta > \delta_0$로 주어진 경우의 기각역은

$$R : T \geq t_{0.01}(6) = 3.143$$

로 주어진다.

[4 단계] 검정통계량의 관측치 계산 및 가설검정에 따른 결론

검정통계량 $T = \frac{\overline{D}}{s_D / \sqrt{7}}$에 표본자료로부터 얻어진 $\overline{d} = 5.00$와 $s_D = 10.78579312$를 각각 대입하여 관측치를 계산하면 $t = 1.2265$로 주어지고, 이 값은 위에서 제시된 기각역 안에 포함되지 않으므로, H_0를 기각할 수 없다. 즉, 주어진 자료에 근거해 볼 때 유의수준 $\alpha = 0.01$에서 특정한 다이어트 방법이 심장의 수축혈압 평균을 떨어뜨리는 효과가 있다고 할 만한 근거는 없다. ■

미니텝 이용 동일한 워크시트를 이용하여 원하는 가설검정을 수행하기 위하여 메뉴로부터 '**통계학 ⇨ 기초통계학 ⇨ 쌍체 t**'를 선택하면 아래와 같은 대화상자가 나타나는데 두 가지 처리로부터 얻어진 표본자료가 각각 서로 다른 두 개의 열에 주어진 경우이므로 '**표본이 있는 열**'을 선택한 후 '**첫 번째 표본**'에 'Before'를 입력하고, '**두 번째 표본**'에 'After'를 입력한 후, 오른쪽 아래 '**옵션**'을 선택하면 '**쌍체 t-옵션**' 대화상자가 뜨는데, 모평균 차이가 0보다 큰지 알아보는 검정이므로 '**검정 평균**'에 '0'을 대입하고, '**대립가설**'에는 '**큼**(greater than)'을 입력한다.

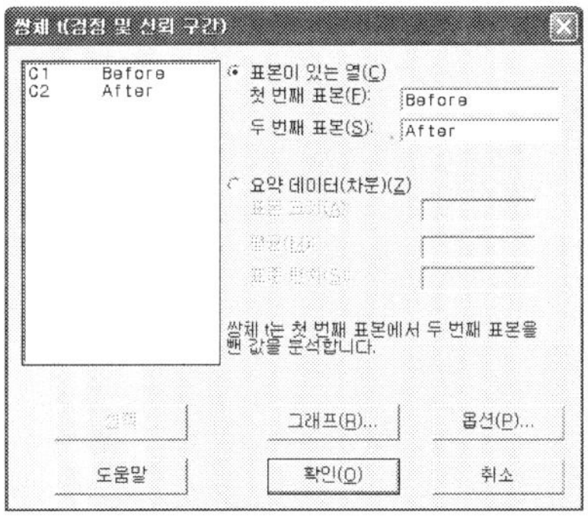

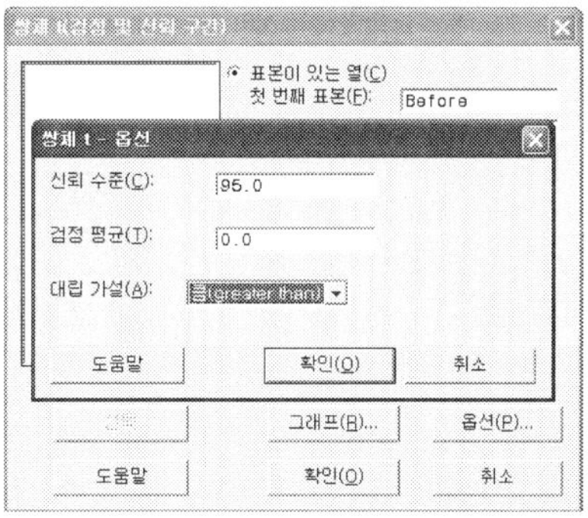

확인 버튼을 계속하여 클릭하면 다음의 결과를 얻는다.

쌍체 T 검정 및 CI: Before, After

```
Before - After에 대한 쌍체 T

        N      평균  표준 편차  SE 평균
Before  7  209.857    15.721    5.942
After   7  204.857    20.012    7.564
차분    7  5.00000  10.78579  4.07665

평균 차분의 95% 하한: -2.92166
평균 차분의 T 검정 = 0 (대 > 0): T-값 = 1.23  P-값 = 0.133
```

얻어진 결과로부터 T 통계량의 관측치가 1.23으로 주어지고, 유의확률(P-Value)가 0.133로 주어져서 유의수준 $\alpha = 0.01$에서 H_0를 기각할 수 없음을 알 수 있다.

10.6 두 모집단의 모비율 차이에 대한 추론 : 표본크기가 큰 경우

흔히 우리는 자주 두 모집단의 모비율의 차이에 관심이 있는 경우가 있다. 예를 들면 서로 다른 두 치료 방법에 의한 치유율의 비교, 두 제조 과정에서의 제품 불량률의 비교 등과 같은 문제에서는 두 모집단의 치료율의 차이가 관심의 대상이 된다. 따라서 이 절에서는 두 모집단의 모비율의 차이에 관한 추론 문제를 다루고자 한다.

두 모집단으로부터 각각 n_1, n_2개의 랜덤표본을 서로 독립적으로 추출한 경우에 이를 이용하여 두 모비율 p_1과 p_2를 비교하는 문제를 고려해 보자. 관심의 대상인 속성이 두 표본에서 나타나는 도수를 각각 X, Y라고 하면, p_1과 p_2에 관한 점 추정량은 각각

$$\hat{p}_1 = \frac{X}{n_1}, \quad \hat{p}_2 = \frac{Y}{n_2}$$

로 주어지게 될 것이다. 따라서 두 모비율의 차이 $p_1 - p_2$의 점 추정량은 $\hat{p}_1 - \hat{p}_2$가 된다. 이를 이용해서 $p_1 - p_2$에 관한 추론을 하기 위해서는 $\hat{p}_1 - \hat{p}_2$의 표준화된 형태의 분포를 알아야 하는데, 우선 제 7장과 제 8장의 내용으로부터 n_1과 n_2가 모두 큰 경우

$$\hat{p}_1 \sim N\left(p_1, \ \frac{p_1(1-p_1)}{n_1}\right), \quad \hat{p}_2 \sim N\left(p_2, \ \frac{p_2(1-p_2)}{n_2}\right)$$

의 사실이 근사적으로 성립한다. 그런데 두 표본이 서로 독립이므로, $\hat{p}_1 - \hat{p}_2$ 역시 근사적으로 정규분포를 따르게 되어

$$Z = \frac{(\hat{p}_1 - \hat{p}_2) - (p_1 - p_2)}{\sqrt{\dfrac{p_1(1-p_1)}{n_1} + \dfrac{p_2(1-p_2)}{n_2}}} \sim N(0, \ 1)$$

의 사실이 근사적으로 성립한다. 따라서 $p_1 - p_2$에 관한 $100(1-\alpha)\%$ 신뢰구간을 구하면

$$(\hat{p}_1 - \hat{p}_2) \pm z_{\alpha/2} \times \sqrt{\frac{p_1(1-p_1)}{n_1} + \frac{p_2(1-p_2)}{n_2}}$$

가 되는데, 여기서 제곱근 속의 p_1과 p_2가 미지수이므로 이를 추정치인 $\hat{p}_1$과 $\hat{p}_2$로 각각 대입하면 구하고자 하는 신뢰구간은 다음과 같다.

모비율 차이 $p_1 - p_2$에 대한 신뢰구간(표본 크기가 클 때)

표본의 크기 n_1과 n_2가 모두 큰 경우 $p_1 - p_2$에 대한 $100(1-\alpha)\%$ 신뢰구간은

$$(\hat{p}_1 - \hat{p}_2) \pm z_{\alpha/2} \times \sqrt{\frac{\hat{p}_1(1-\hat{p}_1)}{n_1} + \frac{\hat{p}_2(1-\hat{p}_2)}{n_2}}$$

로 주어진다.

예제 10-11

특정 시험에 대비한 A, B 두 가지 강의방법에 대하여 시험 합격률의 차이를 알아보고자 하여 총 900명의 수강생들 중 500명을 랜덤하게 추출하여 이들에게는 강의방법 A를 적용하고 나머지 400명에게는 강의방법 B를 적용하여 시험에 대비한 학습을 실시한 후 시험을 치른 결과가 다음과 같이 얻어졌다.

	강의방법 A	강의방법 B
합 격	100	68
불합격	400	332
합 계	500	400

이 자료로부터 강의방법 A, B의 합격률차이 $p_1 - p_2$에 대한 95% 신뢰구간을 구하여라.

풀이

얻어진 자료로부터 $\hat{p}_1$과 $\hat{p}_2$를 각각 계산하면

$$\hat{p}_1 = \frac{X}{n_1} = \frac{100}{400} = 0.20, \quad \hat{p}_2 = \frac{Y}{n_2} = \frac{68}{400} = 0.17$$

로 주어지고, 따라서

$$\sqrt{\frac{\hat{p}_1(1-\hat{p}_1)}{n_1} + \frac{\hat{p}_2(1-\hat{p}_2)}{n_2}} = \sqrt{\frac{(0.20)(0.80)}{500} + \frac{(0.17)(0.83)}{400}}$$
$$= 0.02593742$$

로 주어지며 $z_{0.025} = 1.96$이므로 구하고자 하는 신뢰구간은

$$(0.20 - 0.17) \pm 1.96(0.02593742) = (-0.021,\ 0.081)$$

로 주어진다. ■

미니텝 이용 이 경우에도 위의 예에서 제시된 바와 같이 요약된 데이터가 주어져 있다고 가정하고 이에 기초하여 신뢰구간 추정을 실시하는 경우에 관하여 설명하기로 한다.

원하는 신뢰구간 추정을 위하여 메뉴로부터 '**통계학 ⇨ 기초통계학 ⇨ 2 비율**'를 선택하면 다음과 같은 대화상자가 나타나는데 '**요약 데이터**'를 선택한 후 위에서 제시된 요약데이터를 각각 입력한다. 그리고 오른쪽 아래 '**옵션**'을 선택하면 '**2-비율-옵션**' 대화상자가 뜨는데, '**신뢰수준**'에 '0.95'를 입력한 후 확인 버튼을 계속하여 클릭하도록 하자.

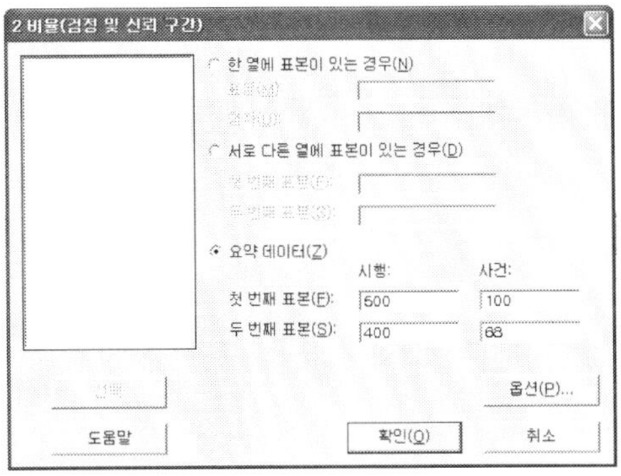

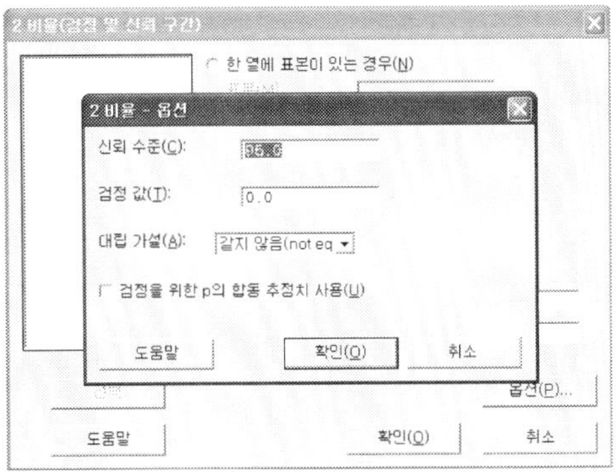

그러면 다음의 결과를 얻는다.

2 비율에 대한 검정 및 CI

```
표본    X    N   표본 p
1     100  500  0.200000
2      68  400  0.170000

차분 = p (1) - p (2)
차분 추정치:  0.03
차분의 95% CI:  (-0.0208364, 0.0808364)
차분 검정 = 0 (대 not = 0):  Z = 1.16  P-값 = 0.247
```

이로부터 구하고자 하는 신뢰구간은 $(-0.0208364,\ 0.0808364)$으로 주어짐을 알 수 있다.

이제 표본 크기가 클 때 두 모집단의 모비율에 관한 검정방법을 알아보도록 하자. 이 경우 귀무가설은 $H_0 : p_1 - p_2 = 0 (p_1 = p_2)$로 주어지며 이는 두 모비율의 차이 $p_1 - p_2$에 관한 가설검정이므로 검정통계량은 $\hat{p_1} - \hat{p_2}$의 H_0하에서의 표준화된 형태를 이용하게 된다. 그런데 H_0하에서(즉, $p_1 = p_2 = p$) 표준화 시켜주게 되면

$$Z = \frac{(\hat{p_1} - \hat{p_2})}{\sqrt{p(1-p)}\sqrt{\dfrac{1}{n_1} + \dfrac{1}{n_2}}} \sim N(0,\ 1)$$

의 사실이 근사적으로 성립한다. 그런데 모비율이 같은 경우 두 모집단의 공통 모비율 p를 알지 못하므로 이를

$$\hat{p} = \frac{X+Y}{n_1+n_2}$$

로 추정하여 대입한 후 이를 이용하여 다음과 같이 가설검정을 할 수 있다.

모비율의 차 $p_1 - p_2$에 대한 검정(표본 크기가 클 때)

(i) 표본의 크기 n_1과 n_2가 모두 클 때 모비율의 차 $p_1 - p_2$에 대한 가설 $H_0 : p_1 - p_2 = 0 \, (p_1 = p_2)$를 검정하기 위한 검정 통계량은 다음과 같다.

$$Z = \frac{(\hat{p}_1 - \hat{p}_2)}{\sqrt{\hat{p}(1-\hat{p})}\sqrt{\frac{1}{n_1}+\frac{1}{n_2}}}$$

(ii) H_0하에서 검정통계량 Z의 분포는 근사적으로 $N(0, 1)$을 따른다.

(iii) 각 대립가설에 대하여 유의수준 α를 갖는 검정법의 기각역은 다음과 같다.

$H_1 : p_1 - p_2 > 0 \, (p_1 > p_2)$ 일 때 $R : Z \geq z_\alpha$ (단측검정)

$H_1 : p_1 - p_2 < 0 \, (p_1 < p_2)$ 일 때 $R : Z \leq -z_\alpha$ (단측검정)

$H_1 : p_1 - p_2 \neq 0 \, (p_1 \neq p_2)$ 일 때 $R : |Z| \geq z_{\alpha/2}$ (양측검정)

예제 10-12

앞의 예제 10-11에서 강의방법 A를 적용하는 경우가 강의방법 B를 적용하는 경우보다 시험 합격률이 높다고 할 수 있는지 유의수준 5%에서 검정하여 보아라.

풀이

다음과 같이 단계별로 가설 검정을 실시하여 보도록 하자.

[1 단계] 가설 설정

위에서 기술한 가설 검정에서 검정하고자 하는 가설은 다음과 같이

$$H_0 : p_1 - p_2 = 0, \qquad H_1 : p_1 - p_2 > 0$$

기술될 수 있다.

[2 단계] 검정통계량 및 그 분포

두 모비율의 차이에 대한 가설검정이므로 검정통계량은

$$Z = \frac{(\hat{p}_1 - \hat{p}_2)}{\sqrt{\hat{p}(1-\hat{p})}\sqrt{\frac{1}{500} + \frac{1}{400}}}$$

로 주어지고, H_0하에서의 검정통계량의 분포는 근사적으로 $N(0, 1)$을 따른다.

[3 단계] 기각역의 결정

대립가설이 $H_1 : p_1 - p_2 > 0$로 주어진 경우의 기각역은

$$R : Z \geq z_{0.05} = 1.645$$

로 주어진다.

[4 단계] 검정통계량의 관측치 계산 및 가설검정에 따른 결론

검정통계량 $Z = \frac{(\hat{p}_1 - \hat{p}_2)}{\sqrt{\hat{p}(1-\hat{p})}\sqrt{\frac{1}{500} + \frac{1}{400}}}$에 표본자료로부터 얻어진 $\hat{p}_1 = 0.20$와 $\hat{p}_2 = 0.17$를 각각 대입하고 공통 모비율을 다음과 같이

$$\hat{p} = \frac{X+Y}{n_1+n_2} = \frac{168}{900} = 0.1867$$

계산하여 대입하여 관측치를 계산하면 $z = 1.1491$로 주어지고, 이 값은 위에서 제시된 기각역 안에 포함되지 않으므로, H_0를 기각할 수 없다. 즉, 주어진 자료에 근거해 볼 때 유의수준 $\alpha = 0.05$에서 강의방법 A를 적용하는 경우가 강의방법 B를 적용하는 경우보다 시험 합격률이 높다고 할 만한 근거는 없다. ■

미니텝 이용 원하는 가설 검정을 위하여 메뉴로부터 '**통계학 ⇨ 기초통계학 ⇨ 2 비율**'를 선택하면 아래와 같은 대화상자가 나타나는데 '**요약 데이터**'를 선택한 후 위에서 제시된 요약 데이터를 각각 입력한다. 그리고 오른쪽 아래 '**옵션**'을 선택하면 '**2-비율-옵션**' 대화상자가 나타나는데, 모비율 차이가 0보다 큰가를 검정하고자 하므로 '**검정 값**'에 '**0**'을 대입하고 '**검정을 위한 p의 합동 추정치 사용**'을 선택한 후 확인 버튼을 계속하여 클릭하도록 하자.

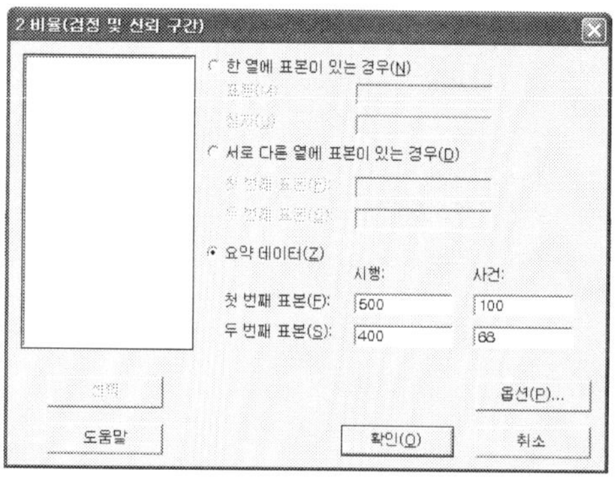

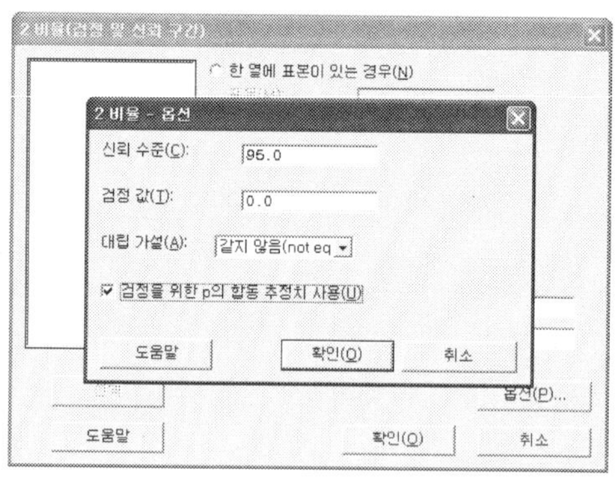

그러면 다음의 결과를 얻는다.

2 비율에 대한 검정 및 CI

```
표본    X    N   표본 p
1     100  500  0.200000
2      68  400  0.170000

차분 = p (1) - p (2)
차분 추정치:  0.03
차분의 95% CI:  (-0.0208364, 0.0808364)
차분 검정 = 0 (대 not = 0):  Z = 1.15  P-값 = 0.251
```

얻어진 결과로부터 Z 통계량의 관측치가 1.15로 주어지고, 유의확률(P-Value)가 0.251로 주어져서 유의수준 $\alpha = 0.05$에서 H_0를 기각할 수 없음을 알 수 있다.

연습문제

① 부모의 교육 정도가 어린이의 언어 능력에 어떠한 영향을 미치는지 알아보기 위하여 부모가 고등 교육을 받은 1학년생(집단 1) 13명과 부모가 고등 교육을 받지 못한 1학년생(집단 2) 12명을 뽑아서 이들의 언어능력을 측정하여 점수로 산출한 결과가 다음과 같다.

집단 1 : 27 39 25 33 21 35 30 26 25 31 35 30 28
집단 2 : 24 28 23 25 24 22 29 26 29 28 19 29

두 집단의 언어능력 점수 분포는 각각 정규분포를 따르며, 두 집단의 언어능력 점수에 대한 분산은 같다고 가정한다.

(1) 집단 1의 모평균을 μ_1, 집단 2의 모평균을 μ_2라고 할 때, $\mu_1 - \mu_2$에 관한 점추정량을 구하여라.

(2) $\mu_1 - \mu_2$에 관한 98% 신뢰구간을 구하여라.

(3) 부모가 고등 교육을 받은 어린이들의 언어능력 평균 점수가 그렇지 못한 어린이들의 언어능력 평균 점수보다 높다고 할 만한 근거가 있는지 유의수준 $\alpha = 0.01$에서 검정하여 보아라.

② 다음은 A, B 두 담배회사에서 생산되는 동일한 급의 담배에 함유된 니코틴 함량을 조사한 자료이다.(단위 : mg)

A 회사	24	24	26	25	27	29	27	25	27	23
B 회사	22	18	26	16	25	28	19	24	14	

두 회사에서 생산되는 담배의 니코틴 함유량은 각각 정규분포를 따르며, 두 회사의 니코틴 함유량의 분산은 다르다고 가정한다.

(1) A회사 모평균을 μ_1, B회사 모평균을 μ_2라고 할 때, $\mu_1 - \mu_2$에 관한 점추정량을 구하여라.

(2) $\mu_1 - \mu_2$에 관한 95% 신뢰구간을 구하여라.

(3) 두 회사 제품의 평균 니코틴 함량에 차이가 있다고 할 만한 근거가 있는지 유의수준 $\alpha = 0.05$에서 검정하여 보아라. 또한 유의수준 $\alpha = 0.01$에서는 어떠한 결론을 내릴 수 있는가?

③ 어떤 제약회사에서 새로운 두통약을 개발하여 기존의 두통약의 효과와 비교하기 위한 실험을 실시하였다. 만성 두통환자 7명을 뽑아서 이들에게 두통이 발생할 때 한 번은 기존의 두통약을, 다른 한 번은 새로운 두통약을 복용하도록 하고, 두통이 사라질 때까지 걸리는 시간을 측정하였다.(단위 : 분)

환 자	1	2	3	4	5	6	7
기존의 두통약	18	24	24	14	19	20	17
새로운 두통약	12	18	25	9	14	16	11

(1) 두통이 사라질 때까지 걸리는 시간 차이 평균에 관한 95% 신뢰구간을 구하여라.

(2) 위의 얻어진 자료에 기초했을 때, 과연 새로 개발된 두통약이 기존의 두통약에 비해 훨씬 효과적이라고 할 만한 근거가 있는지 유의수준 $\alpha = 0.05$ 에서 검정하여 보아라. 또한 유의수준 $\alpha = 0.01$ 에서는 어떠한 결론을 내릴 수 있는가?

④ 어떠한 도시에서 대기 오염을 줄이기 위하여 차량 5부제를 실시하고 이러한 차량 5부제가 실제로 이 도시의 대기오염을 줄이는데 기여했는가를 조사하기 위하여 이 도시 내의 7개 지역에서 5부제 실시 직전과 실시 직후 같은 요일의 아황산가스 오염도를 각각 측정한 결과가 다음과 같다.

지역	1	2	3	4	5	6	7
실시 전	0.06	0.10	0.11	0.10	0.06	0.11	0.06
실시 후	0.04	0.12	0.08	0.06	0.05	0.09	0.03

(1) 실시 전후 오염도 차이 평균에 관한 95% 신뢰구간을 구하여라.

(2) 위의 얻어진 자료에 기초했을 때, 과연 차량 5부제를 실시하는 것이 대기 오염을 줄이는데 확실히 기여한다고 할 수 있는지 유의수준 $\alpha = 0.05$ 에서 검정하여 보아라. 또한 유의수준 $\alpha = 0.01$ 에서는 어떠한 결론을 내릴 수 있는가?

5 어떠한 질병에 관한 새로운 치료제가 개발되었다. 이 치료제가 기존의 치료제보다 뛰어난가를 알아보기 위하여 이러한 질병을 지닌 150명의 환자에게는 기존의 치료제를 투여하고, 또 다른 100명의 환자에게는 새로운 치료제를 투여한 후 일정기간 치료하고 다음과 같은 자료를 얻었다.

	치료 됨	치료되지 않음	합계
기존의 치료제	126	24	150
새로운 치료제	88	12	100

(1) 두 치료제의 치료율 차이에 관한 95% 신뢰구간을 구하여라.

(2) 위의 자료에 기초했을 때, 새로운 치료제가 기존의 치료제보다 더 치료 효과가 뛰어나다고 할 수 있는지 유의수준 $\alpha = 0.05$ 에서 검정하여 보아라. 또한 유의수준 $\alpha = 0.01$ 에서는 어떠한 결론을 내릴 수 있는가?

참고문헌

1 구자흥, 김진경, 박진호, 박현진, 이재준, 전홍석, 황진수 (2000).
「**통계학 – 엑셀을 이용한 분석**」, 자유아카데미

2 김병수, 배화수, 석경화, 조대현, 최국렬 (1999).
「**Minitab을 이용한 통계학의 이해**」, 교우사

3 김평규, 김희철, 조중재 (2004).
「**미니탭 통계**」, 교우사

4 이재원, 안승철 (2003).
「**Minitab과 통계학**」, 교우사

5 Mann, P. S. (2003).
「**Introductory Statistics**」, Fifth Edition, John Wiley & Sons

Memo

부 록

표 1.. 누적이항분포표

표 2.. 누적포아송분포표

표 3.. 표준정규분포표

표 4.. t - 분포표

표 5.. χ^2 - 분포표

표 6.. F - 분포표

표 1 누적이항분포표

$$P(X \leq c) = \sum_{x=0}^{c} \binom{n}{x} p^x (1-p)^{n-x}$$

n	c	.05	.10	.20	.30	.40	.50	.60	.70	.80	.90	.95
n=1	0	.950	.900	.800	.700	.600	.500	.400	.300	.200	.100	.050
	1	1.000	1.000	1.000	1.000	1.000	1.000	1.000	1.000	1.000	1.000	1.000
n=2	0	.902	.810	.640	.490	.360	.250	.160	.090	.040	.010	.002
	1	.997	.990	.960	.910	.840	.750	.640	.510	.360	.190	.097
	2	1.000	1.000	1.000	1.000	1.000	1.000	1.000	1.000	1.000	1.000	1.000
n=3	0	.857	.729	.512	.343	.216	.125	.064	.027	.008	.001	.000
	1	.993	.972	.896	.784	.648	.500	.352	.216	.104	.028	.007
	2	1.000	.999	.992	.973	.936	.875	.784	.657	.488	.271	.143
	3	1.000	1.000	1.000	1.000	1.000	1.000	1.000	1.000	1.000	1.000	1.000
n=4	0	.815	.656	.410	.240	.130	.063	.026	.008	.002	.000	.000
	1	.986	.948	.819	.652	.475	.313	.179	.084	.027	.004	.000
	2	1.000	.996	.973	.916	.821	.688	.525	.348	.181	.052	.014
	3	1.000	1.000	.998	.992	.974	.938	.870	.760	.590	.344	.185
	4	1.000	1.000	1.000	1.000	1.000	1.000	1.000	1.000	1.000	1.000	1.000
n=5	0	.774	.590	.328	.168	.078	.031	.010	.002	.000	.000	.000
	1	.977	.919	.737	.528	.337	.188	.087	.031	.007	.000	.000
	2	.999	.991	.942	.837	.683	.500	.317	.163	.058	.009	.001
	3	1.000	1.000	.993	.969	.913	.813	.663	.472	.263	.081	.023
	4	1.000	1.000	1.000	.998	.990	.969	.922	.832	.672	.410	.226
	5	1.000	1.000	1.000	1.000	1.000	1.000	1.000	1.000	1.000	1.000	1.000
n=6	0	.735	.531	.262	.118	.047	.016	.004	.001	.000	.000	.000
	1	.967	.886	.655	.420	.233	.109	.041	.011	.002	.000	.000
	2	.998	.984	.901	.744	.544	.344	.179	.070	.017	.001	.000
	3	1.000	.999	.983	.930	.821	.656	.456	.256	.099	.016	.002
	4	1.000	1.000	.998	.989	.959	.891	.767	.580	.345	.114	.033
	5	1.000	1.000	1.000	.999	.996	.984	.953	.882	.738	.469	.265
	6	1.000	1.000	1.000	1.000	1.000	1.000	1.000	1.000	1.000	1.000	1.000
n=7	0	.698	.478	.210	.082	.028	.008	.002	.000	.000	.000	.000
	1	.956	.850	.577	.329	.159	.063	.019	.004	.000	.000	.000
	2	.996	.974	.852	.647	.420	.227	.096	.029	.005	.000	.000
	3	1.000	.997	.967	.874	.710	.500	.290	.126	.033	.033	000
	4	1.000	1.000	.995	.971	.904	.773	.580	.353	.148	.026	.004

표 1	계 속

		p										
		.05	.10	.20	.30	.40	.50	.60	.70	.80	.90	.95
	c											
	5	1.000	1.000	1.000	.996	.981	.938	.841	.671	.423	.150	.044
	6	1.000	1.000	1.000	1.000	.998	.992	.972	.918	.790	.522	.302
	7	1.000	1.000	1.000	1.000	1.000	1.000	1.000	1.000	1.000	1.000	1.000
$n=8$	0	.663	.430	.168	.058	.017	.004	.001	.000	.000	.000	.000
	1	.943	.813	.503	.255	.106	.035	.009	.001	.000	.000	.000
	2	.994	.962	.797	.552	.315	.145	.050	.011	.001	.000	.000
	3	1.000	.995	.944	.806	.594	.363	.174	.058	.010	.000	.000
	4	1.000	1.000	.990	.942	.826	.637	.406	.194	.056	.005	.000
	5	1.000	1.000	.999	.989	.950	.855	.685	.448	.203	.038	.006
	6	1.000	1.000	1.000	.999	.991	.965	.894	.745	.497	.187	.057
	7	1.000	1.000	1.000	1.000	.999	.996	.983	.942	.832	.570	.337
	8	1.000	1.000	1.000	1.000	1.000	1.000	1.000	1.000	1.000	1.000	1.000
$n=9$	0	.630	.387	.134	.040	.010	.002	.000	.000	.000	.000	.000
	1	.929	.775	.436	.196	.071	.020	.004	.000	.000	.000	.000
	2	.992	.947	.738	.463	.232	.090	.025	.004	.000	.000	.000
	3	.999	.992	.914	.730	.483	.254	.099	.025	.003	.000	.000
	4	1.000	.999	.980	.901	.733	.500	.267	.099	.020	.001	.000
	5	1.000	1.000	.997	.975	.901	.746	.517	.270	.086	.008	.001
	6	1.000	1.000	1.000	.996	.975	.910	.768	.537	.262	.053	.008
	7	1.000	1.000	1.000	1.000	.996	.980	.929	.804	.564	.225	.071
	8	1.000	1.000	1.000	1.000	1.000	.998	.990	.960	.866	.613	.370
	9	1.000	1.000	1.000	1.000	1.000	1.000	1.000	1.000	1.000	1.000	1.000
$n=10$	0	.599	.349	.107	.028	.006	.001	.000	.000	.000	.000	.000
	1	.914	.736	.376	.149	.046	.011	.002	.000	.000	.000	.000
	2	.988	.930	.678	.383	.167	.055	.012	.002	.000	.000	.000
	3	.999	.987	.879	.650	.382	.172	.055	.011	.001	.000	.000
	4	1.000	.998	.967	.850	.633	.377	.166	.047	.006	.000	.000
	5	1.000	1.000	.994	.953	.834	.623	.367	.150	.033	.002	.000
	6	1.000	1.000	.999	.989	.945	.828	.618	.350	.121	.013	.001
	7	1.000	1.000	1.000	.998	.988	.945	.833	.617	.322	.070	.012
	8	1.000	1.000	1.000	1.000	.998	.989	.954	.851	.624	.264	.086
	9	1.000	1.000	1.000	1.000	1.000	.999	.994	.972	.893	.651	.401
	10	1.000	1.000	1.000	1.000	1.000	1.000	1.000	1.000	1.000	1.000	1.000
$n=11$	0	.569	.314	.086	.020	.004	.000	.000	.000	.000	.900	.000
	1	.898	.697	.322	.113	.030	.006	.001	.000	.000	.000	.000
	2	.985	.910	.617	.313	.119	.033	.006	.001	.000	.000	.000
	3	.998	.981	.839	.570	.296	.113	.029	.004	.000	.000	.000

표 1 계속

	c	.05	.10	.20	.30	.40	.50	.60	.70	.80	.90	.95
							p					
	4	1.000	.997	.950	.790	.533	.274	.099	.022	.002	.000	.000
	5	1.000	1.000	.998	.922	.753	.500	.247	.078	.012	.000	.000
	6	1.000	1.000	.998	.978	.901	.726	.467	.210	.050	.003	.000
	7	1.000	1.000	1.000	.996	.971	.887	.704	.430	.161	.019	.002
	8	1.000	1.000	1.000	.999	.994	.967	.881	.687	.383	.090	.015
	9	1.000	1.000	1.000	1.000	.999	.994	.970	.887	.678	.303	.102
	10	1.000	1.000	1.000	1.000	1.000	1.000	.996	.980	.914	.686	.431
	11	1.000	1.000	1.000	1.000	1.000	1.000	1.000	1.000	1.000	1.000	1.000
$n=12$	0	.540	.282	.069	.014	.002	.000	.000	.000	.000	.000	.000
	1	.882	.659	.275	.085	.020	.003	.000	.000	.000	.000	.000
	2	.980	.889	.558	.253	.083	.019	.003	.000	.000	.000	.000
	3	.998	.974	.795	.493	.225	.073	.015	.002	.000	.000	.000
	4	1.000	.996	.927	.724	.438	.194	.057	.009	.001	.000	.000
	5	1.000	.999	.981	.882	.665	.387	.158	.039	.004	.000	.000
	6	1.000	1.000	.996	.961	.842	.613	.335	.118	.019	.001	.000
	7	1.000	1.000	.999	.991	.943	.806	.562	.276	.073	.004	.000
	8	1.000	1.000	1.000	.998	.985	.927	.775	.507	.205	.026	.002
	9	1.000	1.000	1.000	1.000	.997	.981	.917	.747	.442	.111	.020
	10	1.000	1.000	1.000	1.000	1.000	.997	.980	.915	.725	.341	.118
	11	1.000	1.000	1.000	1.000	1.000	1.000	.998	.986	.931	.718	.460
	12	1.000	1.000	1.000	1.000	1.000	1.000	1.000	1.000	1.000	1.000	1.000
$n=13$	0	.513	.254	.055	.010	.001	.000	.000	.000	.000	.000	.000
	1	.865	.621	.234	.064	.013	.002	.000	.000	.000	.000	.000
	2	.975	.866	.502	.202	.058	.011	.001	.000	.000	.000	.000
	3	.997	.966	.747	.421	.169	.046	.008	.001	.000	.000	.000
	4	1.000	.994	.901	.654	.353	.133	.032	.004	.000	.000	.000
	5	1.000	.999	.970	.835	.574	.291	.098	.018	.001	.000	.000
	6	1.000	1.000	.993	.938	.771	.500	.229	.062	.007	.000	.000
	7	1.000	1.000	.999	.982	.902	.709	.426	.165	.030	.001	.000
	8	1.000	1.000	1.000	.996	.968	.867	.647	.346	.099	.006	.000
	9	1.000	1.000	1.000	.999	.992	.954	.831	.579	.253	.034	.003
	10	1.000	1.000	1.000	1.000	.999	.989	.942	.798	.498	.134	.025
	11	1.000	1.000	1.000	1.000	1.000	.998	.987	.936	.766	.379	.135
	12	1.000	1.000	1.000	1.000	1.000	1.000	.999	.990	.945	.746	.487
	13	1.000	1.000	1.000	1.000	1.000	1.000	1.000	1.000	1.000	1.000	1.000
$n=14$	0	.488	.229	.044	.007	.001	.000	.000	.000	.000	.000	.000
	1	.847	.585	.198	.047	.008	.001	.000	.000	.000	.000	.000
	2	.970	.842	.448	.161	.040	.006	.001	.000	.000	.000	.000

표 1	계 속

		p										
		.05	.10	.20	.30	.40	.50	.60	.70	.80	.90	.95
	c											
	3	.996	.956	.698	.355	.124	.029	.004	.000	.000	.000	.000
	4	1.000	.991	.870	.584	.279	.090	.018	.002	.000	.000	.000
	5	1.000	.999	.956	.781	.486	.212	.058	.008	.000	.000	.000
	6	1.000	1.000	.988	.907	.692	.395	.150	.031	.002	.000	.000
	7	1.000	1.000	.998	.969	.850	.605	.308	.093	.012	.000	.000
	8	1.000	1.000	1.000	.992	.942	.788	.514	.219	.044	.001	.000
	9	1.000	1.000	1.000	.998	.982	.910	.721	.416	.130	.009	.000
	10	1.000	1.000	1.000	1.000	.996	.971	.876	.645	.302	.044	.004
	11	1.000	1.000	1.000	1.000	.999	.994	.960	.839	.552	.158	.030
	12	1.000	1.000	1.000	1.000	1.000	.999	.992	.953	.802	.415	.153
	13	1.000	1.000	1.000	1.000	1.000	1.000	.999	.993	.956	.771	.512
	14	1.000	1.000	1.000	1.000	1.000	1.000	1.000	1.000	1.000	1.000	1.000
$n=15$	0	.463	.206	.035	.005	.000	.000	.000	.000	.000	.000	.000
	1	.829	.549	.167	.035	.005	.000	.000	.000	.000	.000	.000
	2	.964	.816	.398	.127	.027	.004	.000	.000	.000	.000	.000
	3	.995	.944	.648	.297	.091	.018	.002	.000	.000	.000	.000
	4	.999	.987	.836	.515	.217	.059	.009	.001	.000	.000	.000
	5	1.000	.998	.939	.722	.403	.151	.034	.004	.000	.000	.000
	6	1.000	1.000	.982	.869	.610	.304	.095	.015	.001	.000	.000
	7	1.000	1.000	.996	.950	.787	.500	.213	.050	.004	.000	.000
	8	1.000	1.000	.999	.985	.905	.696	.390	.131	.018	.000	.000
	9	1.000	1.000	1.000	.996	.966	.849	.597	.278	.061	.002	.000
	10	1.000	1.000	1.000	.999	.991	.941	.783	.485	.164	.013	.001
	11	1.000	1.000	1.000	1.000	.998	.982	.909	.703	.352	.056	.005
	12	1.000	1.000	1.000	1.000	1.000	.996	.973	.873	.602	.184	.036
	13	1.000	1.000	1.000	1.000	1.000	1.000	.995	.965	.833	.451	.171
	14	1.000	1.000	1.000	1.000	1.000	1.000	1.000	.995	.965	.794	.537
	15	1.000	1.000	1.000	1.000	1.000	1.000	1.000	1.000	1.000	1.000	1.000
$n=16$	0	.440	.185	.028	.003	.000	.000	.000	.000	.000	.000	.000
	1	.811	.515	.141	.026	.003	.000	.000	.000	.000	.000	.000
	2	.957	.789	.352	.099	.018	.002	.000	.000	.000	.000	.000
	3	.993	.932	.598	.246	.065	.011	.001	.000	.000	.000	.000
	4	.999	.983	.798	.450	.167	.038	.005	.000	.000	.000	.000
	5	1.000	.997	.918	.660	.329	.105	.019	.002	.000	.000	.000
	6	1.000	.999	.973	.825	.527	.227	.058	.007	.000	.000	.000
	7	1.000	1.000	.993	.926	.716	.402	.142	.026	.001	.000	.000
	8	1.000	1.000	.999	.974	.858	.598	.284	.074	.007	.000	.000
	9	1.000	1.000	1.000	.993	.942	.773	.473	.175	.027	.001	.000
	10	1.000	1.000	1.000	.998	.981	.895	.671	.340	.082	.003	.000

표 1 계속

		p										
		.05	.10	.20	.30	.40	.50	.60	.70	.80	.90	.95
	c											
	11	1.000	1.000	1.000	1.000	.995	.962	.833	.550	.202	.017	.001
	12	1.000	1.000	1.000	1.000	.999	.989	.935	.754	.402	.068	.007
	13	1.000	1.000	1.000	1.000	1.000	.998	.982	.901	.648	.211	.043
	14	1.000	1.000	1.000	1.000	1.000	1.000	.997	.974	.859	.485	.189
	15	1.000	1.000	1.000	1.000	1.000	1.000	1.000	.997	.972	.815	.560
	16	1.000	1.000	1.000	1.000	1.000	1.000	1.000	1.000	1.000	1.000	1.000
$n=17$	0	.418	.167	.023	.002	.000	.000	.000	.000	.000	.000	.000
	1	.792	.482	.118	.019	.002	.000	.000	.000	.000	.000	.000
	2	.950	.762	.310	.077	.012	.001	.000	.000	.000	.000	.000
	3	.991	.917	.549	.202	.046	.006	.000	.000	.000	.000	.000
	4	.999	.978	.758	.389	.126	.025	.003	.000	.000	.000	.000
	5	1.000	.995	.894	.597	.264	.072	.011	.001	.000	.000	.000
	6	1.000	.999	.962	.775	.448	.166	.035	.003	.000	.000	.000
	7	1.000	1.000	.989	.895	.641	.315	.092	.013	.000	.000	.000
	8	1.000	1.000	.997	.960	.801	.500	.199	.040	.003	.000	.000
	9	1.000	1.000	1.000	.987	.908	.685	.359	.105	.011	.000	.000
	10	1.000	1.000	1.000	.997	.965	.834	.552	.225	.038	.001	.000
	11	1.000	1.000	1.000	.999	.989	.928	.736	.403	.106	.005	.000
	12	1.000	1.000	1.000	1.000	.997	.975	.874	.611	.242	.022	.001
	13	1.000	1.000	1.000	1.000	1.000	.994	.954	.798	.451	.083	.009
	14	1.000	1.000	1.000	1.000	1.000	.999	.988	.923	.690	.238	.050
	15	1.000	1.000	1.000	1.000	1.000	1.000	.998	.981	.882	.518	.208
	16	1.000	1.000	1.000	1.000	1.000	1.000	1.000	.998	.977	.833	.582
	17	1.000	1.000	1.000	1.000	1.000	1.000	1.000	1.000	1.000	1.000	1.000
$n=18$	0	.397	.150	.018	.002	.000	.000	.000	.000	.000	.000	.000
	1	.774	.450	.099	.014	.001	.000	.000	.000	.000	.000	.000
	2	.942	.734	.271	.060	.008	.001	.000	.000	.000	.000	.000
	3	.989	.902	.501	.165	.033	.004	.000	.000	.000	.000	.000
	4	.998	.972	.716	.333	.094	.015	.001	.000	.000	.000	.000
	5	1.000	.994	.867	.534	.209	.048	.006	.000	.000	.000	.000
	6	1.000	.999	.949	.722	.374	.119	.020	.001	.000	.000	.000
	7	1.000	1.000	.984	.859	.563	.240	.058	.006	.000	.000	.000
	8	1.000	1.000	.996	.940	.737	.407	.135	.021	.001	.000	.000
	9	1.000	1.000	.999	.979	.865	.593	.263	.060	.004	.000	.000
	10	1.000	1.000	1.000	.994	.942	.760	.437	.141	.016	.000	.000
	11	1.000	1.000	1.000	.999	.980	.881	.626	.278	.051	.001	.000
	12	1.000	1.000	1.000	1.000	.994	.952	.791	.466	.133	.006	.000
	13	1.000	1.000	1.000	1.000	.999	.985	.906	.667	.284	.028	.002
	14	1.000	1.000	1.000	1.000	1.000	.996	.967	.835	.499	.098	.011

표 1 계속

	c	p=.05	.10	.20	.30	.40	.50	.60	.70	.80	.90	.95
	15	1.000	1.000	1.000	1.000	1.000	.999	.992	.940	.729	.266	.058
	16	1.000	1.000	1.000	1.000	1.000	1.000	.999	.986	.901	.550	.226
	17	1.000	1.000	1.000	1.000	1.000	1.000	1.000	.998	.982	.850	.603
	18	1.000	1.000	1.000	1.000	1.000	1.000	1.000	1.000	1.000	1.000	1.000
$n=19$	0	.377	.135	.014	.001	.000	.000	.000	.000	.000	.000	.000
	1	.755	.420	.083	.010	.001	.000	.000	.000	.000	.000	.000
	2	.933	.705	.237	.046	.005	.000	.000	.000	.000	.000	.000
	3	.987	.885	.455	.133	.023	.002	.000	.000	.000	.000	.000
	4	.998	.965	.673	.282	.070	.010	.001	.000	.000	.000	.000
	5	1.000	.991	.837	.474	.163	.032	.003	.000	.000	.000	.000
	6	1.000	.998	.932	.666	.308	.084	.012	.001	.000	.000	.000
	7	1.000	1.000	.977	.818	.488	.180	.035	.003	.000	.000	.000
	8	1.000	1.000	.993	.916	.667	.324	.088	.011	.000	.000	.000
	9	1.000	1.000	.998	.967	.814	.500	.186	.033	.002	.000	.000
	10	1.000	1.000	1.000	.989	.912	.676	.333	.084	.007	.000	.000
	11	1.000	1.000	1.000	.997	.965	.820	.512	.182	.023	.000	.000
	12	1.000	1.000	1.000	.999	.988	.916	.692	.334	.068	.002	.000
	13	1.000	1.000	1.000	1.000	.997	.968	.837	.526	.163	.009	.000
	14	1.000	1.000	1.000	1.000	.999	.990	.930	.718	.327	.035	.002
	15	1.000	1.000	1.000	1.000	1.000	.998	.977	.867	.545	.115	.013
	16	1.000	1.000	1.000	1.000	1.000	1.000	.995	.954	.763	.295	.067
	17	1.000	1.000	1.000	1.000	1.000	1.000	.999	.990	.917	.580	.245
	18	1.000	1.000	1.000	1.000	1.000	1.000	1.000	.999	.986	.865	.623
	19	1.000	1.000	1.000	1.000	1.000	1.000	1.000	1.000	1.000	1.000	1.000
$n=20$	0	.358	.122	.012	.001	.000	.000	.000	.000	.000	.000	.000
	1	.736	.392	.069	.008	.001	.000	.000	.000	.000	.000	.000
	2	.925	.677	.206	.035	.004	.000	.000	.000	.000	.000	.000
	3	.984	.867	.411	.107	.016	.001	.000	.000	.000	.000	.000
	4	.997	.957	.630	.238	.051	.006	.000	.000	.000	.000	.000
	5	1.000	.989	.804	.416	.126	.021	.002	.000	.000	.000	.000
	6	1.000	.998	.913	.608	.250	.058	.006	.000	.000	.000	.000
	7	1.000	1.000	.968	.772	.416	.132	.021	.001	.000	.000	.000
	8	1.000	1.000	.990	.887	.596	.252	.057	.005	.000	.000	.000
	9	1.000	1.000	.997	.952	.755	.412	.128	.017	.001	.000	.000
	10	1.000	1.000	.999	.983	.872	.588	.245	.048	.003	.000	.000
	11	1.000	1.000	1.000	.995	.943	.748	.404	.113	.010	.000	.000
	12	1.000	1.000	1.000	.999	.979	.868	.584	.228	.032	.000	.000
	13	1.000	1.000	1.000	1.000	.994	.942	.750	.392	.087	.002	.000
	14	1.000	1.000	1.000	1.000	.998	.979	.874	.584	.196	.011	.000

표 1 계속

n	c	.05	.10	.20	.30	.40	.50	.60	.70	.80	.90	.95
	15	1.000	1.000	1.000	1.000	1.000	.994	.949	.762	.370	.043	.003
	16	1.000	1.000	1.000	1.000	1.000	.999	.984	.893	.589	.133	.016
	17	1.000	1.000	1.000	1.000	1.000	1.000	.996	.965	.794	.323	.075
	18	1.000	1.000	1.000	1.000	1.000	1.000	.999	.992	.931	.608	.264
	19	1.000	1.000	1.000	1.000	1.000	1.000	1.000	.999	.988	.878	.642
	20	1.000	1.000	1.000	1.000	1.000	1.000	1.000	1.000	1.000	1.000	1.000
$n=25$	0	.277	.072	.004	.000	.000	.000	.000	.000	.000	.000	.000
	1	.642	.271	.027	.002	.000	.000	.000	.000	.000	.000	.000
	2	.873	.537	.098	.009	.000	.000	.000	.000	.000	.000	.000
	3	.966	.764	.234	.033	.002	.000	.000	.000	.000	.000	.000
	4	.993	.902	.421	.090	.009	.000	.000	.000	.000	.000	.000
	5	.999	.967	.617	.193	.029	.002	.000	.000	.000	.000	.000
	6	1.000	.991	.780	.341	.074	.007	.000	.000	.000	.000	.000
	7	1.000	.998	.891	.512	.154	.022	.001	.000	.000	.000	.000
	8	1.000	1.000	.953	.677	.274	.054	.004	.000	.000	.000	.000
	9	1.000	1.000	.983	.811	.425	.115	.013	.000	.000	.000	.000
	10	1.000	1.000	.994	.902	.586	.212	.034	.002	.000	.000	.000
	11	1.000	1.000	.998	.956	.732	.345	.078	.006	.000	.000	.000
	12	1.000	1.000	1.000	.983	.846	.500	.154	.017	.000	.000	.000
	13	1.000	1.000	1.000	.994	.922	.655	.268	.044	.002	.000	.000
	14	1.000	1.000	1.000	.998	.966	.788	.414	.098	.006	.000	.000
	15	1.000	1.000	1.000	1.000	.987	.885	.575	.189	.017	.000	.000
	16	1.000	1.000	1.000	1.000	.996	.946	.726	.323	.047	.000	.000
	17	1.000	1.000	1.000	1.000	.999	.978	.846	.488	.109	.002	.000
	18	1.000	1.000	1.000	1.000	1.000	.993	.926	.659	.220	.009	.000
	19	1.000	1.000	1.000	1.000	1.000	.998	.971	.807	.383	.033	.001
	20	1.000	1.000	1.000	1.000	1.000	1.000	.991	.910	.579	.098	.007
	21	1.000	1.000	1.000	1.000	1.000	1.000	.998	.967	.766	.236	.034
	22	1.000	1.000	1.000	1.000	1.000	1.000	1.000	.991	.902	.463	.127
	23	1.000	1.000	1.000	1.000	1.000	1.000	1.000	.998	.973	.729	.358
	24	1.000	1.000	1.000	1.000	1.000	1.000	1.000	1.000	.996	.928	.723
	25	1.000	1.000	1.000	1.000	1.000	1.000	1.000	1.000	1.000	1.000	1.000

부록

표 2 누적포아송 분포표

$$p(x \leq c) = \sum_{x=0}^{c} \frac{e^{-m} m^x}{x!}$$ (( )안은 누적값)

c \ m	0.1	0.2	0.3	0.4	0.5
0	0.905 (0.905)	0.819 (0.819)	0.741 (0.741)	0.670 (0.670)	0.607 (0.607)
1	0.091 (0.996)	0.164 (0.983)	0.222 (0.963)	0.268 (0.938)	0.303 (0.910)
2	0.004 (1.000)	0.016 (0.999)	0.033 (0.996)	0.054 (0.992)	0.076 (0.986)
3		0.010 (1.000)	0.004 (1.000)	0.007 (0.999)	0.013 (0.999)
4				0.001 (1.000)	0.001 (1.000)

c \ m	0.6	0.7	0.8	0.9	1.0
0	0.549 (0.549)	0.497 (0.497)	0.449 (0.449)	0.406 (0.406)	0.368 (0.368)
1	0.329 (0.878)	0.349 (0.845)	0.359 (0.808)	0.366 (0.772)	0.368 (0.736)
2	0.099 (0.977)	0.122 (0.967)	0.144 (0.952)	0.166 (0.938)	0.184 (0.920)
3	0.020 (0.997)	0.028 (0.995)	0.039 (0.991)	0.049 (0.987)	0.061 (0.981)
4	0.003 (1.000)	0.005 (1.000)	0.008 (0.999)	0.011 (0.998)	0.016 (0.997)
5			0.001 (1.000)	0.002 (1.000)	0.003 (1.000)

c \ m	1.1	1.2	1.3	1.4	1.5
0	0.333 (0.333)	0.301 (0.301)	0.273 (0.273)	0.247 (0.247)	0.223 (0.223)
1	0.366 (0.699)	0.361 (0.662)	0.354 (0.627)	0.345 (0.592)	0.335 (0.558)
2	0.201 (0.900)	0.217 (0.879)	0.230 (0.857)	0.242 (0.834)	0.251 (0.809)
3	0.074 (0.974)	0.087 (0.966)	0.100 (0.957)	0.113 (0.947)	0.126 (0.935)
4	0.021 (0.995)	0.026 (0.992)	0.032 (0.989)	0.039 (0.986)	0.047 (0.982)
5	0.004 (0.999)	0.007 (0.999)	0.009 (0.998)	0.011 (0.997)	0.014 (0.996)
6	0.001 (1.000)	0.001 (1.000)	0.002 (1.000)	0.003 (1.000)	0.004 (1.000)

c \ m	1.6	1.7	1.8	1.9	2.0
0	0.202 (0.202)	0.183 (0.183)	0.165 (0.165)	0.150 (0.150)	0.135 (0.135)
1	0.323 (0.525)	0.311 (0.494)	0.298 (0.463)	0.284 (0.434)	0.271 (0.406)
2	0.258 (0.783)	0.264 (0.758)	0.268 (0.731)	0.270 (0.704)	0.271 (0.677)
3	0.138 (0.921)	0.149 (0.907)	0.161 (0.892)	0.171 (0.875)	0.180 (0.857)
4	0.055 (0.976)	0.064 (0.971)	0.072 (0.964)	0.081 (0.956)	0.090 (0.947)
5	0.018 (0.994)	0.022 (0.993)	0.026 (0.990)	0.031 (0.987)	0.036 (0.983)
6	0.005 (0.999)	0.006 (0.999)	0.008 (0.998)	0.010 (0.997)	0.012 (0.995)
7	0.001 (1.000)	0.001 (1.000)	0.002 (1.000)	0.003 (1.000)	0.004 (0.999)
8					0.001 (1.000)

표 2 계속

c \ m	2.1	2.2	2.3	2.4	2.5
0	0.123 (0.123)	0.111 (0.111)	0.100 (0.100)	0.091 (0.091)	0.082 (0.082)
1	0.257 (0.380)	0.244 (0.355)	0.231 (0.331)	0.218 (0.309)	0.205 (0.287)
2	0.270 (0.650)	0.268 (0.623)	0.265 (0.596)	0.261 (0.570)	0.256 (0.543)
3	0.189 (0.839)	0.197 (0.820)	0.203 (0.799)	0.209 (0.779)	0.214 (0.757)
4	0.099 (0.938)	0.108 (0.928)	0.117 (0.916)	0.125 (0.904)	0.134 (0.891)
5	0.042 (0.980)	0.048 (0.976)	0.054 (0.970)	0.060 (0.964)	0.067 (0.958)
6	0.015 (0.995)	0.017 (0.993)	0.021 (0.991)	0.024 (0.988)	0.028 (0.986)
7	0.004 (0.999)	0.005 (0.998)	0.007 (0.998)	0.008 (0.996)	0.010 (0.996)
8	0.001 (1.000)	0.002 (1.000)	0.002 (1.000)	0.003 (0.999)	0.003 (0.999)
9				0.001 (1.000)	0.001 (1.000)

c \ m	2.6	2.7	2.8	2.9	3.0
0	0.074 (0.074)	0.067 (0.067)	0.061 (0.061)	0.055 (0.055)	0.050 (0.050)
1	0.193 (0.267)	0.182 (0.249)	0.170 (0.231)	0.160 (0.215)	0.149 (0.199)
2	0.251 (0.518)	0.245 (0.494)	0.238 (0.469)	0.231 (0.446)	0.224 (0.423)
3	0.218 (0.736)	0.221 (0.715)	0.223 (0.692)	0.224 (0.670)	0.224 (0.647)
4	0.141 (0.877)	0.149 (0.864)	0.156 (0.848)	0.162 (0.832)	0.168 (0.815)
5	0.074 (0.951)	0.080 (0.944)	0.087 (0.935)	0.094 (0.926)	0.101 (0.916)
6	0.032 (0.983)	0.036 (0.980)	0.041 (0.976)	0.045 (0.971)	0.050 (0.966)
7	0.012 (0.995)	0.014 (0.994)	0.016 (0.992)	0.019 (0.990)	0.022 (0.988)
8	0.004 (0.999)	0.005 (0.999)	0.006 (0.998)	0.007 (0.997)	0.008 (0.999)
9	0.001 (1.000)	0.001 (1.000)	0.002 (1.000)	0.002 (0.999)	0.003 (0.999)
10				0.001 (1.000)	0.001 (1.000)

c \ m	3.1	3.2	3.3	3.4	3.5
0	0.045 (0.045)	0.041 (0.041)	0.037 (0.037)	0.033 (0.033)	0.030 (0.030)
1	0.140 (0.185)	0.130 (0.171)	0.122 (0.159)	0.113 (0.146)	0.106 (0.136)
2	0.216 (0.401)	0.209 (0.380)	0.201 (0.360)	0.193 (0.339)	0.185 (0.321)
3	0.224 (0.625)	0.223 (0.603)	0.222 (0.582)	0.219 (0.558)	0.216 (0.537)
4	0.173 (0.798)	0.178 (0.781)	0.182 (0.764)	0.186 (0.744)	0.189 (0.726)
5	0.107 (0.905)	0.114 (0.895)	0.120 (0.884)	0.126 (0.870)	0.132 (0.858)
6	0.056 (0.061)	0.061 (0.956)	0.066 (0.950)	0.071 (0.941)	0.077 (0.935)
7	0.025 (0.986)	0.028 (0.984)	0.031 (0.981)	0.035 (0.976)	0.038 (0.973)
8	0.010 (0.996)	0.011 (0.995)	0.012 (0.993)	0.015 (0.991)	0.017 (0.990)

표 2 계속

c \ m	3.1	3.2	3.3	3.4	3.5
9	0.003 (0.999)	0.004 (0.999)	0.005 (0.998)	0.006 (0.997)	0.007 (0.997)
10	0.001 (1.000)	0.001 (1.000)	0.001 (1.000)	0.002 (0.999)	0.002 (0.999)
11				0.001 (1.000)	0.001 (1.000)

c \ m	3.6	3.7	3.8	3.9	4.0
0	0.027 (0.027)	0.025 (0.025)	0.022 (0.022)	0.020 (0.020)	0.018 (0.018)
1	0.098 (0.125)	0.091 (0.116)	0.085 (0.107)	0.079 (0.099)	0.073 (0.091)
2	0.177 (0.302)	0.169 (0.285)	0.161 (0.268)	0.154 (0.253)	0.147 (0.238)
3	0.213 (0.515)	0.209 (0.494)	0.205 (0.473)	0.200 (0.453)	0.195 (0.433)
4	0.019 (1.706)	0.193 (0.687)	0.194 (0.667)	0.195 (0.648)	0.195 (0.628)
5	0.138 (0.844)	0.143 (0.830)	0.148 (0.815)	0.152 (0.800)	0.157 (0.785)
6	0.083 (0.927)	0.088 (0.918)	0.094 (0.909)	0.099 (0.899)	0.104 (0.889)
7	0.042 (0.969)	0.047 (0.965)	0.051 (0.960)	0.055 (0.954)	0.060 (0.949)
8	0.019 (0.988)	0.022 (0.987)	0.024 (0.984)	0.027 (0.981)	0.030 (0.979)
9	0.008 (0.996)	0.009 (0.996)	0.010 (0.994)	0.012 (0.993)	0.013 (0.992)
10	0.003 (0.999)	0.003 (0.999)	0.004 (0.998)	0.004 (0.997)	0.005 (0.997)
11	0.001 (1.000)	0.001 (1.000)	0.001 (0.999)	0.002 (0.999)	0.002 (0.999)
12			0.001 (1.000)	0.001 (1.000)	0.001 (1.000)

c \ m	4.1	4.2	4.3	4.4	4.5
0	0.017 (0.017)	0.015 (0.015)	0.014 (0.014)	0.012 (0.012)	0.011 (0.011)
1	0.068 (0.085)	0.063 (0.078)	0.058 (0.072)	0.054 (0.066)	0.050 (0.061)
2	0.139 (0.224)	0.132 (0.210)	0.126 (0.198)	0.119 (0.185)	0.113 (0.174)
3	0.190 (0.414)	0.185 (0.395)	0.180 (0.378)	0.174 (0.359)	0.169 (0.343)
4	0.195 (0.609)	0.195 (0.590)	0.193 (0.571)	0.192 (0.551)	0.190 (0.533)
5	0.160 (0.769)	0.163 (0.753)	0.166 (0.737)	0.169 (0.720)	0.171 (0.704)
6	0.110 (0.879)	0.114 (0.867)	0.119 (0.856)	0.124 (0.844)	0.128 (0.832)
7	0.064 (0.943)	0.069 (0.936)	0.073 (0.929)	0.078 (0.922)	0.082 (0.914)
8	0.033 (0.976)	0.036 (0.972)	0.040 (0.969)	0.043 (0.965)	0.046 (0.960)
9	0.015 (0.991)	0.017 (0.989)	0.019 (0.988)	0.021 (0.986)	0.023 (0.983)
10	0.006 (0.997)	0.007 (0.996)	0.008 (0.996)	0.009 (0.995)	0.011 (0.994)
11	0.002 (0.999)	0.003 (0.999)	0.003 (0.999)	0.004 (0.999)	0.004 (0.998)
12	0.001 (1.000)	0.001 (1.000)	0.001 (1.000)	0.001 (1.000)	0.001 (0.999)
13					0.001 (1.000)

표 3 표준정규분포표

$$P[Z \ge z] = \int_z^\infty \frac{1}{\sqrt{2\pi}} \exp(-t^2/2)dt$$

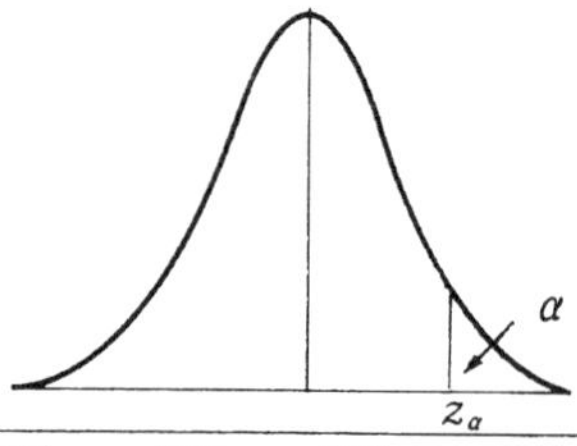

z	0.00	0.01	0.02	0.03	0.04	0.05	0.06	0.07	0.08	0.09
0.0	0.5000	0.4960	0.4920	0.4880	0.4840	0.4801	0.4761	0.4721	0.4681	0.4641
0.1	0.4602	0.4562	0.4522	0.4483	0.4443	0.4404	0.4364	0.4325	0.4286	0.4247
0.2	0.4207	0.4168	0.4129	0.4090	0.4052	0.4013	0.3974	0.3936	0.3897	0.3859
0.3	0.3821	0.3783	0.3745	0.3707	0.3669	0.3632	0.3594	0.3557	0.3520	0.3483
0.4	0.3446	0.3409	0.3372	0.3336	0.3300	0.3264	0.3228	0.3192	0.3156	0.3121
0.5	0.3085	0.3050	0.3015	0.2981	0.2946	0.2912	0.2877	0.2843	0.2810	0.2776
0.6	0.2743	0.2709	0.2676	0.2643	0.2611	0.2578	0.2546	0.2514	0.2483	0.2451
0.7	0.2420	0.2389	0.2358	0.2327	0.2296	0.2266	0.2236	0.2206	0.2177	0.2148
0.8	0.2119	0.2090	0.2061	0.2033	0.2005	0.1977	0.1949	0.1922	0.1894	0.1867
0.9	0.1841	0.1841	0.1788	0.1762	0.1736	0.1711	0.1685	0.1660	0.1635	0.1611
1.0	0.1587	0.1562	0.1539	0.1515	0.1492	0.1469	0.1446	0.1423	0.1401	0.1379
1.1	0.1357	0.1335	0.1314	0.1292	0.1271	0.1251	0.1230	0.1210	0.1190	0.1170
1.2	0.1151	0.1131	0.1112	0.1093	0.1075	0.1056	0.1038	0.1020	0.1003	0.0985
1.3	0.0968	0.0951	0.0934	0.0918	0.0901	0.0885	0.0869	0.0853	0.0838	0.0823
1.4	0.0808	0.0793	0.0778	0.0764	0.0749	0.0735	0.0721	0.0708	0.0694	0.0681
1.5	0.0668	0.0655	0.0643	0.0630	0.0618	0.0606	0.0594	0.0582	0.0571	0.0559
1.6	0.0548	0.0537	0.0526	0.0516	0.0505	0.0495	0.0485	0.0475	0.0465	0.0455
1.7	0.0446	0.0436	0.0427	0.0418	0.0409	0.0401	0.0392	0.0384	0.0375	0.0367
1.8	0.0359	0.0351	0.0344	0.0336	0.0329	0.0322	0.0314	0.0307	0.0301	0.0294
1.9	0.0287	0.0281	0.0274	0.0268	0.0262	0.0256	0.0250	0.0244	0.0239	0.0233
2.0	0.0228	0.0222	0.0217	0.0212	0.0207	0.0202	0.0197	0.0192	0.0188	0.0183
2.1	0.0179	0.0174	0.0170	0.0166	0.0162	0.0158	0.0154	0.0150	0.0146	0.0143
2.2	0.0139	0.0136	0.0132	0.0129	0.0125	0.0122	0.0119	0.0116	0.0113	0.0110
2.3	0.0107	0.0104	0.0102	0.0099	0.0096	0.0094	0.0091	0.0089	0.0087	0.0084
2.4	0.0082	0.0080	0.0078	0.0075	0.0073	0.0071	0.0069	0.0068	0.0066	0.0064
2.5	0.0062	0.0060	0.0059	0.0057	0.0055	0.0054	0.0052	0.0051	0.0049	0.0048
2.6	0.0047	0.0045	0.0044	0.0043	0.0041	0.0040	0.0039	0.0038	0.0037	0.0036
2.7	0.0035	0.0034	0.0033	0.0032	0.0031	0.0030	0.0029	0.0028	0.0027	0.0026
2.8	0.0026	0.0025	0.0024	0.0023	0.0023	0.0022	0.0021	0.0021	0.0020	0.0019
2.9	0.0019	0.0018	0.0018	0.0017	0.0016	0.0016	0.0015	0.0015	0.0014	0.0014
3.0	0.0013	0.0013	0.0013	0.0012	0.0012	0.0011	0.0011	0.0011	0.0010	0.0010
3.1	0.0010	0.0009	0.0009	0.0009	0.0008	0.0008	0.0008	0.0008	0.0007	0.0007
3.2	0.0007	0.0007	0.0006	0.0006	0.0006	0.0006	0.0006	0.0005	0.0005	0.0005
3.3	0.0005	0.0005	0.0005	0.0004	0.0004	0.0004	0.0004	0.0004	0.0004	0.0003
3.4	0.0003	0.0003	0.0003	0.0003	0.0003	0.0003	0.0003	0.0003	0.0003	0.0002
3.5	0.0002	0.0002	0.0002	0.0002	0.0002	0.0002	0.0002	0.0002	0.0002	0.0002
3.6	0.0002	0.0002	0.0001	0.0001	0.0001	0.0001	0.0001	0.0001	0.0001	0.0001
3.7	0.0001	0.0001	0.0001	0.0001	0.0001	0.0001	0.0001	0.0001	0.0001	0.0001
3.8	0.0001	0.0001	0.0001	0.0001	0.0001	0.0001	0.0001	0.0001	0.0001	0.0001
3.9	0.0000	0.0000	0.0000	0.0000	0.0000	0.0000	0.0000	0.0000	0.0000	0.0000

표 4 $t-$ 분포표

$P[t(\phi) \geq t(\phi\,;\,\alpha)] = \alpha$

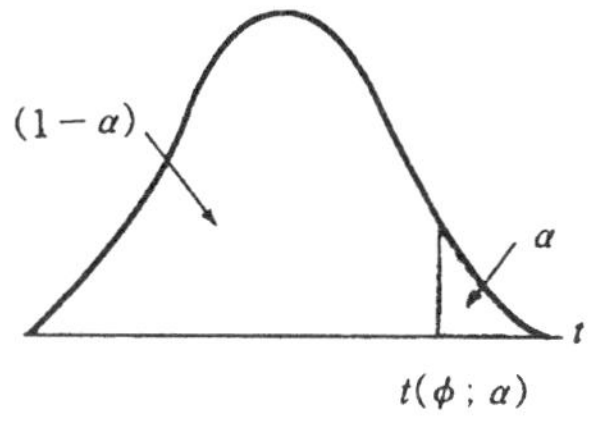

자유도 ϕ \ α	0.10	0.05	0.025	0.01	0.005	0.0005
1	3.078	6.314	12.706	31.821	63.657	636.619
2	1.886	2.920	4.303	6.965	9.925	31.598
3	1.638	2.353	3.182	4.541	5.841	12.924
4	1.533	2.132	2.776	3.747	4.604	8.610
5	1.476	2.015	2.571	3.365	4.032	6.869
6	1.440	1.943	2.447	3.143	3.707	5.959
7	1.415	1.895	2.365	2.998	3.499	5.408
8	1.397	1.860	2.306	2.896	3.355	5.041
9	1.383	1.833	2.262	2.821	3.250	4.781
10	1.372	1.812	2.228	2.764	3.169	4.587
11	1.363	1.796	2.201	2.718	3.106	4.437
12	1.356	1.782	2.179	2.681	3.055	3.318
13	1.350	1.771	2.160	2.650	3.012	4.221
14	1.345	1.761	2.145	2.624	2.977	4.140
15	1.341	1.753	2.131	2.602	2.947	4.073
16	1.337	1.746	2.120	2.583	2.921	4.015
17	1.333	1.740	2.110	2.567	2.898	3.965
18	1.330	1.734	2.101	2.552	2.878	3.922
19	1.328	1.729	2.093	2.539	2.861	3.833
20	1.325	1.725	2.086	2.528	2.845	3.850
21	1.323	1.721	2.080	2.518	2.831	3.819
22	1.321	1.717	2.074	2.508	2.819	3.792
23	1.319	1.714	2.069	2.500	2.807	3.767
24	1.318	1.711	2.064	2.492	2.797	2.745
25	1.316	1.708	2.060	2.485	2.787	3.725
26	1.315	1.706	2.056	2.479	2.779	3.707
27	1.314	1.703	2.052	2.473	2.771	3.690
28	1.313	1.701	2.048	2.467	2.763	3.674
29	1.311	1.699	2.045	2.462	2.756	3.659
30	1.310	1.697	2.042	2.457	2.750	3.646
40	1.303	1.684	2.021	2.423	2.704	3.551
60	1.296	1.671	2.004	2.390	2.660	3.460
120	1.289	1.658	1.980	2.358	2.617	3.373
∞	1.282	1.645	1.960	2.326	2.576	3.291

표 5 χ^2 – 분포표

$$P[\chi^2 \geq \chi^2(\phi\ ;\ \alpha)] = \alpha$$

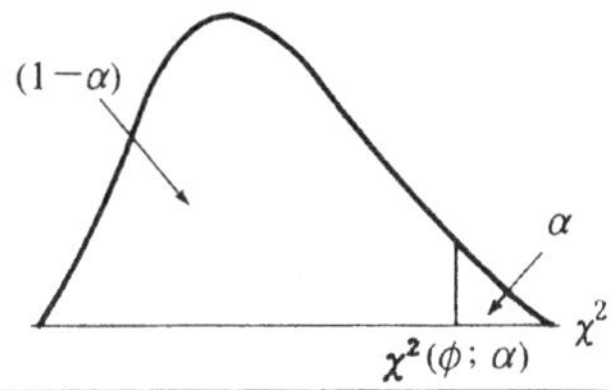

자유도 ϕ \ α	0.995	0.900	0.975	0.950	0.900	0.100	0.050	0.025	0.010	0.005
1	0.0^4393	0.0^3157	0.0^3982	0.0^2393	0.0158	2.71	3.84	5.02	6.63	7.88
2	0.0100	0.0201	0.0506	0.103	0.211	4.61	5.99	7.38	9.21	10.60
3	0.072	0.115	0.216	0.352	0.584	6.25	7.81	9.35	11.34	12.84
4	0.207	0.297	0.484	0.711	1.064	7.78	9.49	11.14	13.28	14.86
5	0.412	0.554	0.831	1.145	1.61	9.24	11.07	12.83	15.09	16.75
6	0.676	0.872	1.24	1.64	2.20	10.64	12.59	14.45	16.81	18.55
7	0.989	1.24	1.69	2.17	2.83	12.02	14.07	16.01	18.48	20.28
8	1.34	1.65	2.18	2.83	3.49	13.36	15.51	17.53	20.09	21.96
9	1.73	2.09	2.70	3.33	4.17	14.68	16.92	19.02	21.67	23.59
10	2.16	2.56	3.25	3.94	4.87	15.99	18.31	20.48	23.21	25.19
11	2.60	3.05	3.82	4.57	5.58	17.28	19.68	21.92	24.73	26.76
12	3.07	3.57	4.40	5.23	6.30	18.55	21.03	23.34	26.22	28.30
13	3.57	4.11	5.01	5.89	7.04	19.81	22.36	24.71	27.69	29.82
14	4.07	4.66	5.63	6.57	7.79	21.06	23.68	26.12	29.14	31.32
15	4.60	5.23	6.26	7.26	8.55	22.31	25.00	27.49	30.58	32.80
16	5.14	5.81	6.91	7.96	9.31	23.54	26.30	28.85	32.00	34.27
17	5.70	6.41	7.56	8.67	10.09	24.77	27.59	30.19	33.41	35.72
18	6.26	7.01	8.23	9.39	10.86	25.99	28.87	31.53	34.81	37.16
19	6.84	7.63	8.91	10.12	11.65	27.20	30.14	32.85	36.19	38.58
20	7.43	8.26	9.59	10.85	12.44	28.41	31.41	34.17	37.57	40.00
21	8.03	8.90	10.28	11.59	13.24	29.62	32.67	35.48	38.93	41.40
22	8.64	9.54	10.98	12.34	14.04	30.81	33.92	36.78	40.29	42.80
23	9.26	10.20	11.69	13.09	14.85	32.01	35.17	38.08	41.64	44.18
24	9.89	10.86	12.40	13.85	15.66	33.20	36.42	39.36	42.98	45.66
25	10.52	11.52	13.12	14.61	16.47	34.38	37.65	40.65	44.31	46.93
26	11.16	12.20	13.84	15.38	17.29	35.56	38.89	41.92	45.64	48.29
27	11.81	12.88	14.57	16.15	18.11	35.74	40.11	43.19	46.96	49.64
28	12.46	13.56	15.31	16.93	18.94	37.92	41.34	44.46	48.28	50.99
29	13.12	14.26	16.05	17.71	19.77	39.09	42.56	45.72	49.59	52.34
30	13.79	14.95	16.79	18.49	20.60	40.26	43.77	46.98	50.89	53.67
40	20.71	22.16	24.43	26.51	29.05	51.81	55.76	59.34	63.69	66.77
50	27.99	29.71	32.33	34.76	37.69	63.17	67.50	71.42	76.15	79.49
60	35.53	37.48	49.48	43.19	46.46	74.40	79.08	83.30	88.38	91.95
70	43.28	45.44	48.76	51.74	55.33	85.53	90.53	95.02	100.4	104.2
80	51.17	53.54	57.15	60.39	64.28	96.58	101.9	106.0	112.3	113.6
90	51.20	61.75	65.65	69.13	73.29	107.6	113.1	118.1	124.1	128.3
100	67.33	70.06	74.22	77.93	82.36	118.5	124.3	129.6	153.8	140.2

표 6 $F-$ 분포표

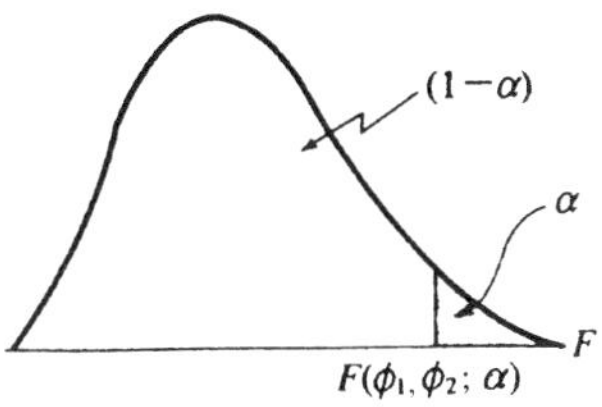

$$P[F(\phi_1, \phi_2) \geq F(\phi_1, \phi_2\ ;\ \alpha)] = \alpha$$

$$F(\phi_1, \phi_2\ ;\ \alpha) = \frac{1}{F(\phi_2, \phi_1\ ;\ 1-\alpha)}$$

ϕ_2	α	ϕ_1 = 1	2	3	4	5	6	7	8	9
1	0.10	39.9	49.5	53.6	55.8	57.2	58.2	58.9	59.4	59.9
	0.05	161	200	216	225	230	234	237	239	241
	0.025	648	800	864	900	922	937	948	957	963
	0.01	4,052	5,000	5,403	5,625	5,764	5,859	5,928	5,981	6,022
2	0.10	8.53	9.00	9.16	9.24	9.29	9.33	9.35	9.37	9.38
	0.05	18.5	19.0	19.2	19.2	19.3	19.3	19.4	19.4	19.4
	0.025	38.5	39.0	39.2	39.3	39.3	39.3	39.4	39.4	39.4
	0.01	88.5	99.0	99.2	99.2	99.3	99.3	99.4	99.4	99.4
3	0.10	5.54	5.46	5.39	5.34	5.31	5.28	5.27	5.25	5.24
	0.05	10.1	9.55	9.28	9.12	9.01	8.94	8.89	8.85	8.81
	0.025	17.4	16.0	15.4	15.1	14.9	14.7	14.6	14.5	14.5
	0.01	34.1	30.8	29.5	28.7	28.2	27.9	27.7	27.5	27.3
4	0.10	4.54	4.32	4.19	4.11	4.05	4.01	3.98	3.95	3.94
	0.05	7.71	6.94	6.59	6.39	6.26	6.16	6.09	6.04	6.00
	0.025	12.2	10.7	9.98	9.60	9.36	9.20	9.07	8.98	8.90
	0.01	21.2	18.0	16.7	16.0	15.5	15.2	15.0	14.8	14.7
5	0.10	4.06	3.78	3.62	3.52	3.45	3.40	3.37	3.34	3.32
	0.05	6.61	5.79	5.41	5.19	5.05	4.95	4.88	4.82	4.77
	0.025	10.0	8.43	7.76	7.39	7.15	6.98	6.85	6.76	6.68
	0.01	16.3	13.3	12.1	11.4	11.0	10.7	10.5	10.3	10.2
6	0.10	3.78	3.46	3.29	3.18	3.11	3.05	3.01	2.98	2.96
	0.05	6.99	5.14	4.76	4.53	4.39	4.28	4.21	4.15	4.10
	0.025	8.81	7.26	6.60	6.23	5.99	5.82	5.70	5.60	5.52
	0.01	13.7	10.9	9.78	9.15	8.75	8.47	8.26	8.10	7.98
7	0.10	3.59	3.26	3.07	2.96	2.88	2.83	2.78	2.75	2.72
	0.05	5.59	4.74	4.35	4.12	3.97	3.87	3.79	3.73	3.68
	0.025	8.07	6.54	5.89	5.52	5.29	5.12	4.99	4.90	4.82
	0.01	12.2	9.55	8.45	7.85	7.46	7.19	6.99	6.84	6.72
8	0.10	3.46	3.11	2.92	2.81	2.73	2.67	2.62	2.59	2.56
	0.05	5.32	4.46	4.07	3.84	3.69	3.58	3.50	3.44	3.39
	0.025	7.57	6.06	5.42	5.05	4.82	4.65	4.53	4.43	4.36
	0.01	11.3	8.65	7.59	7.01	6.63	6.37	6.18	6.03	5.91
9	0.10	3.36	3.01	2.81	2.69	2.61	2.55	2.51	2.47	2.44
	0.05	5.12	4.26	3.86	3.63	3.48	3.37	3.29	3.23	3.18
	0.025	7.21	5.71	5.08	4.72	4.48	4.32	4.20	4.10	4.03
	0.01	10.6	8.02	6.99	6.42	6.06	5.80	5.61	5.47	3.35
10	0.10	3.29	2.92	2.73	2.61	2.52	2.46	2.41	2.38	2.35
	0.05	4.96	4.10	3.71	3.48	3.33	3.22	3.14	3.07	3.02
	0.025	6.94	5.46	4.83	4.47	4.24	4.07	3.95	3.85	3.78
	0.01	10.0	7.56	6.55	5.99	5.64	5.39	5.20	5.06	4.94
11	0.10	3.23	2.86	2.66	2.54	2.45	2.39	2.34	2.30	2.27
	0.05	4.84	3.98	3.59	3.36	3.20	3.09	3.01	2.95	2.90
	0.025	6.72	5.26	4.63	4.28	4.04	3.88	3.76	3.66	3.59
	0.01	9.65	7.21	6.22	5.67	5.32	5.07	4.89	4.74	4.63
12	0.10	3.18	2.81	2.61	2.48	2.39	2.33	2.28	2.24	2.21
	0.05	4.75	3.89	3.49	3.26	3.11	3.00	2.91	2.85	2.80

표 6	계 속

ϕ_2	α	ϕ_1 1	2	3	4	5	6	7	8	9
	0.025	6.55	5.10	4.47	4.12	3.89	3.73	3.61	3.51	3.44
	0.01	9.33	6.93	5.95	5.41	5.06	4.82	4.64	4.50	4.39
13	0.10	3.14	2.76	2.56	2.43	2.35	2.28	2.23	2.20	2.16
	0.05	4.67	3.81	3.41	3.18	3.03	2.92	2.83	2.77	2.71
	0.025	6.41	4.97	4.35	4.00	3.77	3.60	3.48	3.39	3.31
	0.01	9.07	6.70	5.74	5.21	4.86	4.62	4.44	4.30	4.19
14	0.10	3.10	2.73	2.52	2.39	2.31	2.24	2.19	2.15	2.12
	0.05	4.60	3.74	3.34	3.11	2.96	2.85	2.76	2.70	2.65
	0.025	6.30	4.86	4.24	3.89	3.66	3.50	3.36	3.29	3.26
	0.01	8.86	6.51	5.56	5.04	4.69	4.46	4.28	4.14	4.03
15	0.10	3.07	2.70	2.49	[illegible]	2.27	2.21	2.16	2.12	2.09
	0.05	4.54	3.68	3.29	3.06	2.90	2.79	2.71	2.64	2.59
	0.025	6.20	4.77	4.15	3.80	3.58	3.41	3.29	3.20	3.12
	0.01	8.68	6.36	5.42	4.89	4.56	4.32	4.14	4.00	3.89
16	0.10	3.05	2.67	2.46	2.33	2.24	2.18	2.13	2.09	2.06
	0.05	4.49	3.63	3.24	3.01	2.85	2.74	2.66	2.59	2.54
	0.025	6.12	4.69	4.08	3.73	3.50	3.34	3.22	3.12	3.05
	0.01	8.53	6.23	5.29	4.77	4.44	4.20	4.03	3.89	3.78
17	0.10	3.03	2.64	2.44	2.31	2.22	2.15	2.10	2.06	2.03
	0.05	4.45	3.59	3.20	2.96	2.81	2.70	2.61	2.55	2.49
	0.025	6.04	4.62	4.01	3.66	3.44	3.28	3.16	3.06	2.98
	0.01	8.40	6.11	5.18	4.67	4.34	4.10	3.93	3.79	3.68
18	0.10	3.01	2.62	2.42	2.29	2.20	2.13	2.08	2.04	2.00
	0.05	4.41	3.55	3.16	2.93	2.77	2.66	2.58	2.51	2.46
	0.025	5.98	4.56	3.95	3.61	3.38	3.22	3.10	3.01	2.93
	0.01	8.29	6.01	5.09	4.58	4.25	4.01	3.84	3.71	3.60
19	0.10	2.99	2.61	2.40	2.27	2.18	2.11	2.06	2.02	1.98
	0.05	4.38	3.52	3.13	2.90	2.74	2.63	2.54	2.48	2.42
	0.025	5.92	4.51	3.90	3.56	3.33	3.17	3.05	2.96	2.88
	0.01	8.18	5.93	5.01	4.50	4.17	3.94	3.77	3.63	3.52
20	0.10	2.97	2.59	2.38	2.25	2.16	2.09	2.04	2.00	1.96
	0.05	4.35	3.49	3.10	2.87	2.71	2.60	2.51	2.45	2.39
	0.025	5.87	4.46	3.86	3.51	3.29	3.13	3.01	2.91	2.84
	0.01	8.10	5.85	4.94	4.43	4.10	3.87	3.70	3.56	3.46
24	0.10	2.93	2.54	2.33	2.19	2.10	2.04	1.98	1.94	1.91
	0.05	4.26	3.40	3.01	2.78	2.62	2.51	2.42	2.36	2.30
	0.025	5.72	4.32	3.72	3.38	3.15	2.99	2.87	2.78	2.70
	0.01	7.82	5.61	4.72	4.22	3.90	3.67	3.50	3.36	3.26
30	0.10	2.88	2.49	2.28	2.14	2.05	1.98	1.93	1.88	1.85
	0.05	4.17	3.32	2.92	2.69	2.53	2.42	2.33	2.27	2.21
	0.025	5.57	4.18	3.59	3.25	3.03	2.87	2.75	2.65	2.57
	0.01	7.56	5.39	4.51	4.02	3.70	3.47	3.30	3.17	3.07
60	0.10	2.79	2.39	2.18	2.04	1.95	1.87	1.82	1.77	1.74
	0.05	4.00	3.15	2.76	2.53	2.37	2.25	2.17	2.10	2.04
	0.025	5.29	3.93	3.34	3.01	2.79	2.63	2.51	2.41	2.33
	0.01	7.08	4.98	4.13	3.65	3.34	3.12	2.95	2.82	2.72
120	0.10	2.75	2.36	2.13	1.99	1.90	1.82	1.77	1.72	1.68
	0.05	3.92	3.07	2.68	2.45	2.29	2.18	2.09	2.02	1.96
	0.025	5.15	3.80	3.23	2.89	2.67	2.52	2.39	2.30	2.22
	0.01	7.08	4.98	4.13	3.65	3.34	3.12	2.95	2.82	2.72
∞	0.10	2.71	2.30	2.08	1.94	1.85	1.77	1.72	1.67	1.63
	0.05	3.84	3.00	2.60	2.37	2.21	2.10	2.01	1.94	1.88
	0.025	5.02	3.69	3.12	2.79	2.57	2.41	2.29	2.19	2.11
	0.01	6.63	4.61	3.78	3.32	3.02	2.80	2.64	2.51	2.41

표 6 계속

ϕ_2	α	ϕ_1 10	11	12	15	20	24	30	60	120	∞
1	0.10	60.2	60.5	60.7	61.2	61.7	62.0	62.3	62.8	63.1	63.3
	0.05	242	243	244	246	248	249	250	252	253	254
	0.025	969	973	977	985	993	997	1,001	1,010	1,014	1,018
	0.01	6,056	6,082	6,106	6,157	6,209	6,235	6,261	6,313	6,339	6,366
2	0.10	9.39	9.40	9.41	9.42	9.44	9.45	9.46	9.47	9.48	9.49
	0.05	19.4	19.4	19.4	19.4	19.4	19.5	19.5	19.5	19.5	19.5
	0.025	39.4	39.4	39.4	39.4	39.5	39.5	39.5	39.5	39.5	39.5
	0.01	99.4	99.4	99.4	99.4	99.5	99.4	99.5	99.5	99.5	99.5
3	0.10	5.23	5.22	5.22	5.20	5.18	5.18	5.17	5.15	5.14	5.13
	0.05	8.79	8.76	8.74	8.70	8.66	8.64	8.62	8.57	8.55	8.53
	0.025	14.4	14.4	14.3	14.3	14.2	14.1	14.1	14.0	14.0	13.9
	0.01	27.2	27.1	27.1	26.9	26.7	26.6	2.65	26.3	26.2	26.1
4	0.10	3.92	3.91	3.90	3.87	3.84	3.83	3.82	3.79	3.78	3.76
	0.05	5.96	5.94	5.91	5.85	5.80	5.77	5.75	5.69	5.66	5.63
	0.025	8.84	8.80	8.75	8.66	8.56	8.51	8.46	8.36	8.31	3.26
	0.01	14.5	14.4	14.4	14.2	14.0	13.9	13.8	13.7	13.6	13.5
5	0.10	3.30	3.28	3.27	3.24	3.21	3.19	3.17	3.14	3.12	3.11
	0.05	4.74	4.71	4.68	4.62	4.56	4.53	4.50	4.43	4.40	4.37
	0.025	6.62	6.57	6.52	6.43	6.33	6.28	6.23	6.12	6.07	6.02
	0.01	10.1	9.96	9.89	9.72	9.55	9.47	9.38	9.20	9.11	9.02
6	0.10	2.94	2.92	2.90	2.87	2.84	2.82	2.80	2.76	2.74	2.72
	0.05	4.06	4.03	4.00	3.94	3.87	3.84	3.81	3.74	3.70	3.67
	0.025	5.46	5.41	5.27	5.27	5.17	5.12	5.07	4.96	4.90	4.85
	0.01	7.87	7.79	7.72	7.56	7.40	7.31	7.23	7.06	6.97	6.88
7	0.10	2.70	2.68	2.67	2.63	2.59	2.58	2.56	2.51	2.49	2.47
	0.05	3.64	3.60	3.57	3.51	3.44	3.41	3.38	3.30	3.27	3.23
	0.025	4.76	4.71	4.67	4.57	4.47	4.42	4.36	4.25	4.20	4.14
	0.01	6.62	6.54	6.47	6.31	6.16	6.07	5.99	5.82	5.74	5.65
8	0.10	2.54	2.52	2.50	2.46	2.42	2.40	2.38	2.34	2.32	2.29
	0.05	3.35	3.31	3.28	3.22	3.15	3.12	3.08	3.01	2.97	2.93
	0.025	4.30	4.25	4.20	4.10	4.00	3.95	3.89	3.78	3.73	3.67
	0.01	5.81	5.73	5.67	5.52	5.36	5.28	5.20	5.03	4.95	4.86
9	0.10	2.42	2.40	2.38	2.34	2.30	2.28	2.25	2.21	2.18	2.16
	0.05	3.14	3.10	3.07	3.01	2.94	2.90	2.86	2.79	2.75	2.71
	0.025	3.96	3.91	3.87	3.77	3.67	3.61	3.56	3.45	3.39	3.33
	0.01	5.26	5.18	5.11	4.96	4.81	4.73	4.65	4.48	4.40	4.31
10	0.10	2.32	2.30	2.28	2.24	2.20	2.18	2.16	2.11	2.08	2.06
	0.05	2.98	2.94	2.91	2.84	2.77	2.74	2.70	2.62	2.58	2.54
	0.025	3.72	3.67	3.62	3.52	3.42	3.37	3.31	3.20	3.14	3.08
	0.01	4.85	4.77	4.71	4.56	4.41	4.33	4.25	4.08	4.00	3.91
11	0.10	2.25	2.23	2.21	2.17	2.12	2.10	2.08	2.03	1.99	1.97
	0.05	2.85	2.82	2.79	2.72	2.65	2.61	2.57	2.49	2.43	2.40
	0.025	3.53	3.48	3.43	3.33	3.23	3.17	3.12	3.00	2.94	2.88
	0.01	4.54	4.46	4.40	4.25	4.10	4.02	3.94	3.78	3.66	3.60
12	0.10	2.19	2.17	2.15	2.10	2.06	2.04	2.01	1.96	1.93	1.90
	0.05	2.75	2.72	2.69	2.62	2.54	2.51	2.47	2.38	2.34	2.30
	0.025	3.37	3.32	3.28	3.18	3.07	3.02	2.96	2.85	2.79	2.72
	0.01	4.30	4.22	4.16	4.01	3.86	3.78	3.70	3.54	3.45	3.36
13	0.10	2.14	2.12	2.10	2.05	2.01	1.98	1.96	1.90	1.86	1.85
	0.05	2.67	2.63	2.60	2.53	2.46	2.42	2.38	2.30	2.23	2.21
	0.025	3.25	3.20	3.15	3.05	2.95	2.89	2.84	2.72	2.66	2.60
	0.01	4.10	4.02	3.96	3.82	3.66	3.59	3.51	3.34	3.22	3.17

표 6 계속

ϕ_2	α	ϕ_1 = 10	11	12	15	20	24	30	60	120	∞
14	0.10	2.10	2.08	2.05	2.01	1.96	1.94	1.91	1.86	1.83	1.80
	0.05	2.60	2.57	2.53	2.46	2.39	2.35	2.31	2.22	2.18	2.13
	0.025	3.15	3.10	3.05	2.95	2.84	2.79	2.73	2.61	2.55	2.49
	0.01	3.94	3.86	3.38	3.66	3.51	3.43	3.35	3.18	3.09	3.00
15	0.10	2.06	2.04	2.02	1.97	1.92	1.90	1.87	1.82	1.79	1.76
	0.05	2.54	2.51	2.48	2.40	2.33	2.29	2.25	2.16	2.11	2.07
	0.025	3.06	3.01	2.96	2.86	2.76	2.70	2.64	2.52	2.46	2.40
	0.01	3.80	3.73	3.67	3.52	3.37	3.29	3.21	3.05	2.96	2.87
16	0.10	2.03	2.01	1.99	1.94	1.89	1.87	1.84	1.78	1.75	1.72
	0.05	2.49	2.46	2.42	2.35	2.28	2.24	2.19	2.11	2.06	2.01
	0.025	2.99	2.94	2.89	2.79	2.68	2.63	2.57	2.45	2.38	2.32
	0.01	3.69	3.62	3.55	3.41	3.26	3.18	3.10	2.93	2.84	2.75
17	0.10	2.00	1.98	1.96	1.91	1.86	1.84	1.81	1.75	1.72	1.69
	0.05	2.45	2.41	2.38	2.31	2.23	2.19	2.15	2.06	2.01	1.96
	0.025	2.92	2.87	2.82	2.72	2.62	2.56	2.50	2.38	2.32	2.25
	0.01	3.59	3.52	3.46	3.31	3.16	3.08	3.00	2.83	2.75	2.65
18	0.10	1.98	1.96	1.93	1.89	1.84	1.81	1.78	1.72	1.69	1.66
	0.05	2.41	2.37	2.34	2.27	2.19	2.15	2.11	2.02	1.97	1.92
	0.025	2.87	2.82	2.77	2.67	2.56	2.50	2.44	2.32	2.26	2.19
	0.01	3.51	3.43	3.37	3.23	3.08	3.00	2.92	2.75	2.66	2.57
19	0.10	1.96	1.94	1.91	1.86	1.81	1.79	1.76	1.70	1.67	1.63
	0.05	2.38	2.34	2.31	2.23	2.16	2.11	2.07	1.98	1.93	1.88
	0.025	2.82	2.77	2.72	2.62	2.51	2.45	2.39	2.27	2.20	2.13
	0.01	3.43	3.36	3.30	3.15	3.00	2.92	2.84	2.67	2.58	2.49
20	0.10	1.94	1.92	1.89	1.84	1.79	1.77	1.74	1.68	1.64	1.61
	0.05	2.35	2.31	2.28	2.20	2.12	2.08	2.04	1.95	1.90	1.84
	0.025	2.77	2.72	2.68	2.57	2.46	2.41	2.35	2.22	2.16	2.09
	0.01	3.37	3.29	3.23	3.09	2.94	2.86	2.78	2.61	2.52	2.42
24	0.10	1.88	1.85	1.83	1.78	1.73	1.70	1.67	1.61	1.57	1.53
	0.05	2.25	2.21	2.18	2.11	2.03	1.98	1.94	1.84	1.79	1.73
	0.025	2.64	2.59	2.54	2.44	2.33	2.27	2.21	2.08	2.01	1.94
	0.01	3.17	3.09	3.03	2.89	2.74	2.66	2.58	2.40	2.31	2.21
30	0.10	1.82	1.79	1.77	1.72	1.67	1.64	1.61	1.54	1.50	1.46
	0.05	2.16	2.13	2.09	2.01	1.93	1.89	1.84	1.74	1.68	1.62
	0.025	2.51	2.46	2.41	2.31	2.20	2.14	2.07	1.94	1.87	1.79
	0.01	2.98	2.91	2.84	2.70	2.55	2.47	2.39	2.21	2.11	2.01
60	0.10	1.71	1.68	1.66	1.60	1.54	1.51	1.48	1.40	1.35	1.29
	0.05	1.99	1.95	1.92	1.84	1.75	1.70	1.65	1.53	1.47	1.39
	0.025	2.27	2.22	2.17	2.06	1.94	1.88	1.82	1.67	1.58	1.48
	0.01	2.63	2.56	2.50	2.35	2.20	2.12	2.03	1.84	1.73	1.60
120	0.10	1.65	1.62	1.60	1.55	1.48	1.45	1.41	1.32	1.26	1.19
	0.05	1.91	1.87	1.83	1.75	1.66	1.61	1.55	1.43	1.35	1.25
	0.025	2.16	2.11	2.05	1.94	1.82	1.76	1.69	1.53	1.43	1.31
	0.01	2.47	2.40	2.34	2.19	2.03	1.95	1.86	1.66	1.53	1.38
∞	0.10	1.60	1.57	1.55	1.49	1.42	1.38	1.34	1.24	1.17	1.00
	0.05	1.83	1.79	1.75	1.67	1.57	1.52	1.46	1.32	1.22	1.00
	0.025	2.05	2.00	1.94	1.83	1.71	1.64	1.57	1.39	1.27	1.00
	0.01	2.32	2.25	2.18	2.04	1.88	1.79	1.70	1.47	1.32	1.00

찾아보기

ㄱ

가설 182
가설검정 181
검정통계량 185
계급 25
구간추정 156
귀무가설(null hypothesis) 182
기각역 185
기술통계학(descriptive statistics) 2

ㄴ

누적도수곡선 27
누적도수분포 27

ㄷ

단순사건 58
단측검정(one-sided test) 188
대립가설(alternative hypothesis) 182
대응비교(paired comparison) 238
대응표본(matched sample) 239, 214
도수분포표 17
독립사건 63
독립표본(independent sample) 214

ㅁ

막대그래프 20
명목형자료(nominal data) 4
모수 134, 152
모집단 분포 133
모집단(population) 2, 3

ㅂ

백분위수 43
범위 43
범주형자료 4
변동계수 45
빈도 17

ㅅ

사건 58
사분위수 범위 44
산점도 35
상대도수의 극한적인 개념으로서의 확률 60
상자그림 45
순위형자료(ordinal data) 4
신뢰구간(confidence interval) 157
신뢰수준(confidence level) 157

ㅇ

양적자료 4
양측검정(two-sided test) 188
여사건의 확률 61
연속성수정 125
연속확률변수 70
연속확률변수의 확률분포의 성격 109
연속확률분포 105
오차 164
원형그래프 21
유의확률(Significance Probability) 195
이산확률변수 69
이산확률변수의 평균 76
이산확률변수의 표준편차 78
이항분포에 대한 정규근사 123
이항분포의 공식 81
이항분포의 평균과 표준편차 88
이항실험의 조건 80
이항확률분포 79

ㅈ

점도표 23
점추정 154
정규분포의 표준화 119
정규확률분포 111
정규확률분포의 공식 111
제 2종 오류(type II error) 184
제 1사분위수 44
제 1종 오류(type I error) 184
제 3사분위수 44
조건부확률 62
줄기-잎-그림 31
중심극한정리 140
중앙값 40
질적자료 4
짝 비교(matched pair comparison) 238
짝 지워진 표본(paired sample) 237, 214

ㅊ

초기하확률분포 90
최빈값 41
추정 152
추정값(estimate) 153
추정량(estimator) 153
추측통계학(inferential statistics) 2

ㅌ

통계량 135

ㅍ

파레토 그림 33

퍼진 정도 41

편차 42

평균 39

포아송확률분포 94

포아송확률분포의 공식 95

표본 표준편차 42

표본(sample) 2

표본공간 57

표본분산 42

표본분포 135

표본크기 175

표준오차(standard error, S.E.) 137, 155

표준정규분포 113

표준정규확률분포의 공식 113

ㅎ

한계오차(margin of error) 164

확률 59

확률변수 69

확률분포의 성질 75

확률의 고전적인 정의 59

확률의 곱셈정리 62

확률의 공리적인 정의 60

확률의 덧셈정리 61

히스토그램 29

p

p-값(p-value) 195

t

t 분포 167

z

Z-검정 192

저자약력

노 맹 석

서울대학교 자연과학대학 통계학과 (이학사)
서울대학교 대학원 통계학과 (이학석사)
서울대학교 대학원 통계학과 (이학박사)
현 : 부경대학교 수리과학부 통계학전공 전임강사

박 동 준

한양대학교 공과대학 산업공학과 (공학사)
Arizona State University 산업공학과 (공학석사)
Arizona State University 응용통계학과 (이학박사)
현 : 부경대학교 수리과학부 통계학전공 교수

박 용 범

동아대학교 자연과학대학 수학과 (이학사)
동아대학교 대학원 수학과 (이학석사)
동아대학교 대학원 수학과 (이학박사)
현 : 부경대학교 수리과학부 통계학전공 교수

이 성 백

연세대학교 상경대학 경제학과 (경제학사)
연세대학교 대학원 응용통계학과 (경제학 석사)
미국 Texas A&M University 통계학과 (이학박사)
현재 : 부경대학교 수리과학부 통계학전공 부교수

장 대 흥

서울대학교 자연과학대학 계산통계학과 (이학사)
서울대학교 대학원 계산통계학과 (이학석사)
서울대학교 대학원 계산통계학과 (이학박사)
현재 : 부경대학교 수리과학부 통계학전공 교수

차 지 환

서울대학교 자연과학대학 통계학과 (이학사)
서울대학교 대학원 게산통계학과 (이학석사)
서울대학교 대학원 통계학과 (이학박사)
현 : 부경대학교 수리과학부 통계학전공 부교수

미니탭을 이용한 실무통계

2007년 8월 20일 1판 1쇄 발행
2010년 9월 1일 1판 3쇄 발행

저 자 / 노맹석 · 박동준 · 박용범 · 이성백 · 장대홍 · 차지환
발행자 / 오판근
발행처 / 교우사

주 소 / 서울 동대문구 제기2동 148-19
전 화 / 925-2861(대), 편집부 / 925-2825
팩 스 / 925-2860
E-mail / kyowoo@kyowoo.co.kr
http: // www.kyowoo.co.kr
등록 / 1994. 3. 24 제6-0256호

ISBN 978-89-8172-695-9 (93310)

값 **15,000**원